Helga
Weihn. 78

DUDEN-TASCHENBÜCHER

Band 10

DUDEN-TASCHENBÜCHER

Eine Sonderreihe zum Großen Duden

Herausgegeben vom
Wissenschaftlichen Rat der Dudenredaktion
Dr. Günther Drosdowski · Professor Dr. Paul Grebe
Dr. Rudolf Köster · Dr. Wolfgang Müller

Band 1: Komma, Punkt und andere Satzzeichen

Band 2: Wie sagt man noch?

Band 3: Die Regeln der deutschen Rechtschreibung

Band 4: Lexikon der Vornamen

Band 5/5a: Satzanweisungen und Korrekturvorschriften

Band 6: Wann schreibt man groß, wann schreibt man klein?

Band 7: Wie schreibt man gutes Deutsch?

Band 8: Wie sagt man in Österreich?

Band 9/9a: Wie gebraucht man Fremdwörter richtig?

Band 10: Wie sagt der Arzt?

Band 11: Wörterbuch der Abkürzungen

Band 12: Übungen zur deutschen Rechtschreibung I

Band 13: mahlen oder malen? Gleichklingende, aber verschieden geschriebene Wörter

Band 14: Fehlerfreies Deutsch. Grammatische Schwierigkeiten verständlich erklärt

Band 15: Wie sagt man anderswo? Landschaftliche Unterschiede im deutschen Wortgebrauch

Band 16/16a: Wortschatz und Regeln des Sports. Ballspiele

Band 17/17a: Leicht verwechselbare Wörter

BIBLIOGRAPHISCHES INSTITUT · MANNHEIM/WIEN/ZÜRICH

DUDENVERLAG

DUDEN

Wie sagt der Arzt?

Kleines Synonymwörterbuch der Medizin

von

KARL-HEINZ AHLHEIM

Medizinische Beratung:

DR. MED. ALBERT BRAUN

BIBLIOGRAPHISCHES INSTITUT · MANNHEIM/WIEN/ZÜRICH

DUDENVERLAG

Das Wort DUDEN ist für Bücher
des Bibliographischen Instituts als Warenzeichen geschützt

Satz und Druck: Zechnersche Buchdruckerei, Speyer
Einband: Großbuchbinderei Lachenmaier, Reutlingen
Printed in Germany
ISBN 3-411-01140-8
C

VORWORT

Das vorliegende Taschenbuch enthält die wichtigsten medizinischen Fachwörter und die dazugehörenden Verdeutschungen und volkstümlichen Bezeichnungen, und zwar nach Wortgruppen geordnet. Diese Wortgruppen sind entweder reine Synonymgruppen, die zeigen, welche zahlreichen Bezeichnungen es für ein und dieselbe Sache gibt, oder es sind Sachgruppen, in denen die jeweiligen Bezeichnungen mit ihren Synonymen in den größeren Zusammenhang sachverwandter Wörter eingeordnet sind. Als selbständige Ergänzung zum Duden-Wörterbuch medizinischer Fachausdrücke wendet sich dieses Buch deshalb an alle Sprachteilhaber, die sich in knapper Form über die begrifflichen Zusammenhänge, die zwischen medizinischen Fachwörtern bestehen, informieren wollen. Durch die Einbeziehung der gängigen volkstümlichen Bezeichnungen und Verdeutschungen wird es auch dem medizinischen Laien wertvolle Dienste leisten.

Mannheim, im September 1970

ZUR ANLAGE DES BUCHES

Die Grundlage des Wörterverzeichnisses bilden die sogenannten Synonymgruppen. Darunter verstehen wir mehrere unter einem Leitstichwort zusammengefaßte Wörter, die alle mehr oder weniger die gleiche Sache bezeichnen.

Als selbständige Synonymgruppen, deren Leitstichwörter in halbfetten Großbuchstaben (**VERSALIEN**) gedruckt sind, haben wir nur solche Wortgruppen ausgewählt, die aus mindestens drei synonymen Bezeichnungen bestehen. Dabei haben wir natürlich auch Verdeutschungen als Synonyme gelten lassen, wenn sie nur im lebendigen Sprachgebrauch vorkommen und nicht lediglich Übersetzungen darstellen. Die einzelnen Synonyme werden, durch Kommata gegliedert, hintereinander aufgeführt:

ABLAKTATION, Abstillen, Milchentwöhnung, Entwöhnung.

Kleinere Bedeutungsvarianten werden durch ein Semikolon anstelle des Gliederungskommas gekennzeichnet:

ERRHINUM, Nasenmittel, Schnupfmittel; Ptarmikum, Sternutatorium, Niesmittel.

Soll die relative Eigenständigkeit eines oder mehrerer Synonyme noch stärker betont werden, dann wird die hinter dem Semikolon stehende Bezeichnung gesperrt gedruckt. In diesen Fällen stehen vor den gesperrt gedruckten Wörtern meist kurze erläuternde Hinweise *(in Kursivdruck)*:

EXANTHEM, Exanthema*, Eruption, Eruptio cutanea, Hautausschlag, Ausschlag *(volkst. Kurzbez.); an Schleimhäuten;* Enanthem, Enanthema*.

Eine Synonymgruppe kann auch als unselbständige Gruppe innerhalb einer größeren Gruppe von sachverwandten Wörtern auftreten. (Die Forderung nach mindestens drei Synonymen wurde dabei nicht aufrechterhalten.) Das die Sachgruppe eröffnende Leitstichwort ist auch hier in halbfetten Großbuchstaben (**VERSALIEN**) gedruckt, während die sekundären Leitstichwörter der einzelnen Synonymgruppen in der **halbfetten** Grundschrift erscheinen.

Zur Gliederung der einzelnen sachverwandten Synonymgruppen innerhalb einer Sachgruppe dienen der halbfette Punkt auf Zeilenmitte (**·**) und halbfette Zahlen oder Buchstaben. Kurze erläuternde Anmerkungen, die den halbfetten Unterstichwörtern *in Kursivdruck* vorangestellt werden, sollen das Verständnis für die Beziehungen, die zwischen den jeweiligen sachverwandten Gruppen bestehen, erleichtern:

TOPOPHOBIE, Ortsangst **·** *Sonderformen:* **a)** *vor freien Plätzen:* **Agoraphobie**, Platzangst. **b)** *vor geschlossenen Räumen:* **Klaustrophobie**, Domatophobie *(selten)*, Klithrophobie *(ungew.)*. **c)** *vor großen Höhen oder Tiefen:* **Hypsiphobie**, Hypsophobie, Höhenangst, Höhenschwindel; Bathophobie; Gephyrophobie, Brückenangst.

Neben den erläuternden Anmerkungen finden sich bei einzelnen Bezeichnungen gelegentlich kurze Hinweise über die Stilschicht und Verwendungsweise eines Wortes. Zu diesen in runden Klammern *(in Kursivdruck)* angefügten Hinweisen gehören folgende Kennzeichnungen:

Neuwort (= neu entlehntes oder neu gebildetes Fachwort)
neuere Form (= noch nicht allgemein durchgesetzte Rechtschreibvariante)
verhüllend (= einen als anstößig oder peinlich empfundenen Sachverhalt in neutraler oder beschönigender Form umschreibend)
ungewöhnlich (= in der medizinischen Fachsprache des deutschen Sprachraums weithin [noch] ungeläufig und nur ganz selten vorkommend)
Medizinerjargon, Fachjargon (= salopper Ausdruck, wie ihn Ärzte im alltäglichen Gespräch untereinander gelegentlich verwenden)
Ferner: *selten, veraltet, gehoben, volkstümlich.*

Die Ordnung der einzelnen Bezeichnungen innerhalb eines Artikel ist nicht abecelich, sondern sachlich. Das gilt auch für die halbfett gedruckten sekundären Leitstichwörter innerhalb größerer Sachgruppen. Dafür erscheint jedes einzelne Wort einer Synonym- oder Sachgruppe noch einmal als selbständiges **halbfettes** Verweisstichwort.

²DIAPHRAGMA, Phrenes *(selten)*, Zwerchfell.
Phrenes vgl. ²Diaphragma.
Zwerchfell vgl. ²Diaphragma.

Die in diesem Buch verwendeten Abkürzungen

Abk.	Abkürzung	Kurzf.	Kurzform
Abl.	Ableitung[en]	landsch.	landschaftlich
allg.	allgemein	med.	medizinisch
bes.	besonders, besonderer	Mehrz.	Mehrzahl
Bez.	Bezeichnung	Nf.	Nebenform
bildungsspr.	bildungssprachlich	scherzh.	scherzhaft
bzw.	beziehungsweise	ugs.	umgangssprachlich
eigtl.	eigentlich	Ugs.	Umgangssprache
Einz.	Einzahl	ungew.	ungewöhnlich
fälschl.	fälschlich	verh.	verhüllend
geh.	gehoben	vgl.	vergleiche
gew.	gewöhnlich	volkst.	volkstümlich
i. S.	im Sinne	z. B.	zum Beispiel
Kurzbez.	Kurzbezeichnung	Zus.	Zusammensetzung[en]

Zeichen von besonderer Bedeutung

• Der halbfette Punkt auf Zeilenmitte hat gliedernde Funktion. Er hebt kleinere Synonymgruppen innerhalb einer [größeren] Sach- und Synonymgruppe voneinander ab:

PYELITIS, Nierenbeckenentzündung • *in Verbindung mit einer Entzündung des Nierenparenchyms:* **Nephropyelitis,** Pyelonephritis.

* Das Sternchen steht hinter solchen Substantiven, die im strengen Sinne als Termini angesehen werden können, d. h.: grundsätzlich hinter den lateinischen oder neulateinischen Wortformen:

ABSZESS, Abscessus*, . . .

( ) Die runden Klammern schließen erläuternde Zusätze ein:

PUERPERIUM, Wochenbett, Kindbett *(volkst.)* . . .

[ ] Die eckigen Klammern schließen Buchstaben oder Wortteile ein, die in bestimmten Fällen wegfallen können:

Rhin[**o**]- vgl. Organa sensuum.

Ⓦ Als Warenzeichen geschütztes Wort.

A

Abartigkeit vgl. Perversität.

Abasie vgl. Dysbasie.

Abbaustoffwechsel vgl. Metabolismus.

ABDOMEN, Venter, Ventri- *(nur in Zus.)*, Ventro- *(nur in Zus.)*, Laparo- *(nur in Zus.)*, Bauch, Leib, Unterleib *(ungew.)* • *Hauptabschnitte:* **a)** *oberer:* **Epigastrium**, Regio epigastrica, Regio abdominis cranialis *(veraltet)*, Oberbauch, Magengrube; *seitlich:* Hypochondrium, Regio hypochondriaca, Pars lateralis *(veraltet)*, seitlicher Oberbauch. **b)** *mittlerer:* **Mesogastrium**, Regio mesogastrica, Regio abdominis media *(älter)*, Mittelbauch; *in der Mitte:* Regio umbilicalis *(neuere Bez.)*, Nabelgegend; *mittlerer, seitlich:* Regio lumbalis, Regio lateralis abdominis *(neuere Bez.)*, Lendengegend, seitlicher Mittelbauch. **c)** *unterer:* **Hypogastrium**, Regio hypogastrica, Regio abdominis caudalis *(veraltet)*, Unterbauch; *in der Mitte:* Regio pubica, Schamgegend; *seitlich:* Regio inguinalis, Leistengegend.

ABDOMINALATMUNG, Bauchatmung, Zwerchfellatmung.

abdominales Bauchfellblatt vgl. Peritonäum.

ABDOMINALGANGLIEN *(Mehrz.)*, Plexus coeliacus*, Plexus solaris *(ältere Nomenklatur)*, Solarplexus *(med. Ugs.)*, Sonnengeflecht, Bauchhöhlengeflecht.

Abdominalgravidität vgl. Extrauteringravidität.

Abdominaltyphus vgl. Typhus abdominalis.

Abdominoskopie vgl. Endoskopie.

Abduktor vgl. Muskel.

Aberratio loci: 1) vgl. Dystopie. **2)** vgl. Heterogenese.

Aberration vgl. Dystopie.

Aberratio temporis vgl. Heterogenese.

ABFÜHRMITTEL, Evakuans, Kopragogum; *mild wirkendes:* Aperitivum, Aperiens *(selten)*, Laxans, Laxativ, Laxativum, Lenitiv, Lenitivum, Gleitmittel; *mittelstarkes:* Depurans, Kathartikum, Purgans; *starkes:* Drastikum, Purgativ, Purgativum, Hydragogum.

Abhängigkeit vgl. Sucht.

ABLAKTATION, Abstillen, Milchentwöhnung, Entwöhnung.

Ablatio: 1) vgl. Operation. **2)** vgl. Ablösung.

Ablation: 1) vgl. Operation. **2)** vgl. Ablösung.

Ablatio retinae vgl. Netzhautablösung.

Ablederung vgl. Verletzung.

ableitendes Mittel vgl. Epispastikum.

Ablepsie vgl. Amaurose.

ABLÖSUNG, Ablation, Ablatio*, Amotio *(selten)*, Remotio *(selten)*, Solutio *(ungew.)*. – Vgl. auch: *Netzhautablösung.*

abnorme Blutungsbereitschaft vgl. hämorrhagische Diathese.

abnorme Eßgelüste vgl. Pikazismus.

abnorme Geschmacksempfindung vgl. Dysgeusie.

abnormes Zellwachstum vgl. Heterogenese.

ABORT, Abortus, Partus immaturus, Fehlgeburt; *medizinisch indiziert:* Interruptio graviditatis*, Interruptio *(übliche Kurzbez.)*, Schwangerschaftsunterbrechung; *verbotenerweise:* Abortus criminalis, Abtreibung.

Abortus vgl. Abort.

Abortus criminalis vgl. Abort.

Abrachia vgl. Dysmelie.

Abrachie vgl. Dysmelie.

Abrachius vgl. Dysmelie.

Abrasio vgl. Kürettage.

Abrasion vgl. Kürettage.

Abrasio uteri vgl. Kürettage.

Abreibung vgl. Kinesiotherapie.
Abreißung vgl. Verletzung.
Abriß vgl. Verletzung.
Abscessus vgl. Abszeß.
Abscherung vgl. Verletzung.
Abschürfung vgl. Verletzung.
Absence: 1) vgl. Bewußtseinsstörung. **2)** vgl. Epilepsie.
Absence momentanée vgl. Bewußtseinsstörung.
Absentia vgl. Bewußtseinsstörung.
Absetzung vgl. Operation.
absolute Arrhythmie vgl. Arrhythmie.
Abspreizer vgl. Muskel.
Abspreizmuskel vgl. Muskel.
Abstillen vgl. Ablaktation.
ABSTINENZ, Abstinentia*, Karenz, Kontinenz *(selten)*, Enthaltsamkeit.
ABSZESS, Abscessus*, Apostema *(selten)*, Eitergeschwür • **Furunkel,** Furunculus*, Haarbalgabszeß, Schwären, Schwäre • **Karbunkel,** Carbunculus* • **Ulkus,** Ulcus*, Helkoma *(selten)*, Helcoma*, Geschwür Phagedäna, Phagedaena*, Phagedänom *(ungew.)*, Phagedaenoma* *(ungew.)*, Ulcusphagedaenicum, fressendes Geschwür • **Fokus,** Focus*, Eiterherd, Herd.
Abtragung vgl. Operation.
Abtreibung vgl. Abort.
Abulia, Abulie vgl. Dysbulie.
ABUSUS, Mißbrauch • *bes. in bezug auf Alkoholgenuß oder Geschlechtsverkehr:* **Exzeß,** Orgie, Zügellosigkeit, Unmäßigkeit, Maßlosigkeit, Debauche *(bildungsspr., veraltet)*, Libertinage *(bildungsspr., veraltet)*.
Abwärtsschielen vgl. Strabismus.
Abwehrspannung vgl. Défense musculaire.
Abzehrung vgl. Kachexie.
abziehender Muskel vgl. Muskel.
Abzieher vgl. Muskel.
Abziehmuskel vgl. Muskel.
Acariasis vgl. Akariase.
Acariasis sarcoptica vgl. Akariase.
Acaridiasis vgl. Akariase.
Acarinosis vgl. Akarinose.
Acariosis vgl. Akariase.
Acathisia vgl. Akathisie.
Accouchement vgl. Partus.
Acervulus cerebri vgl. Azervulus.
Acheilie vgl. Aprosopie.
Acheiria, Acheirie vgl. Dysmelie.
Achilie vgl. Aprosopie.
Achillessehne vgl. Tendo calcaneus.
Achillessehnendurchtrennung vgl. Achillotenotomie.
Achillessehnenschnitt vgl. Achillotenotomie.
ACHILLOTENOTOMIE, Achillotomie, Achillessehnendurchtrennung, Achillessehnenschnitt.
Achillotomie vgl. Achillotenotomie.
Achiria, Achirie vgl. Dysmelie.
Achloropsie vgl. Farbenblindheit.
Achromasie: 1) vgl. Farbenblindheit. **2)** vgl. Achromie.
Achromatopsia, Achromatopsie vgl. Farbenblindheit.
Achromatose vgl. Achromie.
Achromia vgl. Achromie.
ACHROMIE, Achromia*, Achromasie, Achromatose, Achromodermie, Achromoderma *(selten)*, Albinismus circumscriptus, Pigmentmangel, Pigmentschwund; *anlagebedingt, erblich:* Albinismus, Leukäthiopie, kongenitale Leukäthiopie, Leucopathia universalis, Weißsucht, Alphodermie • *mehr oder weniger scharf umschrieben, auf bestimmte Körperteile beschränkt:* **Leukoderma,** Leukoderm, Leucoderma*, Leukodermie, Leucodermia*, Leukopathie, Leucopathia*, Weißfleckigkeit; Vitiligo, Scheckhaut, Weißscheckung, Weißhäutigkeit. – Vgl. auch den Artikel *Dermatose*.
Achromoderma vgl. Achromie.
Achromodermie vgl. Achromie.
Achromoretikulozyten vgl. Blutkörperchen.
Achromozyten vgl. Blutkörperchen.
Achromyzin vgl. Chemotherapeutikum.
Achsel vgl. Axilla.
Achselgrube vgl. Axilla.
Achselhaare vgl. Pili.
Achselhöhle vgl. Axilla.
achter (VIII.) Hirnnerv vgl. Organa sensuum.
achylische Anämie vgl. Anämie.

achylische Chloranämie vgl. Anämie.
Acidämie vgl. Acidose.
ACIDOSE, Acidosis*, Acidämie, Acidaemia*, Übersäuerung des Blutes.
Acidozyten vgl. Blutkörperchen.
Acidum ascorbicum vgl. Vitamin C.
Acidum ascorbinicum vgl. Vitamin C.
Acidum nicotinicum vgl. Nikotinsäure.
Acne vgl. Akne.
Acne decalvans vgl. Follikulitis.
Acne erythematosa vgl. Rosazea.
Acne mentagra vgl. Follikulitis.
Acnemia vgl. Dysmelie.
Acne punctata vgl. Komedo.
Acne rosacea vgl. Rosazea.
Acne vulgaris vgl. Akne.
Aconuresis vgl. Enurese.
Acoria vgl. Akorie.
Acrencephalon vgl. Cerebrum.
Acrodynia vgl. Feer-Krankheit.
Acrogeria vgl. Senilität.
Acromegalia vgl. Hypersomie.
Acromicria vgl. Hyposomie.
Adactylia vgl. Dysmelie.
Adaktylie vgl. Dysmelie.
Adamantin vgl. Enamelum.
Adamsapfel vgl. Prominentia laryngea.
Addison-Anämie vgl. perniziöse Anämie.
Addison-Biermer-Anämie vgl. perniziöse Anämie.
Addison-Keloid vgl. Sklerodermie.
ADDISON-KRANKHEIT, Addison-Syndrom *(selten)*, Addison-Nebennierenkrankheit, Hypokortizismus, Bronzekrankheit, Bronzehautkrankheit, Melasma suprarenale, Melasma addisonii *(ungew.)*, Bronzed skin *(ungew.)*.
Addison-Nebennierenkrankheit vgl. Addison-Krankheit.
Addison-Syndrom vgl. Addison-Krankheit.
Adduktor vgl. Muskel.
Aden- vgl. Glandula.
Adenitis vgl. Adenopathie.
Adenitis acuta [epidemica] infectiosa vgl. infektiöse Mononukleose.
Adeno- vgl. Glandula.
Adenocarcinoma vgl. Adenokarzinom.
Adenocystoma vgl. Zystadenom.
Adenohypophyse vgl. Hypophyse.
ADENOKARZINOM, Adenocarcinoma*, Carcinoma adenomatosum, Adenoma malignum, Drüsenkrebs, malignes Adenom, Drüsenzellenkrebs. – Vgl. auch: *Krebs*.
Adenolipom[a] vgl. Lipom.
Adenoma malignum vgl. Adenokarzinom.
Adenopathia vgl. Adenopathie.
ADENOPATHIE, Adenopathia*, Adenose, Adenosis*, Drüsenerkrankung, Drüsenleiden • *entzündlich:* **Adenitis,** Phlegmasia adenosa *(ungew.)*, Phlegmasia glandularis *(ungew.)*, Drüsenentzündung.
Adenose vgl. Adenopathie.
Adenosis vgl. Adenopathie.
Adenotrichie vgl. Follikulitis.
Adenozystom vgl. Zystadenom.
Adephagie vgl. Akorie.
Ader vgl. Blutgefäß.
Adermin vgl. Vitamin B_6.
Adipom[a] vgl. Lipom.
Adiposis vgl. Adipositas.
Adiposis hepatica vgl. Adipositas.
Adiposis universalis vgl. Adipositas.
ADIPOSITAS, Polypionie, Obesität, Obesitas*, Pimelose *(ungew.)*, Hypersteatose, Hypersteatosis*, Steatose, Steatosis*, Lipomatosis universalis, Adiposis universalis *(ungew.)*, Adiposis *(ungew.)*, Pimelosis *(ungew.)*, Polysarkie *(ungew.)*, Polysarcia adiposa* *(ungew.)*, Fettsucht, Fettleibigkeit, Korpulenz *(volkst.)*; *an umschriebenen Körperstellen:* Lipomatose, Lipomatosis*, Lipomatosis circumscripta • *auf bestimmte Körperteile oder Organe beschränkt:* **1)** *im Bereich des Herzens:* **Adipositas cordis,** Cor adiposum, Lipomatosis cordis, Obesitas cordis, Pimelosis cordis *(ungew.)*, Polysarcia cordis *(ungew.)*, Steatosis cordis *(ungew.)*, Herzverfettung, Fettherz. **2)** **Hepar adiposum,** Adiposis hepatica *(selten)*, Leberverfettung, Fettleber. **3)** *im Bereich des Halses und Rückens:* **Madelung-Fetthals,** Madelung-Syndrom, Lipomatosis symmetrica diffusa. **4)** *im Bereich des Steißes:* **Steatopygie,** Fettsteiß.

Adipositas cordis vgl. Adipositas.
Adipozele vgl. Lipozele.
Adoleszentenalbuminurie vgl. funktionelle Albuminurie.
A-Enzephalitis vgl. Encephalitis epidemica.
Aerämie vgl. Caïssonkrankheit.
Aerembolia vgl. Embolie.
Aerembolie vgl. Embolie.
Aeroembolismus vgl. Caissonkrankheit.
Aerophobie vgl. Phobie.
Aerotherapeutik vgl. Aerotherapie.
AEROTHERAPIE, Aerotherapeutik, Luftbehandlung; *speziell mittels warmer Luft:* Aerothermotherapie, Warmluftbehandlung; *speziell auf klimatisch günstige Luft (von Luftkurorten) bezogen:* Klimatotherapie, Klimatotherapeutik. – Vgl. auch den Artikel *Physiotherapie.*
Aerothermotherapie vgl. Aerotherapie.
Aerothorax vgl. Pneumothorax.
Afermentia, Afermentie vgl. Anenzymie.
affektiver Tonusverlust vgl. Kataplexie.
After vgl. Anus.
Afterbluten vgl. Hämorrhagie.
Afterfalte vgl. Crena ani.
Afterfurche vgl. Crena ani.
Afterjucken vgl. Pruritus.
Afterverschluß vgl. Atresia ani.
Aftervorfall vgl. Enteroptose.
Ageusia vgl. Dysgeusie.
Ageusie vgl. Dysgeusie.
Ageusis vgl. Dysgeusie.
Ageustie vgl. Dysgeusie.
AGGLUTINATION, Verklebung, Verklumpung.
Agglutinin vgl. Antikörper.
Agglutinoid vgl. Antikörper.
Agnathie vgl. Aprosopie.
Agnathus vgl. Aprosopie.
AGNOSIA ACUSTICA, Agnosia auditiva, Surditas mentalis, Surditas psychica, Surditas verbalis, Seelentaubheit, akustische Agnosie.
Agnosia auditiva vgl. Agnosia acustica.
AGNOSIA OPTICA, Agnosia visualis, Caecitas psychica, Caecitas mentalis, Seelenblindheit, optische Agnosie, visuelle Agnosie.
Agnosia tactica vgl. Astereognosie.
Agnosia tactilis vgl. Astereognosie.
Agnosia visualis vgl. Agnosia optica.
Ägophonie vgl. Bronchophonie.
Agoraphobie vgl. Topophobie.
Agrammatismus vgl. Aphasie.
Agranulocytosis vgl. Agranulozytose.
Agranulose vgl. Agranulozytose.
Agranulosis vgl. Agranulozytose.
Agranulozyten vgl. Blutkörperchen.
AGRANULOZYTOSE, Agranulocytosis*, Granulophthise, Agranulose, Agranulosis*, Angina agranulocytica*, essentielle Granulopenie *(ungew.)*, essentielle Granulozytopenie *(ungew.)*, Granulopenia essentialis* *(ungew.)*, Granulocytopenia essentialis* *(ungew.)*, Mucositis necroticans agranulocytica *(ungew.)*, Sepsis agranulocytica *(selten)*, maligne Leukopenie *(selten)*, perniziöse Leukopenie *(selten)*, Leucopenia maligna* *(selten)*, Leucopenia perniciosa* *(selten)*. maligne Neutropenie *(selten)*, Neutropenia maligna* *(selten)*, Schultz-Angina, Aneutrophilie *(ungew.)*.
Agraphie vgl. Aphasie.
Agrypnie vgl. Insomnie.
ägyptische Augenkrankheit vgl. Trachom.
ägyptische Chlorose vgl. Ankylostomiase.
ägyptische Körnerkrankheit vgl. Trachom.
Ahypnie vgl. Insomnie.
Ahypnose vgl. Insomnie.
Ahypnosis vgl. Insomnie.
Aichmophobie vgl. Phobie.
Ainhum vgl. Daktylolyse.
Akalkulie vgl. Aphasie.
AKARIASE, Akariasis *(eindeutschend)*, Acariasis*, Akarinose, Acarinosis*, Akaridiase *(ungew.)*, Acaridiasis* *(ungew.)*, Akariose *(ungew.)*, Acariosis* *(ungew.)*, Akarusräude, Milbenbefall, Milbenkrankheit • *wichtige spezifische Formen:* **1)** *durch die Krätzmilbe bedingt:* **Skabies,** Scabies*, Acariasis sarcoptica *(un-*

gew.), Psora *(ungew.)*, Krätze. **2)** *durch Erntemilben bedingt:* **Trombikulose,** Trombiculosis, Trombidiose, Trombidiosis*, Trombikuliasis *(ungew.)*, Erythema autumnale, Erntekrätze, Heukrätze. **3)** *durch die Vogelmilbe bedingt:* **Gamasidiose,** Gamasidiosis*, Gamasoidose *(seltener)*, Gamasoidosis* *(seltener)*, Vogelmilbenkrätze, Hühnermilbenkrätze. – Vgl. auch den Artikel *Dermatose.*

Akariasis vgl. Akariase.

Akaridiase vgl. Akariase.

Akarinose vgl. Akariase.

Akariose vgl. Akariase.

Akaromanie vgl. Hypochondrie.

Akarophobie vgl. Hypochondrie.

Akarusräude vgl. Akariase.

AKATHISIE, Acathisia*, Kathisophobie *(selten)*, Tasikinesie *(ungew.)*, Sitzunvermögen.

Akme vgl. Orgasmus.

AKNE, Acne*, Acne vulgaris, Finnenausschlag, Hautfinnen. – Vgl. auch: *Dermatose.*

Aknemie vgl. Dysmelie.

Aknephaskopie vgl. Sehstörung.

Akoasma vgl. Dysakusis.

Akonurese vgl. Enurese.

AKORIE, Acoria*, Adephagie, Bulimie, Hyperorexie, Kynorexie, Lykorexie, Fames canina, Aplestie *(ungew.)*, Vorazität, Voracitas*, Fames bovina *(selten)*, Fames lupina *(selten)*, Sitiomanie, Sitomanie, Polyphagie, Heißhunger, Freßlust, Gefräßigkeit, Freßsucht, Freßgier.

Akrenzephalon vgl. Cerebrum.

Akrodynie vgl. Feer-Krankheit.

Akrodynie des Kleinkindes vgl. Feer-Krankheit.

Akrogerie vgl. Senilität.

Akromegalie vgl. Hypersomie.

Akromikrie vgl. Hyposomie.

Akropachie vgl. Hypersomie.

Akrophobie vgl. Topophobie.

Akrozephalie vgl. Dyszephalie.

Akrozephalus vgl. Dyszephalie.

Aktinotherapie vgl. Radiotherapie.

aktive Algolagnie vgl. Perversität.

aktive Immunisierung vgl. Impfung.

aktiver Flagellantismus vgl. Perversität.

aktive Schutzimpfung vgl. Impfung.

akustische Agnosie vgl. Agnosia acustica.

akute benigne Leukämie vgl. infektiöse Mononukleose.

Alaktoflavinose vgl. Ariboflavinose.

Alastrim vgl. Variola.

Albinismus vgl. Achromie.

Albinismus circumscriptus vgl. Achromie.

Albugo vgl. Nubekula.

Albuminuria cyclica vgl. funktionelle Albuminurie.

Albuminuria intermittens vgl. funktionelle Albuminurie.

Albuminuria recurrens vgl. funktionelle Albuminurie.

Aleppobeule vgl. Leishmaniosis furunculosa.

Alexia vgl. Aphasie.

Alexia literalis vgl. Aphasie.

Alexia verbalis vgl. Aphasie.

Alexie vgl. Aphasie.

Alexine vgl. Antikörper.

-algia vgl. Dolor.

-algie vgl. Dolor.

Algo- vgl. Dolor.

Algolagnie vgl. Perversität.

Alkalämie vgl. Alkaliämie.

ALKALIÄMIE, Alkalämie, Alkalose, Alkalinismus *(ungew.)*, Alkaliüberschuß im Blut, Hypacidämie *(selten)*.

Alkalinismus vgl. Alkaliämie.

Alkaliüberschuß im Blut vgl. Alkaliämie.

Alkalose vgl. Alkaliämie.

Alkoholdelir vgl. Delirium tremens.

alkoholischer Exzeß vgl. Dipsomanie.

Alkoholismus: 1) vgl. Dipsomanie. **2)** vgl. Delirium tremens.

Alkoholomanie vgl. Delirium tremens.

Alkoholophilie vgl. Dipsomanie.

Alkoholvergiftung vgl. Delirium tremens.

Allantiasis vgl. Lebensmittelvergiftung.

Allergia vgl. Idiosynkrasie.

Allergie vgl. Idiosynkrasie.

allergische Erkrankung vgl. Allergose.

allergische Krankheit vgl. Allergose.

allergische Reaktion vgl. Idiosynkrasie.

Allergopathie vgl. Allergose.

ALLERGOSE, Allergopathie *(ungew.)*, allergische Erkrankung, allergische Krankheit. – Vgl. auch den Artikel *Idiosynkrasie.*
Allodromie vgl. Arrhythmie.
Allomnesia vgl. Dysmnesie.
Allomnesie vgl. Dysmnesie.
Allopath vgl. Arzt.
Allopathie vgl. Medizin.
Alloplasie vgl. Heterogenese.
Allorrhythmia vgl. Arrhythmie.
Allorrhythmie vgl. Arrhythmie.
Allostosen vgl. Belegknochen.
Allotriophagie vgl. Pikazismus.
Allotriosmie vgl. Dysosmie.
Alopecia vgl. Atrichie.
Alopecia areata vgl. Atrichie.
Alopecia capitis [totalis] vgl. Atrichie.
Alopecia celsi vgl. Atrichie.
Alopecia circumscripta vgl. Atrichie.
Alopezie vgl. Atrichie.
Alpdrücken vgl. Oneirodynie.
Alphodermie vgl. Achromie.
Alptraum vgl. Oneirodynie.
ALTERANS, Alterativum, Umstimmungsmittel, Reizstoff.
Alterativum vgl. Alterans.
Altersheilkunde vgl. Medizin.
Altersschwäche vgl. Kachexie.
Alterschwerhörigkeit vgl. Dysakusis.
Alterssichtigkeit vgl. Ametropie.
Altersstar vgl. Katarakt.
Altersweitsichtigkeit vgl. Ametropie.
Aluminiumlunge vgl. Pneumokoniose.
Aluminiumstaublunge vgl. Pneumokoniose.
Aluminose vgl. Pneumokoniose.
Aluminosis pulmonium vgl. Pneumokoniose.
Alveolarpyorrhö vgl. Parodontopathie.
ALVEOLE *(übliche Kurzbez.)*, Alveolus dentalis*, Zahnalveolen *(Mehrz.)*, Zahnfächer, Zahnmulden.
Alveoli pulmonales vgl. Alveoli pulmonis.
ALVEOLI PULMONIS *(Mehrz.)*, Alveoli pulmonum *(älter)*, Alveoli pulmonales, Lungenbläschen, Lungenalveolen.
Alveoli pulmonum vgl. Alveoli pulmonis.
Alveolus dentalis vgl. Alveole.
Amaas vgl. Variola.
Amastia vgl. Amastie.
AMASTIE, Amastia*, Amazie, Fehlen der Brustdrüsen • *auf die Brustwarzen beschränkt:* **Athelie.**
AMAUROSE, Amaurosis*, Ablepsie *(veraltet)*, Blindheit, Erblindung, schwarzer Star. – Vgl. auch den Artikel *Sehstörung.*
Amazie vgl. Amastie.
Amblyopie vgl. Sehstörung.
Ambozeptor vgl. Antikörper.
Ambulanz vgl. Klinik.
Ambulatorium vgl. Klinik.
Ambustio vgl. Verletzung.
Ambustion vgl. Verletzung.
Amelia vgl. Dysmelie.
Amelie vgl. Dysmelie.
Amelus vgl. Dysmelie.
Amenorrhö vgl. Menstruation.
AMETROPIE, Ametropia*, Fehlsichtigkeit • *besondere Formen:* **a) Myopie,** Myopia*, Kurzsichtigkeit. **b) Hypermetropie,** Hypermetropia*, Hyperopie, Weitsichtigkeit; *altersbedingt:* Presbyopie, Presbyopia*, Altersweitsichtigkeit, Alterssichtigkeit. **c) Astigmatismus,** Astigmie *(ungew.)*, Stabsichtigkeit. – Vgl. auch den Artikel *Sehstörung.*
Amimie vgl. Aphasie.
Ammonshorn vgl. Hippocampus.
Amnesia vgl. Dysmnesie.
Amnesie vgl. Dysmnesie.
Amöbendysenterie vgl. Amöbenruhr.
AMÖBENRUHR Amöbendysenterie, Dysenteria amoebica* *(ungew.)*, Amoebiasis intestinalis *(selten)*, Entamoebiasis *(ungew.)*.
Amoebiasis intestinalis vgl. Amöbenruhr.
Amor lesbicus vgl. Homosexualität.
Amotio vgl. Ablösung.
Amotio retinae vgl. Netzhautablösung.
Amphiarthrose vgl. Junktur.
Amphiarthrosis vgl. Junktur.
Amphikranie vgl. Zephalalgie.
Amputatio vgl. Operation.
Amputation vgl. Operation.
Amygdala palatina vgl. Tonsille.
Amygdalitis vgl. Angina.
Amyosthenie vgl. Myasthenie.

Amyotrophie vgl. Myatrophie.
Anabolie vgl. Metabolismus.
Anabolismus vgl. Metabolismus.
Anacusis vgl. Dysakusis.
Anadidymus vgl. Monstrosität.
Anaemia vgl. Anämie.
Anaemia achylica vgl. Anämie.
Anaemia haemolytica vgl. Anämie.
Anaemia hyperchromica vgl. Anämie.
Anaemia hypochromica vgl. Anämie.
Anaemia hypochromica idiopathica vgl. Anämie.
Anaemia hypochromica essentialis vgl. Anämie.
Anaemia intertropicalis vgl. Ankylostomiase.
Anaemia localis vgl. Ischämie.
Anaemia lymphatica vgl. Lymphogranulomatose.
Anaemia maligna vgl. perniziöse Anämie.
Anaemia megaloblastica vgl. Anämie.
Anaemia perniciosa [progressiva] vgl. perniziöse Anämie.
Anaesthesia gustatoria vgl. Dysgeusie.
Anaesthesia olfactoria vgl. Dysosmie.
Anaesthesia sexualis vgl. Impotenz.
Anakatadidymus vgl. Monstrosität.
Anakusie vgl. Dysakusis.
Anakusis vgl. Dysakusis.
Analeptikum vgl. Stimulans.
Analfalte vgl. Crena ani.
Analfurche vgl. Crena ani.
Analgetikum vgl. Psychopharmakon.

ANÄMIE, Anaemia*, Oligämie *(selten)*, Oligohämie *(selten)*, Hypohämie *(ungew.)*, Hyphämie *(ungew.)*, Spanämie *(ungew.)*, Blutarmut • **1)** *durch starken Hämoglobinmangel gekennzeichnete Form:* **hypochrome Anämie**, Anaemia hypochromica*, Hypochromämie, Eisenmangelanämie; *Sonderform bei jungen Mädchen, durch Eisenmangel bedingt:* Chlorose, Chlorosis*, Bleichsucht • *als selbständiges Krankheitsbild (bes.) bei Frauen im mittleren Lebensalter, infolge Eisenmangels und Achlorhydrie:* **Chloranämie**, essentielle hypochrome Anämie, Anaemia hypochromica essentialis*, achylische Chloranämie, Chloranaemia achylica*, idiopathische hypochrome Anämie, Anaemia hypochromica idiopathica*, Anaemia achylica*, achylische Anämie. **2)** *durch eine starke Erhöhung des Hämoglobins im Verhältnis zur Erythrozytenzahl gekennzeichnete Form:* **hyperchrome Anämie**, Anaemia hyperchromica*, megaloblastische Anämie, Anaemia megaloblastica*, Hyperchromämie *(selten); Sonderform:* vgl. *perniziöse Anämie.* **3)** *durch verstärkten Blutzerfall charakterisierte Form:* **hämolytische Anämie**, Anaemia haemolytica*, regeneratorische Anämie, Lederer-Anämie, Lederer-Brill-Anämie.

ANAMNESE, Krankengeschichte, Krankheitsvorgeschichte, Vorgeschichte *(Kurzbez.)*; *abschließend:* Katamnese.

ANANKASMUS, Obsession, Impulsion *(ungew.)*, Zwangsneurose, Zwangshandlung; Zwangsvorstellung, Denkzwang; *mit starker Ausschließlichkeit:* Monomanie • *besondere Formen:* **a)** *Dinge zählen:* **Arithmomanie**, Zählzwang. **b)** *Dinge stehlen:* **Kleptomanie**, Kleptophobie *(selten)*, *Stehlzwang, Stehltrieb.* **c)** *Essen:* **Phagomanie**, Eßzwang. – Vgl. auch: *Akorie.* **d)** *periodisches Trinken:* vgl. *Dipsomanie.* **e)** *Sichwaschen:* **Waschzwang**, Reinigungszwang, Sauberkeitsfimmel *(volkst., salopp)*. **f)** *Bewegung, Laufen:* vgl. *Dromomanie.* **g)** *Lachen:* vgl. *Gelasma.* **h)** *auf bestimmte Wörter bezogen:* **Onomatomanie**, Namenszwang; *bes. auf unanständige Wörter bezogen:* Koprolalie, Koprolalomanie, Koprophrasie, Koprophemie *(ungew.)*. **i)** *Dinge verschenken:* **Doromanie**, *Schenkzwang.* **k)** *Feuer legen:* **Pyromanie**, Brandstiftungstrieb.

ANAPHRODISIAKUM, Antaphrodisiakum, Antiaphrodisiakum, Anterotikum, Antierotikum.
Anaphrodisie vgl. Impotenz.
Anaphylaktin vgl. Antikörper.
anaphylaktischer Antikörper vgl. Antikörper.

anaphylaktischer Schock vgl. Idiosynkrasie.
Anaphylaxie vgl. Idiosynkrasie.
Anaphylaxin vgl. Antikörper.
Anaphylaxis vgl. Idiosynkrasie.
Anaplastik vgl. Transplantation.
Anasarka vgl. Ödem.
Anästhesiologe vgl. Anästhesist.
ANÄSTHESIST, Anästhesiologe, Narkosefacharzt, Narkosearzt, Narkotiseur.
Anästhetikum vgl. Psychopharmakon.
ANASTOMOSE, Anastomosis ...* (z.B. Anastomosis arteriovenosa), Nebenschluß, Shunt, arteriovenöse Fistel *(selten)*. – Vgl. auch: *Blutgefäß.*
Androgynie vgl. Hermaphroditismus.
Androgynismus vgl. Hermaphroditismus.
Androloge vgl. Arzt.
Andrologie vgl. Medizin.
Andromanie vgl. Erotomanie.
Androphanie vgl. Hermaphroditismus.
Androphobie vgl. Misanthropie.
Anenzymia vgl. Anenzymie.
ANENZYMIE, Anenzymia*, Afermentie, Afermentia*, Enzymmangel, Fermentmangel.
Anergie vgl. Dysbulie.
Anerosie vgl. Impotenz.
Anerythroblepsie vgl. Farbenblindheit.
Anerythropsie vgl. Farbenblindheit.
Anetodermia vgl. Chalodermie.
Anetodermie vgl. Chalodermie.
Aneurin vgl. Vitamin B_1.
Aneurysma vgl. Ektasie.
Aneutrophilie vgl. Agranulozytose.
Anfall vgl. Insult.
anfallsweises Hinken vgl. Claudicatio intermittens.
angeborene Leseschwäche vgl. Aphasie.
angeborenes Fehlen des Gesichts vgl. Aprosopie.
Angiectasia vgl. Ektasie.
Angiectasis vgl. Ektasie.
Angiektasie vgl. Ektasie.
Angiektasis vgl. Ektasie.
ANGINA, Halsentzündung; *bes. ausgeprägt im Bereich der Gaumenmandeln:* Tonsillitis, Amygdalitis *(ungew.)*, Mandelentzündung; *bes. ausgeprägt im Bereich der Rachenschleimhaut:* Pharyngitis, Rachenkatarrh.
Angina agranulocytica vgl. Agranulozytose.
Angina cardiaca vgl. Angina pectoris.
Angina cordis vgl. Angina pectoris.
Angina cruris vgl. Claudicatio intermittens.
Angina lymphatica vgl. infektiöse Mononukleose.
Angina monocytica vgl. infektiöse Mononukleose.
Angina monocytogenes vgl. infektiöse Mononukleose.
ANGINA PECTORIS, Stenokardie, Angor pectoris *(veraltet)*, Angina cardiaca *(älter)*, Angina cordis *(älter)*, Sternalgie *(ungew.)*, Sternodynie *(ungew.)*, Orthopnoea cardiaca *(ungew.)*, Herzbräune, Herzangst, Herzbeklemmung, Heberden-Krankheit, Rougnon-Heberden-Krankheit, Heberden-Asthma *(selten)*, Brustbräune, Engbrüstigkeit, viszeraler Thoraxschmerz *(selten)*. – Vgl. auch: *Herzinfarkt, Kardiothymie.*
Angina pectoris falsa vgl. Kardiothymie.
Angina pectoris functionalis vgl. Kardiothymie.
Angina pectoris nervosa vgl. Kardiothymie.
Angina pectoris spastica vgl. Kardiothymie.
Angina pectoris spuria vgl. Kardiothymie.
Angina pectoris vasomotoria vgl. Kardiothymie.
Angina pectoris vasomotorica vgl. Kardiothymie.
Angiogramm vgl. Röntgenogramm.
Angiographie vgl. Röntgenographie.
Angiokardiogramm vgl. Röntgenogramm.
Angiokardiographie vgl. Röntgenographie.
Angiologe vgl. Arzt.
Angiologie vgl. Medizin.
Angioneurosis cutanea vgl. Quincke-Ödem.
Angioneurosis mucosa vgl. Quincke-Ödem.

angioneurotisches Ödem vgl. Quincke-Ödem.
angioneurotisches Syndrom vgl. Quincke-Ödem.
Angor pectoris vgl. Angina pectoris.
Angst vor dem Erröten vgl. Erythromanie.
Angstneurose vgl. Phobie.
anguläre Kyphose vgl. Wirbelsäulenverkrümmung.
Angulus infectiosus vgl. Stomatitis.
Anhidrose, Anhidrosis vgl. Transpiration.
Anhypnie vgl. Insomnie.
Anhypnose vgl. Insomnie.
Anhypnosis vgl. Insomnie.
Anidrose, Anidrosis vgl. Transpiration.
Anikotinose vgl. Pellagra.
Anisozyten vgl. Blutkörperchen.
Ankon- vgl. Cubitus.
ANKYLOSE, Ankylosis*, Arthrokleise, Arthroklise, Arthrocleisis*, Arthroclisis*, Gelenkversteifung, knöcherne Gelenksteife, Gelenksteife, Gelenksperre • *operativ:* **Arthrodese,** Arthrodesis*, Ankylosis artificialis, operative Gelenkversteifung, Gelenkverödung; *nur in einer Richtung:* Arthrorise, Arthrorisis*, Anschlagsarthrodese.
Ankylosis vgl. Ankylose.
Ankylosis artificialis vgl. Ankylose.
Ankylostomatose vgl. Ankylostomiase.
Ankylostomatosis vgl. Ankylostomiase.
ANKYLOSTOMIASE, Ankylostomiasis*, Ankylostomose *(selten)*, Ankylostomatose *(ungew.)*, Ankylostomatosis *(ungew.)*, Dochmiase *(ungew.)*, Dochmiasis *(ungew.)*, Unzinariase *(selten)*, Unzinariasis *(selten)*, Nekatoriase *(ungew.)*, Nekatoriasis *(ungew.)*, Unzinariose *(ungew.)*, Chlorosis aegyptica, ägyptische Chlorose, Chlorosis tropica, Cachexia aquosa *(ungew.)*, Anaemia intertropicalis *(ungew.)*, Hakenwurmkrankheit, Wurmkrankheit der Bergleute, Tunnelanämie, Mineuranämie, Bergarbeiterkrankheit, Ziegelbrennerkrankheit, Minenkrankheit, Tunnelkrankheit.
Ankylostomose vgl. Ankylostomiase.
Annähung vgl. Operation.
Anodmie vgl. Dysosmie.
Anomie vgl. Aphasie.
Anophthalmie vgl. Aprosopie.
Anophthalmus vgl. Aprosopie.
Anorchidie vgl. Anorchie.
Anorchidismus vgl. Anorchie.
ANORCHIE, Anorchidie, Anorchismus *(selten)*, Anorchidismus *(selten)*, Fehlen der Hoden • *Sonderfall einer fehlenden Verlagerung der Hoden aus der Bauchhöhle in den Hodensack:* **Kryptorchismus,** Kryptorchidismus *(seltener)*, Kryptorchidie *(ungew.)*, Retentio testis, Bauchhoden, Testiculus abdominalis *(ungew.)*; *unvollständige Hodenverlagerung mit Verbleiben der Hoden am Ausgang des Leistenkanals:* Hodenhochstand, hochsitzender Hoden, Testiculus inguinalis *(ungew.)*, Leistenhoden *(ungew.)* • *Sonderfall mit Vorhandensein nur eines Hodens:* **Monorchie,** Monorchidie, Monorchismus *(selten)*, Monorchidismus *(selten)*; Cryptorchismus unilateralis.
Anorchismus vgl. Anorchie.
Anorexia vgl. Anorexie.
ANOREXIE, Anorexia, Inappetenz, Apositie *(ungew.)*, Appetitlosigkeit.
Anorgasmie vgl. Impotenz.
Anosmia vgl. Dysosmie.
Anosmie vgl. Dysosmie.
Anosphrasie vgl. Dysosmie.
Anosphresie vgl. Dysosmie.
Anotie vgl. Aprosopie.
Anoxämie vgl. Hypoxämie.
Anoxie vgl. Hypoxämie.
Anoxyhämie vgl. Hypoxämie.
anregendes Mittel vgl. Stimulans.
Anregungsmittel vgl. Stimulans.
Anschlagsarthrodese vgl. Ankylose.
Anschoppung vgl. Hyperämie.
ansteckende Krankheit vgl. Morbus.
Antaphrodisiakum vgl. Anaphrodisiakum.
Antebrachium vgl. Membra corporis.
ANTEMETIKUM, Antiemetikum, Antinauseosum. – Vgl. aber: *Emetikum.*
Anterotikum vgl. Anaphrodisiakum.
Anthämorrhagikum vgl. Hämostatikum.

ANTHELMINTHIKUM, Antihelminthikum *(selten)*, Helminthagogum, Helminthizid *(selten)*, Helminthizidum *(selten)*, Vermifugum, Vermizid, Vermizidum, Antiskolikum *(ungew.)*, wurmabtreibendes Mittel, wurmabtötendes Mittel, Wurmmittel *(volkst.)* • *speziell gegen Bandwürmer:* **Tänifugum,** Tänizid *(selten)*, Tänizidum *(selten)*, Bandwurmmittel *(volkst.)* • *speziell gegen Spulwürmer:* **Askarizid,** Askarizidum • *speziell gegen Madenwümer:* **Oxyurizid,** Oxyurizidum, Oxyurifugum.

Anthracosis linguae vgl. Lingua nigra.

Anthracosis lingualis vgl. Lingua nigra.

Anthracosis pulmonum vgl. Pneumokoniose.

Anthrakose vgl. Pneumokoniose.

Anthrakosilikose vgl. Pneumokoniose.

Anthrax vgl. Milzbrand.

Anthrax contagiosus vgl. Milzbrand.

Anthrax malignus vgl. Milzbrand.

Anthropophobie vgl. Misanthropie.

Anthropozoonose vgl. Morbus.

Antiaphrodisiakum vgl. Anaphrodisiakum.

Antibabypille, Anti-Baby-Pille vgl. Präservativ.

Anti-Beriberi-Vitamin vgl. Vitamin B_1.

Antibiotikum vgl. Chemotherapeutikum.

Antidepressivum vgl. Psychopharmakon.

Anti-Dermatitis-Vitamin vgl. Vitamin B_6.

ANTIDOT, Antidoton, Antipharmakon *(ungew.)*, Kontravenenum *(ungew.)*, Gegengift, Gegenmittel, Giftgegenmittel.

Antidoton vgl. Antidot.

Antiemetikum vgl. Antemetikum.

Antienzym vgl. Antikörper.

Antiepileptikum vgl. Spasmolytikum.

Antierotikum vgl. Anaphrodisiakum.

Antifebrile vgl. Antipyretikum.

Antiferment vgl. Antikörper.

Antihämorrhagikum vgl. Hämostatikum.

Antihelminthikum vgl. Anthelminthikum.

antiinfektiöses Vitamin vgl. Vitamin A.

Antikonvulsivum vgl. Spasmolytikum.

antikonzeptionelles Mittel vgl. Präservativ.

ANTIKÖRPER, immunisierender Blutstoff, humoraler Abwehrstoff, Immunkörper, Antisoma *(ungew.)*, Antisubstanz *(selten)*, Antitrop *(ungew.)*; *im Blutserum zirkulierend und übertragbar:* freier Antikörper, humoraler Antikörper; *an Körperzellen gebunden:* sessiler Antikörper; zellulärer Antikörper, zellständiger Antikörper; *inkomplett:* blockierender Antikörper, inkompletter Antikörper, monovalenter Antikörper, univalenter Antikörper • *unspezifisch, nicht durch Immunisierung erworben:* **Alexine** *(Mehrz.)*, natürliche Abwehrstoffe, Komplement, Zytase • *spezifisch, mit zwei haptophoren Gruppen:* **Ambozeptor,** Kopula, Desmon *(ungew.)*, Immunisin, Philozytase *(selten)*, Intermediärkörper, Immunkörper, Sensitizer *(ungew.)*, Präparator *(selten)*, Präparativ *(ungew.)*, Fixator *(selten)*, Fixativ *(ungew.)* • *verschiedene Formen hinsichtlich der Antigene, gegen die eine spezifische Wirksamkeit besteht, und hinsichtlich der Wirkungsweise:* **a)** *bei Anaphylaxie auftretend:* **Reagin,** anaphylaktischer Antikörper, Reaktionskörper, Sensibilin, Anaphylaktin *(selten)*, Anaphylaxin *(selten)*; Sensibilisin, Antisensibilisin. **b)** *gegen tierische oder pflanzliche Giftstoffe:* **Antitoxin.** **c)** *Bakteriolyse bewirkend bzw. vorbereitend:* **Bakteriolysin,** Lysozym, Inhibin, Opsonin, Bakteriotropin. **d)** *mittels Agglutination wirkend:* **Agglutinin;** *inaktive Form:* Agglutinoid. **e)** *mittels Zellauflösung wirkend:* **Lysin,** Zytolysin. **f)** *Erythrozyten auflösend:* **Hämolysin:** *inaktive Form:* Hämolysoid; *gegen arteigene, aber körperfremde rote Blutkörperchen:* Isohämolysin, Isolysin; *gegen artfremde:* Heterohämolysin, Heterolysin; *gegen die eigenen:* Autohämolysin, Autolysin. **g)** *mittels Ausflockung wirkend:* **Präzipitin. h)** *gegen Enzyme gerichtet:* **Antienzym**, Antiferment. **i)** *gegen körpereigene, durch Schädigungen körperfremd gewordene Substanzen gerichtet:* **Autoantikörper.**

Antiluetikum vgl. Antiluikum.

ANTILUIKUM, Antiluetikum, Antisyphilitikum, Syphilisbehandlungsmittel.

Antimykotikum vgl. Chemotherapeutikum.

Antinauseosum vgl. Antemetikum.

Antineuralgikum vgl. Psychopharmakon.

antineuritischer Faktor vgl. Vitamin B_1.

antineuritisches Vitamin vgl. Vitamin B_1.

Anti-Pellagra-Vitamin vgl. Nikotinsäure.

Antiperniziosafaktor vgl. Vitamin B_{12}.

Antiperniziosaprinzip vgl. Vitamin B_{12}.

Antipharmakon vgl. Antidot.

ANTIPYRETIKUM, Antifebrile *(meist in der Mehrz.:* Antifebrília), Refrigerans *(selten)*, Antithermikum *(ungew.)*, Febrifugum *(ungew.)*, Febrizid *(ungew.)*, Febrizidum *(ungew.)*, Deferveszens *(ungew.)*, fiebersenkendes Mittel. – Vgl. aber: *Pyretikum.*

antirachitischer Faktor vgl. Vitamin D.

antirachitisches Vitamin vgl. Vitamin D.

Anti-Rachitis-Vitamin vgl. Vitamin D.

Antisensibilisin vgl. Antikörper.

Antiseptikum vgl. Chemotherapeutikum.

Antiskolikum vgl. Anthelminthikum.

antiskorbutisches Vitamin vgl. Vitamin C.

Anti-Skorbut-Faktor vgl. Vitamin C.

Anti-Skorbut-Vitamin vgl. Vitamin C.

Antisoma vgl. Antikörper.

Antispasmodikum vgl. Spasmolytikum.

Antispastikum vgl. Spasmolytikum.

Antisterilitätsvitamin vgl. Vitamin E.

Antisubstanz vgl. Antikörper.

Antisyphilitikum vgl. Antiluikum.

Antithermikum vgl. Antipyretikum.

Antitoxin vgl. Antikörper.

Antitrop vgl. Antikörper.

Antitussivum vgl. Expektorans.

antixerophthalmisches Vitamin vgl. Vitamin A.

Antriebsschwäche vgl. Dysbulie.

Antrum vgl. Cavum.

Anulozyten vgl. Blutkörperchen.

ANUS, Proktos *(veraltet)*, After • *künstlich, operativ angelegt:* **Anus praeternaturalis**, Anus praeter *(Fachjargon, übliche Kurzbez.)*, künstlicher After. – Vgl. auch den Artikel *Eingeweide.*

Anus imperforatus vgl. Atresia ani.

Anus praeter vgl. Anus.

Anus praeternaturalis vgl. Anus.

Anwendung vgl. Applikation.

anziehender Muskel vgl. Muskel.

Anzieher vgl. Muskel.

Anziehmuskel vgl. Muskel.

Aorta vgl. Blutgefäß.

Aortectasia vgl. Ektasie.

Aortektasie vgl. Ektasie.

Aortektasis vgl. Ektasie.

Aortenaneurysma vgl. Ektasie.

Aortenentzündung vgl. Aortitis.

Aorteninsuffizienz vgl. Vitium cordis.

Aortenklappenfehler vgl. Vitium cordis

Aortenstenose vgl. Vitium cordis.

Aortenvitium vgl. Vitium cordis.

AORTITIS, Aortenentzündung; *im Bereich der inneren Gefäßwandschicht:* Endaortitis; *im Bereich der mittleren Gefäßwandschicht:* Mesaortitis; *im Bereich der äußeren Gefäßwandschicht:* Periaortitis. – Vgl. auch: *Arteriopathie.*

Aortogramm vgl. Röntgenogramm.

Aortographie vgl. Röntgenographie.

Aperiens vgl. Abführmittel.

Aperitivum vgl. Abführmittel.

Apertur vgl. Foramen.

Apertura vgl. Foramen.

Apex pili vgl. Pili.

Aphasia nominalis vgl. Aphasie.

APHASIE, Aphasia*, zentrale Sprachstörung; Aphemie; Dysphasie • *Sonderformen:* **a)** *mit Wortvertauschungen beim Sprechen:* **Paraphasie**, Paraphrasie *(selten)*. **b)** *mit Schwierigkeiten bei der Objekt-*

erkennung und -benennung: **Anomie,** Aphasia nominalis*; Dysnomie; Paranomie. **c)** *mit Schwierigkeiten beim Lesen:* **Dyslexie,** Lesestörung, Leseschwäche; Paralexie; Alexie, Alexia*; Alexia literalis, Caecitas literalis, Buchstabenblindheit; Alexia verbalis, Caecitas verbalis, Wortblindheit; Legasthenie, angeborene Leseschwäche, kongenitale Wortblindheit, kongenitale Schreibschwäche. **d)** *mit Vergessen von Wörtern:* **Logasthenie. e)** *mit Schwierigkeiten beim Schreiben:* **Agraphie;** Paragraphie. **f)** *mit Schwierigkeiten bei der Formulierung und Satzbildung:* **Agrammatismus,** Aphrasie, Aphrasia*; Paragrammatismus. **g)** *mit Störungen des Rechenvermögens:* **Akalkulie,** Rechenstörung. **h)** *mit Störungen in der Verständigung durch Zeichen und Gebärden:* **Asemie,** Asymbolie; Amimie.

Aphemie vgl. Aphasie.

Aphrasia, Aphrasie vgl. Aphasie.

Aphrodisiakum vgl. Stimulans.

Aphrodisie vgl. Erotomanie.

Aphthae contagiosae vgl. Maul- und Klauenseuche.

Aphthae epizooticae vgl. Maul- und Klauenseuche.

Aphthae orientales vgl. Sprue.

Aphthae tropicae vgl. Sprue.

Aphthae tropicales vgl. Sprue.

Aphthenseuche vgl. Maul- und Klauenseuche.

Aphthosis epizootica vgl. Maul- und Klauenseuche.

Aplestie vgl. Akorie.

Apneustie vgl. Asphyxie.

Apnoe vgl. Asphyxie.

Apnoea vgl. Asphyxie.

Apodemialgie vgl. Dromomanie.

Apodia vgl. Dysmelie.

Apodie vgl. Dysmelie.

Apoenzym vgl. Enzym.

Apoferment vgl. Enzym.

apoplektischer Insult vgl. Apoplexia cerebri.

APOPLEXIA CEREBRI, Apoplexie *(übliche Kurzbez.),* Ictus apoplecticus *(selten),* Insultus apoplecticus *(ungew.),* apoplektischer Insult *(selten),* Schlaganfall, Schlagfluß *(veraltet, volkst.),* Gehirnschlag, Hirnschlag.

Apoplexia meningealis vgl. Hämorrhagie.

Apoplexia pulmonalis vgl. Hämorrhagie.

Apoplexia spinalis vgl. Hämorrhagie.

Apoplexia splenica vgl. Milzbrand.

Apoplexie vgl. Apoplexia cerebri.

Aporinosis vgl. Avitaminose.

Apositie vgl. Anorexie.

Apostema vgl. Abszeß.

APPARATUS RESPIRATORIUS, Systema respiratorium, Atmungssystem, Atmungsorgane. – Vgl. auch die Stichwörter: *Nasus* (vgl. hierzu: *Organa sensuum), Larynx, Trachea, Pulmo.*

Appendicitis vgl. Enteritis.

Appendix vgl. Eingeweide.

Appendix vermiformis vgl. Eingeweide.

Appendizitis vgl. Enteritis.

Appetenz vgl. Libido.

Appetitlosigkeit vgl. Anorexie.

Appetitus depravatus vgl. Pikazismus.

Appetitus perversus vgl. Pikazismus.

APPLIKATION, Applizierung, Verabreichung, Anwendung • *parenteral, bes. von Flüssigkeiten:* **a)** *durch Druck mittels einer Spritze:* **Injektion,** Injizierung, Einspritzung, Spritze *(volkst.).* **b)** *langsam, mit Hilfe der natürlichen Schwerkraft:* **Infusion,** Eingießung; *tropfenweise:* Instillation, Einträufelung • *in Körperhöhlen; auf pulverige, flüssige oder gasförmige Stoffe bezogen:* **Insufflation,** Einblasung; *ausschließlich über die Atemwege, vom Betroffenen selbst gesagt:* Inhalation, Einatmung • *über die Haut; auf flüssige oder salbenförmige Stoffe bezogen:* **Inunktion,** Unktion, Einreibung, Einsalbung.

Applizierung vgl. Applikation.

APROSOPIE, Ateloprosopie, angeborenes Fehlen des Gesichts, Gesichtsmißbildung • *partiell:* **a)** *mit Fehlen oder unvollständiger Ausbildung der Nase:* **Arrhinie. b)** *mit Fehlen der Augäpfel:* **Anophthalmie,** Anophthalmus; *mit Vorhandensein nur* *eines Auges:* Zyklopie, Zyklops *(ungew.)*, Symphysopie *(ungew.)*, Monophthalmie, Monophthalmus *(ungew.)*, Synophthalmie, Synophthalmus, Einäugigkeit, Zyklozephalie, Zyklozephalus *(selten)*. **c)** *mit Fehlen oder unvollständiger Ausbildung der Mundöffnung:* **Astomie,** Atelostomie. **d)** *mit Fehlen oder unvollständiger Ausbildung einer oder beider Lippen:* **Acheilie,** Achilie, Atelocheilie, Atelochilie. **e)** *mit Fehlen oder unvollständiger Ausbildung des Ober- oder Unterkiefers:* **Agnathie,** Agnathus *(selten)*, Atelognathie. **f)** *mit Fehlen der Ohrmuscheln:* **Anotie.**

Aptyalie vgl. Oligosialie.

Aptyalismus vgl. Oligosialie.

Apus vgl. Dysmelie.

Arachnitis vgl. Meningitis.

Arachnodactylia vgl. Arachnodaktylie.

ARACHNODAKTYLIE, Arachnodactylia*, Dolichostenomelie, Marfan-Syndrom, Spinnenfingrigkeit, Spinnengliedrigkeit.

Arachnoidea vgl. Meninx.

Arachnoidea encephali vgl. Meninx.

Arachnoidea spinalis vgl. Meninx.

Arachnoides vgl. Meninx.

Arachnoides encephali vgl. Meninx.

Arachnoides spinalis vgl. Meninx.

Arachnoiditis vgl. Meningitis.

Arachnotheliom vgl. Meningiom.

Arachnothelioma vgl. Meningiom.

Area celsi vgl. Atrichie.

Argentation vgl. Argyrismus.

Argyria vgl. Argyrismus.

Argyriasis vgl. Argyrismus.

Argyrie vgl. Argyrismus.

ARGYRISMUS, Silbervergiftung; *chronisch, mit Blaugrauverfärbung der Haut:* Argyrie, Argyria*, Argyrose, Argyrosis*, Argyriasis, Argentation *(ungew.)*. – Vgl. auch den Artikel *Intoxikation.*

Argyrose vgl. Argyrismus.

Argyrosis vgl. Argyrismus.

ARIBOFLAVINOSE, Vitamin-B_2-Avitaminose, Avitaminose B_2 *(Fachjargon)*, Vitamin-B_2-Mangel-Krankheit, echte Vitamin-B_2-Avitaminose, Alaktoflavinose. – Vgl. auch: *Avitaminose.*

Arithmomanie vgl. Anankasmus.

Arm vgl. Membra corporis.

Arrektor vgl. Muskel.

Arrhinie vgl. Aprosopie.

Arrhythmia vgl. Arrhythmie.

ARRHYTHMIE, Arrhythmia*, Arrhythmia cordis*, Herzirregularität, unregelmäßige Herztätigkeit, unregelmäßige Herzschlagfolge, Herzrhythmusstörung; *vollständige, bei der nur einzelne Erregungsimpulse des Vorhofs auf die Kammern weitergeleitet werden:* Arrhythmia absoluta, absolute Arrhythmie, Arrhythmia perpetua, Arrhythmia continua, Delirium cordis, Ataxia cordis *(ungew.)*; Tachyarrhythmie *(ungew.)*; *periodisch:* Allorrhythmie, Allorrhythmia*, Arrhythmia rhythmica *(ungew.)*, Allodromie. • *besondere Formen:* **1)** *vorzeitige Herzkontraktion innerhalb der normalen Herzschlagfolge:* **Extrasystole,** Extrasystolie *(ungew.)*, extrasystolische Arrhythmie, Arrhythmia extrasystolica *(ungew.)*; *in Form von nebeneinander bestehenden Systolen, die von verschiedenen Reizbildungszentren ausgehen:* Parasystole, Parasystolie, polytope Extrasystolie, Pararrhythmie, Pararrhythmia*. **2)** *mit unregelmäßigen und ungeordneten Faserkontraktionen und wogender Herzbewegung:* **Herzflimmern,** Fibrillatio cardiaca *(ungew.)* • **a)** *im Bereich der Vorhöfe:* **Vorhofflimmern,** Fibrillatio auricularis; *in abgeschwächter Form:* Vorhofflattern. **b)** *im Bereich der Herzkammern:* **Kammerflimmern,** Fibrillatio ventricularis. **3)** *mit [völliger] Unterbrechung der Erregungsleitung zwischen Vorhöfen und Kammern und dadurch bedingten Eigenrhythmus der Vorhöfe und Kammern:* **Herzblock,** totaler Herzblock, atrioventrikulärer Block, Atrioventrikularblock, AV-Block, atrioventrikuläre Dissoziation; *bei zwischenzeitlich vorhandener Erregungsleitung:* Interferenzdissoziation.

Arrhythmia absoluta vgl. Arrhythmie.
Arrhythmia continua vgl. Arrhythmie.
Arrhythmia cordis vgl. Arrhythmie.
Arrhythmia extrasystolica vgl. Arrhythmie.
Arrhythmia perpetua vgl. Arrhythmie.
Arrhythmia rhythmica vgl. Arrhythmie.
Arseniasis vgl. Arsenismus.
Arsenikalismus vgl. Arsenismus.
Arsenikiasis vgl. Arsenismus.
Arsenikismus vgl. Arsenismus.
ARSENISMUS, Arsenikismus, Arsenikalismus, Arseniasis *(ungew.)*, Arsenikiasis *(ungew.)*, Arsenvergiftung. – Vgl. auch den Artikel *Intoxikation.*
Arsenvergiftung vgl. Arsenismus.
Ars obstetricia vgl. Geburtshilfe.
Arteria vgl. Blutgefäß.
Arteriasis vgl. Arteriopathie.
Arteria carotis vgl. Karotis.
Arterie vgl. Blutgefäß.
Arteriectasia vgl. Ektasie.
Arteriectasis vgl. Ektasie.
Arteriektasie vgl. Ektasie.
Arteriektasis vgl. Ektasie.
Arterienblutung vgl. Hämorrhagie.
Arterienentzündung vgl. Arteriopathie.
Arterienerkrankung vgl. Arteriopathie.
Arterienerweiterung vgl. Ektasie.
Arterienverkalkung vgl. Arteriopathie.
Arteriitis vgl. Arteriopathie.
Arteriogramm vgl. Röntgenogramm.
Arteriographie vgl. Röntgenographie.
Arteriola vgl. Blutgefäß.
Arteriole vgl. Blutgefäß.
Arteriolenentzündung vgl. Arteriopathie.
Arteriolitis vgl. Arteriopathie.
Arteriolosclerosis vgl. Arteriopathie.
Arteriolosklerose vgl. Arteriopathie.
Arteriopathia vgl. Arteriopathie.
ARTERIOPATHIE, Arteriopathia*, Arterienerkrankung • **a)** *degenerativ, infolge Stoffwechselstörungen:* **Arteriose,** Arteriosis*, Arteriasis *(ungew.)*; Arteriosklerose, Arteriosclerosis*, Atherosklerose, Atherosclerosis*, Atheromatose, Atheromatosis*, Sclerosis arterialis *(selten)*, Sclerosis arteriocapillaris *(selten)*, Sclerosis vascularis *(ungew.)*, Arterienverkalkung; *im Bereich der Arteriolen:* Arteriolosklerose, Arteriolosclerosis*. **b)** *entzündlich:* **Arteriitis,** Arteritis *(seltener)*, Schlagaderentzündung, Arterienentzündung; *im Bereich der Arteriolen:* Arteriolitis, Arteriolenentzündung; *im Bereich der Gefäßinnenwand:* Endarteriitis, Endarteritis *(seltener)*; *im Bereich der mittleren Gefäßwandschicht:* Mesarteriitis, Mesarteritis *(seltener)*; *im Bereich der äußeren Gefäßwandschicht:* Periarteriitis, Periarteritis *(seltener)*. – Vgl. auch die Artikel *Aortitis* und *Phlebitis.*
Arteriorrhagie vgl. Hämorrhagie.
Arteriosclerosis vgl. Arteriopathie.
Arteriose vgl. Arteriopathie.
Arteriosis vgl. Arteriopathie.
Arteriosklerose vgl. Arteriopathie.
arteriovenöse Fistel vgl. Anastomose.
Arteritis vgl. Arteriopathie.
Arthr- vgl. Junktur.
Arthralgia vgl. Arthralgie.
ARTHRALGIE, Arthralgia*, Arthrodynie, Gelenkschmerz; *neuralgischer Natur:* Arthroneuralgie, Neuralgia articularis.
ARTHRITIS URICA, uratische Diathese, Gutta *(veraltet)*, Gicht, Gelenkgicht, artikuläre Gicht, Gichtarthritis • **a)** *bes. im Bereich der Großzehengrundgelenke:* **Podagra,** Fußgicht, Großzehengicht. **b)** *bes. in den Kniegelenken:* **Gonagra,** Gonatagra *(selten)*, Kniegicht, Kniegelenkrheumatismus. **c)** *bes. im Bereich der Fingergelenke:* **Chiragra,** Cheiragra, Handgicht, Fingergicht. **d)** *bes. im Bereich der Schultergelenke:* **Omagra,** Schultergicht; *im Bereich des Schlüsselbeins:* Kleisagra, Kleidagra, Schlüsselbeingicht.
Arthro- vgl. Junktur.
Arthrocleisis vgl. Ankylose.
Arthroclisis vgl. Ankylose.
Arthrodese vgl. Ankylose.
Arthrodesis vgl. Ankylose.
Arthrodia vgl. Junktur.
Arthrodynie vgl. Arthralgie.
Arthrogramm vgl. Röntgenogramm.

Arthrographie vgl. Röntgenographie.
Arthrokleise vgl. Ankylose.
Arthroklise vgl. Ankylose.
ARTHROLITH, Corpus liberum, Corpus mobile, Gelenkmaus, freier Gelenkkörper.
Arthroneuralgie vgl. Arthralgie.
Arthrorise vgl. Ankylose.
Arthrorisis vgl. Ankylose.
Articulatio vgl. Junktur.
Articulatio cochlearis vgl. Junktur.
Articulatio condylaris vgl. Junktur.
Articulatio cotylica vgl. Junktur.
Articulatio ellipsoidea vgl. Junktur.
Articulatio genus vgl. Genu.
Articulatio plana vgl. Junktur.
Articulatio sellaris vgl. Junktur.
Articulatio sphaeroidea vgl. Junktur.
Articulatio spheroidea vgl. Junktur.
Articulatio trochoidea vgl. Junktur.
Articulus vgl. Junktur.
Articulus planus vgl. Junktur.
Articulus sellaris vgl. Junktur.
Articulus sphaeroideus vgl. Junktur.
Articulus trochoideus vgl. Junktur.
artikuläre Gicht vgl. Arthritis urica.
Artikulation vgl. Junktur.
Arznei vgl. Medikament.
Arzneikügelchen vgl. Medikament.
Arzneimittel vgl. Medikament.
Arzneitäfelchen vgl. Medikament.
ARZT, Mediziner, Therapeut, -iater *(nur in Zus.)*, Doktor *(ugs.)*, Medikus *(scherzh.)* • *allg., nicht spezialisiert:* **praktischer Arzt,** Praktiker *(Fachjargon)* • *im Sinne der herkömmlichen Medizin:* **Allopath,** Schulmediziner • *im Sinne der Homöopathie:* **Homöopath;** Naturkeilkundiger; *ohne Hochschulausbildung:* Heilpraktiker, Heilkundiger • *mit besonderer Fachausbildung:* **Facharzt,** Spezialist, Spezialarzt *(volkst.)*, -loge *(nur in Zus.)*: **a)** *für konservative Behandlung von Krankheiten innerer Organe:* **Internist,** Facharzt für innere Krankheiten; *bes. für Herzkrankheiten:* Kardiologe, Herzspezialist *(volkst.)*; *bes. für Gefäßleiden:* Angiologe; *bes. für Lungenkrankheiten:* Pneumologe, Lungenfacharzt, Lungenspezialist *(volkst.)*; *bes. für Leberkrankheiten:* Hepatologe, Leberspezialist *(volkst.)*; *bes. für Magen- und Darmkrankheiten:* Gastroenterologe; *bes. für Mastdarmkrankheiten:* Proktologe; *bes. für Nierenkrankheiten:* Nephrologe; *bes. für Blutkrankheiten:* Hämatologe. **b)** *für operative Behandlung:* **Chirurg;** *bes. im Bereich des Zentralnervensystems:* Neurochirurg. **c)** *für Frauenkrankheiten und Geburtshilfe:* **Gynäkologe,** Frauenarzt. **d)** *für typische Männerkrankheiten:* **Androloge** *(selten)*. **e)** *für Kinderkrankheiten:* **Pädiater,** Kinderarzt; *bes. für Neugeborene:* Neonatologe. **f)** *für altersbedingte Erkrankungen:* **Gerontologe. g)** *für Erkrankungen im Bereich des Haltungs- und Bewegungsapparates:* **Orthopäde. h)** *für Erkrankungen der Harnorgane:* **Urologe. i)** *für Hautkrankheiten:* **Dermatologe,** Hautarzt. **k)** *für Geschlechtskrankheiten:* **Venerologe. l)** *für Nervenkrankheiten:* **Neurologe,** Nervenarzt. **m)** *für Geisteskrankheiten und Gemüts- bzw. seelische Krankheiten:* **Psychiater;** Psychotherapeut, Seelenarzt *(volkst.)*. **n)** *für Augenkrankheiten:* **Ophthalmologe,** Augenarzt. **o)** *für Erkrankungen im Bereich der oberen Luftwege, des Kehlkopfes, der Nase und der Ohren:* **Otorhinolaryngologe,** Hals-Nasen-Ohren-Arzt; *bes. für Kehlkopfkrankheiten:* Laryngologe; *bes. für Nasenkrankheiten:* Rhinologe; *bes. für Ohrenkrankheiten:* Otologe, Otiater, Ohrenarzt. **p)** *für Zahn- und Kieferkrankheiten:* **Zahnarzt,** Odontologe *(selten)*; *ohne Hochschulausbildung:* Dentist *(veraltet)*; *bes. für operative Behandlung:* Kieferchirurg, Zahnchirurg. **q)** *für die Behandlung von Tumoren:* **Onkologe:** *bes. für bösartige:* Karzinologe, Kanzerologe *(ungew.)*, Kankrologe *(ungew.)*, Krebsarzt *(volkst.)*. **r)** *für Strahlen[heil]kunde:* **Radiologe;** Röntgenologe, Röntgenfacharzt, Röntgenarzt. **s)** *für Vergiftungen:* **Toxikologe. t)** *für Sprachstörungen:* **Phoniater. u)** *für*

Tierkrankheiten: **Veterinär,** Veterinärarzt, Veterinärmediziner, Tierarzt.
Asbestlunge vgl. Pneumokoniose.
Asbestose vgl. Pneumokoniose.
Asbestosis pulmonum vgl. Pneumokoniose.
Asbeststaublunge vgl. Pneumokoniose.
Ascariasis vgl. Helminthiasis.
Ascaridiasis vgl. Helminthiasis.
Ascaridosis vgl. Helminthiasis.
Ascites vgl. Aszites.
Ascorbinsäure vgl. Vitamin C.
Asemie vgl. Aphasie.
Asialie vgl. Oligosialie.
Askariase vgl. Helminthiasis.
Askariasis vgl. Helminthiasis.
Askaridiase vgl. Helminthiasis.
Askaridiasis vgl. Helminthiasis.
Askaridose vgl. Helminthiasis.
Askarizid vgl. Anthelminthikum.
Askarizidum vgl. Anthelminthikum.
Askorbinsäure vgl. Vitamin C.
Asomnie vgl. Insomnie.
Aspermatismus vgl. Oligospermie.
Aspermie vgl. Oligospermie.
Asphyxia vgl. Asphyxie.
ASPHYXIE, Asphyxia*, Apnoe, Apnoea*, Apneustie *(ungew.)*, schwere Atemstörung, Atemstillstand, Atemlähmung, Atemlosigkeit, Suffokation, Suffocatio*, Erstickung. – Vgl. auch den Artikel *Dyspnoe.*
ASTASIE, Astasia*, Stehunfähigkeit, Nichtstehenkönnen.
ASTEREOGNOSIE, Stereoagnosie, Astereognosis *(ungew.)*, Stereoagnosis *(ungew.)*, Agnosia tactica, Agnosia tactilis, Tastblindheit, taktile Agnosie, Tastlähmung.
Astereognosis vgl. Astereognosie.
Asthenia muscularis vgl. Myasthenie.
ASTHENOPIE, Hebetudo visus, Kopiopie, Sehschwäche. – Vgl. auch den Artikel *Sehstörung.*
Asthma vgl. Dyspnoe.
Asthma bronchiale vgl. Dyspnoe.
Asthma cardiale vgl. Dyspnoe.
asthmatische Dyspnoe vgl. Dyspnoe.
Astigmatismus vgl. Ametropie.
Astigmie vgl. Ametropie.
Astley-Cooper-Hernie vgl. Hernia femoralis.
Astomie vgl. Aprosopie.
Astragalus vgl. Ossa tarsi.
Asymbolie vgl. Aphasie.
Asynergia vgl. Ataxie.
Asynergie vgl. Ataxie.
ASZITES, Ascites*, Hydroperitonäum, Hydroperitoneum *(Nf.)*, Hydrops abdominis *(ungew.)*, Bauchwassersucht, Bauchwasser *(Kurzbez.)*, Froschbauch *(ungew.)*, Baucherguß.
Ataraktikum vgl. Psychopharmakon.
Ataxia vgl. Ataxie.
Ataxia cordis vgl. Arrhythmie.
Ataxia locomotrix progressiva vgl. Metasyphilis.
ATAXIE, Ataxia,* Asynergie, Asynergia*, Koordinationsstörung, Inkoordination.
Atelocheilie vgl. Aprosopie.
Atelochilie vgl. Aprosopie.
Atelognathie vgl. Aprosopie.
Ateloprosopie vgl. Aprosopie.
Atelostomie vgl. Aprosopie.
Atemlähmung vgl. Asphyxie.
Atemlosigkeit vgl. Asphyxie.
Atemnot vgl. Dyspnoe.
Atemstillstand vgl. Asphyxie.
Atemstörung vgl. Dyspnoe.
Athelie vgl. Amastie.
ATHEROM, Atheroma*, Steatom, Steatoma*, Cystis sebacea *(selten)*, Balggeschwulst, Haarbalggeschwulst, Grützbeutel, Talggeschwulst, Breigeschwulst *(selten)*, Grützgeschwulst *(selten)*, Schmerbalg *(ungew.)* • **a) echtes Atherom,** Atheroma verum, Epidermoid, Epidermoidzyste, Epidermiszyste. **b) falsches Atherom,** Atheroma spurium, Atheroma falsum *(selten)*, Sebozystom *(selten)*, Sebocystoma* *(selten)*, Follikelzyste, Talgdrüsenzyste, Talgzyste, Talgretentionszyste. – Vgl. auch *Dermatose.*
Atheromatose vgl. Arteriopathie.
Atheromatosis vgl. Arteriopathie.
Atherosclerosis vgl. Arteriopathie.
Atherosklerose vgl. Arteriopathie.
Athymie vgl. Melancholie.
Ätiologie vgl. Pathogenese.
Atmocausis uteri vgl. Atmokausis.

ATMOKAUSIS, Atmocausis uteri*, Vaporisation, Uterusvaporisation, Gebärmutterausdampfung.
Atmungsbeschleunigung vgl. Dyspnoe.
Atmungsorgane vgl. Apparatus respiratorius.
Atmungssystem vgl. Apparatus respiratorius.
Atmungsverlangsamung vgl. Dyspnoe.
Atombusen vgl. Hypersomie.
Atopie vgl. Idiosynkrasie.
ATRESIA ANI*, Imperforatio ani *(ungew.)*, Anus imperforatus, Afterverschluß, Enddarmverschluß.
Atresia cervicalis vgl. Gynatresie.
Atresia hymenalis vgl. Gynatresie.
Atresia uteri vgl. Gynatresie.
Atresia vaginae vgl. Gynatresie.
Atresia vaginalis vgl. Gynatresie.
Atrichia vgl. Atrichie.
ATRICHIE, Atrichia*, Atrichose, Atrichosis*, Haarlosigkeit • *bes. erworben und speziell im Bereich der Kopfhaut:* **Alopezie**, Alopecia*, Alopecia capitis [totalis]*, Psilose, Psilosis, Calvities, Lapsus capillorum *(ungew.)*, Defluxio capillorum *(selten)*, Defluvium capillorum, Morbus vulpis *(ungew.)*, Haarausfall, Glatzenbildung, Glatze, Glatzkopf, Platte *(ugs.)*, Kahlheit, Kahlkopf, Kahlköpfigkeit; *mit kreisförmig umschriebenen Kahlstellen:* Alopecia areata, Alopecia circumscripta, Alopecia celsi *(ungew.)*, Porrigo decalvans *(ungew.)*, Tonsur *(volkst.)*, Pelade, Kreishaarschwund, Area celsi *(ungew.)*, Ophiasis celsi *(selten)*.
Atrichose vgl. Atrichie.
Atrichosis vgl. Atrichie.
Atrioventrikularblock vgl. Arrhythmie.
atrioventrikuläre Dissoziation vgl. Arrhythmie.
atrioventrikulärer Block vgl. Arrhythmie.
Atrium cordis vgl. Cor.
Atrium dextrum vgl. Cor.
Atrium sinistrum vgl. Cor.
Atrophia vgl. Dystrophie.
Atrophia musculorum vgl. Myatrophie.
Atrophia musculorum progressiva vgl. Myatrophie.
Atrophia muscularis vgl. Myatrophie.
Atrophia myopathica vgl. Myatrophie.
Atrophia numerica vgl. Heterogenese.
Atrophie vgl. Dystrophie.
Atropinisation vgl. Atropinismus.
ATROPINISMUS, Atropismus, Atropinisation, Atropinvergiftung. – Vgl. auch den Artikel *Intoxikation*.
Atropinvergiftung vgl. Atropinismus.
Atropismus vgl. Atropinismus.
Attacke vgl. Insult.
atypisches Zellwachstum vgl. Heterogenese.
Aufbaustoffwechsel vgl. Metabolismus.
Aufblähung vgl. Meteorismus.
Auffrischimpfung vgl. Impfung.
aufrichtender Muskel vgl. Muskel.
Aufrichter vgl. Muskel.
Aufstoßen vgl. Eruktation.
Aufwärtsschielen vgl. Strabismus.
Augapfel vgl. Organa sensuum.
Auge vgl. Organa sensuum.
Augenarzt vgl. Arzt.
Augenbindehautxerose vgl. Xerophthalmie.
Augenblutung vgl. Hämorrhagie.
Augenbrauenhaare vgl. Pili.
Augendarre vgl. Xerophthalmie.
Augenheilkunde vgl. Medizin.
Augenlid vgl. Palpebra.
Augenlidhalter vgl. Elevateur.
Augenlidkrampf vgl. Blepharospasmus.
Augentripper vgl. Geschlechtskrankheiten.
Augenwassersucht vgl. Hydrophthalmus.
Augenwimpern vgl. Pili.
Augenzahn vgl. Dens.
Augenzittern vgl. Nystagmus.
Aureomyzin vgl. Chemotherapeutikum.
Auricula: 1) vgl. Lobulus auriculae. **2)** vgl. Organa sensuum.
Auris vgl. Organa sensuum.
Auris interna vgl. Organa sensuum.
Auris media vgl. Organa sensuum.
Ausbrennung vgl. Kauterisation.
Ausbruch vgl. Insult.
Ausbuchtung: 1) vgl. Foramen. **2)** vgl. Ektasie.
Ausdünstung vgl. Transpiration.
Ausfluß vgl. Fluor.

Ausführungsgang vgl. Ductus.
Auskratzung vgl. Kürettage.
Auspflanzung vgl. Transplantation.
Ausrenkung vgl. Verletzung.
Aussatz vgl. Lepra.
Ausschabung vgl. Kürettage.
Ausscheidung: 1) vgl. Exkret. **2)** vgl. Exkretion.
Ausschlag vgl. Exanthem.
Ausschneidung vgl. Operation.
Außenmeniskus vgl. Discus articularis.
aussetzender Puls vgl. Puls.
Ausspiegelung vgl. Endoskopie.
Austauschtransfusion vgl. Bluttransfusion.
Auswärtsdreher vgl. Muskel.
Auswärtsschielen vgl. Strabismus.
Ausweidung vgl. Embryotomie.
Auswuchs vgl. Effloreszenz.
Auswurf vgl. Sputum.
auswurfförderndes Mittel vgl. Expektorans.
Auszehrung: 1) vgl. Kachexie. **2)** vgl. Lungentuberkulose.
Autoantikörper vgl. Antikörper.
Autoerastie vgl. Narzißmus.
Autoerotismus vgl. Narzißmus.
Autographismus vgl. Dermographismus.
Autohämolysin vgl. Antikörper.
Autohämotherapie vgl. Umstimmungstherapie.
Autohämotransfusion vgl. Bluttransfusion.
Autointoxikation vgl. Intoxikation.
Autoktonie vgl. Suizid.
Autokrankheit vgl. Kinetose.
Autolysin vgl. Antikörper.
Automatismus imitativus vgl. Echoerscheinungen.
Automonosexualismus vgl. Narzißmus.
autonomes Nervensystem vgl. Nervensystem.
Autophilie vgl. Narzißmus.
Autophonie vgl. Suizid.
Autoplastik vgl. Transplantation.
Autopsie vgl. Obduktion.
Autotransfusion vgl. Bluttransfusion.
Autotransplantation vgl. Transplantation.
AV-Block vgl. Arrhythmie.
AVITAMINOSE, Avitaminosis*, Aporinosis *(veraltet)*, Vitaminmangelkrankheit; *leichteren Grades:* Hypovitaminose. – Vgl. im einzelnen die Artikel: *Ariboflavinose, Beriberi, Pellagra, perniziöse Anämie, Skorbut, Xerophthalmie.*
Avitaminose A vgl. Xerophthalmie.
Avitaminose B_1 vgl. Beriberi.
Avitaminose B_2: 1) vgl. Pellagra. **2)** vgl. Ariboflavinose.
Avitaminose B_{12} vgl. perniziöse Anämie.
Avitaminose C vgl. Skorbut.
Avitaminose D vgl. Rachitis.
Avitaminosis vgl. Avitaminose.
Avulsion vgl. Verletzung.
Axerophthol vgl. Vitamin A.
axiales Stützskelett vgl. Columna vertebralis.
AXILLA, Achselhöhle, Achsel *(volkst.)*; Fossa axillaris, Achselgrube.
AZERVULUS, Acervulus cerebri*, Sabulum, Corpora arenacea, Hirnsand, Gehirnsand.
Azoospermatismus vgl. Oligospermie.
Azoospermie vgl. Oligospermie.
Azyanoblepsie vgl. Farbenblindheit.
Azyanopsie vgl. Farbenblindheit.

B

Backe vgl. Bucca.
Backenzahn vgl. Dens.
Bäckerbein vgl. Genu valgum.
Badekur vgl. Hydrotherapie.
Bäderbehandlung vgl. Hydrotherapie.
Bäderkur vgl. Hydrotherapie.
Bagassose vgl. Pneumokoniose.
Bagassosis pulmonum vgl. Pneumokoniose.
Bagdadbeule vgl. Leishmaniosis furunculosa.
Bakteriämie vgl. Sepsis.

bakterielle Dysenterie vgl. Bakterienruhr.
Bakteriengift vgl. Gift.
BAKTERIENRUHR, Shigellose, Shigellosis*, Dysenteria bacillaris *(ungew.)*, Flexner-Dysenterie *(selten)*, japanische Dysenterie *(ungew.)*, bakterielle Dysenterie, Bazillenruhr, bazilläre Ruhr, bakterielle Dysenterie.
Bakteriolysin vgl. Antikörper.
Bakteriophobie vgl. Hypochondrie.
Bakteriostatikum vgl. Chemotherapeutikum.
Bakteriotoxin vgl. Gift.
Bakteriotropin vgl. Antikörper.
Bakterizid vgl. Chemotherapeutikum.
BALANITIS, Eichelentzündung, Eicheltripper, Follmann-Krankheit *(selten); in Verbindung mit einer Entzündung des inneren Vorhautblattes:* Balanoposthitis • *auf die Vorhaut beschränkt:* **Posthitis,** Vorhautentzündung.
Balano- vgl. Glans.
Balanolith vgl. Postholith.
Balanoposthitis vgl. Balanitis.
Balggeschwulst vgl. Atherom.
Balneotherapie vgl. Hydrotherapie.
Bänderfuge vgl. Junktur.
Bandscheibenprolaps vgl. Nucleus-pulposus-Hernie.
Bandscheibenschaden vgl. Nucleus-pulposus-Hernie.
Bandscheibensyndrom vgl. Nucleus-pulposus-Hernie.
Bandscheibenvorfall vgl. Nucleus-pulposus-Hernie.
Bandwurm vgl. Helminthiasis.
Bandwurmkrankheit vgl. Helminthiasis.
Bandwurmleiden vgl. Helminthiasis.
Bandwurmmittel vgl. Anthelminthikum.
Bang-Krankheit vgl. Brucellose.
Bannister-Krankheit vgl. Quincke-Ödem.
Barba vgl. Pili.
Barbitalismus vgl. Barbiturismus.
Barbituismus vgl. Barbiturismus.
BARBITURISMUS, Barbitalismus, Barbituismus *(ungew.)*, Barbitursäurevergiftung, Schlafmittelsucht, Schlafmittelvergiftung. – Vgl. auch den Artikel *Intoxikation.*
Barbitursäurevergiftung vgl. Barbiturismus.
Barbula hirci vgl. Pili.
Barbula tragi vgl. Pili.
Bart vgl. Pili.
Bartflechte vgl. Follikulitis.
Barthaare vgl. Pili.
Basaliom vgl. Hautkrebs.
Basalioma vgl. Hautkrebs.
Basalzellenkarzinom vgl. Hautkrebs.
Basalzellenkrebs vgl. Hautkrebs.
Basedow vgl. Hyperthyreoidie.
Basedow-Krankheit vgl. Hyperthyreoidie.
Basedowoid vgl. Hyperthyreoidie.
Basiotripsie vgl. Embryotomie.
Basozyten vgl. Blutkörperchen.
Bassorabeule vgl. Leishmaniosis furunculosa.
Bathophobie vgl. Topophobie.
Bathykardie vgl. Kardioptose.
Bathypnoe vgl. Dyspnoe.
BATTARISMUS, Tachyphemie, Tachyphrasie, Tachyphasie, Tachylalie *(ungew.)*, Tumultus sermonis, Leipophonie, Leipophemie, Paraphrasia praeceps, polternde Sprache, Poltern, polternde Sprechweise.
Bauch vgl. Abdomen.
Bauchatmung vgl. Abdominalatmung.
Bauchbruch vgl. Hernia abdominalis.
Baucherguß vgl. Aszites.
Bauchfell vgl. Peritonäum.
Bauchhoden vgl. Anorchie.
Bauchhöhlengeflecht vgl. Abdominalganglien.
Bauchhöhlenschwangerschaft vgl. Extrauteringravidität.
Bauchhöhlenspiegelung vgl. Endoskopie.
Bauchschmerzen vgl. Enteralgie.
Bauchspeicheldrüse vgl. Eingeweide.
Bauchtyphus vgl. Typhus abdominalis.
Bauchwandbruch vgl. Hernia abdominalis.
Bauchwasser vgl. Aszites.
Bauchwassersucht vgl. Aszites.
Bäuerchen vgl. Eruktation.
Bauernwetzel vgl. Parotitis.

Baumwollstaublunge vgl. Pneumokoniose.
Bayle-Krankheit vgl. Metasyphilis.
Bazillämie vgl. Sepsis.
bazilläre Ruhr vgl. Bakterienruhr.
Bazillenruhr vgl. Bakterienruhr.
Bazillizid vgl. Chemotherapeutikum.
Bazillophobie vgl. Hypochondrie.
Bechterew-Krankheit vgl. Spondylarthritis ankylopoetica.
Bechterew-Marie-Strümpell-Krankheit vgl. Spondylarthritis ankylopoetica.
Beckenendlage vgl. Kindslage.
Beckenlage vgl. Kindslage.
Bedrücktheit vgl. Melancholie.
Beeinträchtigung der Geruchswahrnehmung vgl. Dysosmie.
Beeinträchtigung des Geschmacksvermögens vgl. Dysgeusie.
Beerenseuche vgl. Frambösie.
BEFRUCHTUNG, Fekundation, Fecundatio*, Fertilisation *(selten)*; Imprägnation, Schwängerung; Insemination, Besamung *(nur bei Tieren gesagt)*; Konzeption, Conceptio*, Empfängnis • *Sonderformen:* **a)** *auf künstlichem Wege:* **Insemination,** Inseminatio artificialis*, künstliche Befruchtung. **b)** *von verschiedenen Eizellen aus aufeinanderfolgenden Zyklen:* **Superfetation,** Superfetatio, Überfruchtung. **c)** *von mehreren Eizellen aus dem gleichen Zyklus:* **Superfekundation,** Superfecundatio, Superimprägnation *(selten)*, Überschwängerung, Nachempfängnis.
Begattung vgl. Koitus.
Begattungsorgane vgl. Genitalien.
Begierde vgl. Libido.
Beilager vgl. Koitus.
Bein vgl. Membra corporis.
-bein vgl. Os.
Beinhaut vgl. Periost.
Beischlaf vgl. Koitus.
Beischlafsunfähigkeit vgl. Impotenz.
Beiwohnung vgl. Koitus.
belebendes Mittel vgl. Stimulans.
BELEGKNOCHEN *(Mehrz.)*, Deckknochen, sekundäre Knochen, Hautknochen *(selten)*, Bindegewebsknochen *(selten)*, Allostosen *(Mehrz., ungew.)*.
benigne Granulomatose vgl. Besnier-Boeck-Schaumann-Krankheit.
Benommenheit vgl. Bewußtseinsstörung.
Bergarbeiterkrankheit vgl. Ankylostomiase.
Bergflachslunge vgl. Pneumokoniose.
BERIBERI, Vitamin-B_1-Avitaminose, Avitaminose B_1 *(Fachjargon)*, Vitamin-B_1-Mangel-Krankheit, Kakke *(ungew.)*, Panneuritis epidemica *(ungew.)*, Panneuritis endemica *(ungew.)*, Polyneuritis endemica *(selten)*, Neuritis multiplex endemica *(ungew.)*, Myelopathia tropicalis *(ungew.)*, Myelopathia tropica scorbutica *(ungew.)*, Paraplegia mephitica *(ungew.)*, Inchacao *(ungew.)*, Perneiras *(ungew.)*, Loempe *(ungew.)*. – Vgl. auch: *Avitaminose.*
Bernard-Punktion vgl. Bernard-Zuckerstich.
BERNARD-ZUCKERSTICH, Zuckerstich, Bernard-Punktion, Punctio diabetica *(ungew.)*, Piqûre.
Berufsdermatose vgl. Dermatose.
Beruhigungsmittel vgl. Psychopharmakon.
Besamung vgl. Befruchtung.
Beschneidung vgl. Peritomie.
BESNIER-BOECK-SCHAUMANN-KRANKHEIT, Boeck-Sarkoid, Boeck-Lupoid *(selten)*, Boeck-Miliarlupoid *(ungew.)*, Boeck-Krankheit, Moeller-Boeck-Krankheit *(ungew.)*, Besnier-Tennesson-Syndrom *(ungew.)*; Sarkoidose, Sarcoidosis*, Sarkoid *(ungew.)*, Granulomatosis benigna, benigne Granulomatose, Lymphogranulomatosis benigna, epitheloidzellige Granulomatose.
Besnier-Tennesson-Syndrom vgl. Besnier-Boeck-Schaumann-Krankheit.
Bestialität vgl. Perversität.
Bestiophilie vgl. Perversität.
Bestrahlung vgl. Radiotherapie.
Besudelungssucht vgl. Perversität.
Betäubungsmittel vgl. Psychopharmakon.
Bettnässen vgl. Enurese.
Bettpissen vgl. Enurese.
Beugemuskel vgl. Muskel.

Beuger vgl. Muskel.
Beulenpest vgl. Pest.
Bewegungsbehandlung vgl. Kinesiotherapie.
Bewegungskrankheit vgl. Kinetose.
Bewegungsnerven vgl. Nerv.
Bewegungstherapie vgl. Kinesiotherapie.
Bewußtlosigkeit vgl. Bewußtseinsstörung.
Bewußtseinseinengung vgl. Bewußtseinsstörung.
Bewußtseinslücke vgl. Bewußtseinsstörung.
BEWUSSTSEINSSTÖRUNG, Bewußtseinstrübung, Bewußtseinseinengung • *leichteren bis mittleren Grades:* **Benommenheit,** Schläfrigkeit, Dösigkeit, Umnebelung, Schlafsucht, Somnolenz, Hypnosie, Sopor, starke Benommenheit; *anfallartig:* Hypnolepsie, Narkolepsie, Schlafanfall; *vorübergehend:* Absence, Absentia*, Absence momentanée, Geistesabwesenheit, Denkpause, Bewußtseinslücke • *schweren bis schwersten Grades:* **Bewußtlosigkeit,** Tiefschlaf, Koma, Coma*, Carus, tiefe Bewußtlosigkeit • *natürlich:* **Schlaf,** Somnus, Hypno- *(nur in Abl. u. Zus.)*, Hypn- *(nur in Abl. u. Zus.)*; *künstlich herbeigeführt:* Hypnose, Zwangsschlaf, *leichteren Grades:* Trance, Dämmerzustand, *mittleren Grades:* Hypotaxe, Hypotaxis, Hypotaxie.
Bewußtseinstrübung vgl. Bewußtseinsstörung.
Biermer-Anämie vgl. perniziöse Anämie.
Biermer-Ehrlich-Anämie vgl. perniziöse Anämie.
Biermer-Krankheit vgl. perniziöse Anämie.
Biestmilch vgl. Kolostrum.
Bikuspidatus vgl. Dens.
Bilharziose vgl. Schistosomiase.
Bilharziosis vgl. Schistosomiase.
Bilharz-Krankheit vgl. Schistosomiase.
Bilis vgl. Fel.
Bilis bovina vgl. Fel.
Bindegewebe vgl. Gewebe.
bindegewebige Knochenverbindung vgl. Junktur.
Bindegewebsknochen vgl. Belegknochen.
Bionecrosis vgl. Nekrose.
Bionekrose vgl. Nekrose.
Biskrabeule vgl. Leishmaniosis furunculosa.
Bismutie vgl. Bismutismus.
BISMUTISMUS, Bismutose, Bismutosis, Wismutvergiftung; *chronisch, mit bläulicher Hautverfärbung:* Bismutie. – Vgl. auch den Artikel *Intoxikation.*
Bismutose vgl. Bismutismus.
Bismutosis vgl. Bismutismus.
Blähbauch vgl. Meteorismus.
Blähsucht vgl. Meteorismus.
Blähung vgl. Flatus.
Bläschen vgl. Effloreszenz.
Bläschenbronchitis vgl. Bronchitis.
Bläschenfollikel vgl. Graaf-Follikel.
Blase: 1) vgl. Effloreszenz. **2)** vgl. Harnorgane.
Blasenblutung vgl. Hämorrhagie.
Blasenkatarrh vgl. Zystitis.
Blasenkeim vgl. Leibesfrucht.
Blasenspiegelung vgl. Endoskopie.
Blasenstein vgl. Urolith.
Blasensucht vgl. Pemphigus.
blasenziehendes Mittel vgl. Epispastikum.
blasige Drüsengeschwulst vgl. Zystadenom.
Blastozyste vgl. Leibesfrucht.
Blastula vgl. Leibesfrucht.
Blattern vgl. Variola.
Blaublindheit vgl. Farbenblindheit.
blauer Husten vgl. Pertussis.
Blaugelbblindheit vgl. Farbenblindheit.
bleibendes Gebiß vgl. Dens.
bleibende Zähne vgl. Dens.
Bleichsucht vgl. Anämie.
Bleivergiftung vgl. Saturnismus.
Blennom vgl. Myxom.
Blennoma vgl. Myxom.
Blennorrhagia, Blennorrhagie vgl. Geschlechtskrankheiten.
Blennorrhö vgl. Geschlechtskrankheiten.

Blephar- vgl. Palpebra.

BLEPHARADENITIS, Blepharoadenitis, Meibomitis *(ungew.)*, Meibomianitis *(ungew.)*, Lidranddrüsenentzündung • *in Form eines Drüsenabszesses:* **Hordeolum,** Gerstenkorn; *im Bereich des Augenlidknorpels:* Hordeolum internum, Meibom-Gerstenkorn • *in Form einer mit Sekretstauung verbundenen granulomatösen Erweiterung einer Meibomdrüse:* **Chalazion,** Hagelkorn.

Blepharismus vgl. Blepharospasmus.

BLEPHARITIS, Lidentzündung, Lidrandentzündung • *chronisch, mit Verlust der Wimpern:* **Madarose,** Madarosis*, Ptilose *(seltener)*.

Blepharo- vgl. Palpebra.

Blepharoadenitis vgl. Blepharadenitis.

Blepharoklonus vgl. Blepharospasmus.

BLEPHAROPHIMOSE, Blepharophimosis*, Blepharostenose, Phimosis palpebralis *(ungew.)*, Lidspaltenverengung.

Blepharophimosis vgl. Blepharophimose.

BLEPHAROSPASMUS, Blepharismus, Augenlidkrampf, Lidkrampf, Lidtic; *klonisch, mit abnorm vermehrtem Lidschluß:* Blepharoklonus, Niktation, Nictatio*, Niktitation, Nictitatio*, Blinzelkrampf, Blinzeln, klonischer Lidkrampf, klonischer Augenlidkrampf, Spasmus nicticans.

Blepharostenose vgl. Blepharophimose.

Blinddarm vgl. Eingeweide.

Blinddarmentzündung vgl. Enteritis.

Blindheit vgl. Amaurose.

Blinzelkrampf vgl. Blepharospasmus.

Blinzeln vgl. Blepharospasmus.

Blitzkrämpfe vgl. Epilepsia nutans.

Blitz-Nick-Salaam-Krämpfe vgl. Epilepsia nutans.

blockierender Antikörper vgl. Antikörper.

Blödsinn vgl. Oligophrenie.

Blumenkohlgeschwulst vgl. Papillen.

BLUT, Sanguis *(selten)*, Hämat- *(nur in Abl. und Zus.)*, Hämato- *(nur in Zus.)*, Häm- *(nur in Zus.)*, Hämo- *(nur in Zus.)* • *vom Serum abgeschieden:* **Cruor** *(übliche Kurzbez.)*, *Cruor* sanguinis*, Placenta sanguinis *(ungew.)*, Blutkuchen, geronnenes Blut, Blutklumpen.

Blutader vgl. Blutgefäß.

Blutandrang vgl. Hyperämie.

Blutarmut vgl. Anämie.

Blutauge vgl. Hämorrhagie.

Blutbank vgl. Blutzentrale.

Blutbeule vgl. Hämorrhagie.

Blutbild vgl. Blutstatus.

Blutbildung Hämatopoese.

Blutbruch vgl. Hämorrhagie.

Blutbrust vgl. Hämorrhagie.

Bluterbrechen vgl. Vomitus.

Bluterkrankheit vgl. hämorrhagische Diathese.

Blutfarbstoff vgl. Hämoglobin.

Blutgefäßgeschwulst vgl. Hämangiom.

Blutergelenk vgl. Hämorrhagie.

Bluterguß vgl. Hämorrhagie.

Blutfülle vgl. Hyperämie.

BLUTGEFÄSS, Vas*, Ader, Blutader. **a) Vene,** Vena ...* (z. B. Vena cephalica), Blutader. **b) Venula*.** **c) Arterie,** Arteria ...* (z. B. Arteria cystica), Schlagader. **d) Arteriole,** Arteriola*, Präkapillare. **e) Aorta,** Hauptschlagader. **f)** Kapillare, Vas capillare*, Haargefäß. **g) Truncus ...*** (z. B. Truncus arteriosus communis), Gefäßstamm. – Vgl. auch: *Anastomose.*

Blutgefäßerweiterung vgl. Ektasie.

Blutgeschwulst vgl. Hämorrhagie.

Blutharnen vgl. Hämaturie.

Bluthusten vgl. Hämoptyse.

blutiger Auswurf vgl. Hämoptyse.

Blutklumpen vgl. Blut.

Blutkonservendepot vgl. Blutzentrale.

BLUTKÖRPERCHEN *(Mehrz.)*, Hämozyten, Hämatozyten, Blutzellen • **1) Erythrozyten,** rote Blutkörperchen; *unreife Vorstufen:* Erythroblasten, Proerythroblasten; *Stammzellen:* Erythrogonien • **a)** *von normaler Beschaffenheit:* **Normozyten:** *Vorstufe:* Normoblasten. **b)** *abnorm klein:* **Mikrozyten;** *Vorstufe:* Mikroblasten. **c)** *abnorm groß:* **Makrozyten,** Megalozyten, Gigantozyten; *Vorstufe:* Makroblasten, Megaloblasten, Gigantoblasten, Promegaloblasten. **d)** *kugelförmig:* **Sphärozyten,** Kugelzellen. **e)** *sichelförmig:* **Drepanozyten,** Sichelzellen. **f)** *oval:* **Ovalozyten,** Elliptozyten. **g)** *von ungleicher Größe:* **Anisozyten. h)** *hämoglobinarm:* **Achromozyten,** Achromoretikulozyten. **i)** *flach und hämoglobinarm:* **Planozyten. k)** *infolge Farbstoffmangels ringfömig:* **Anulozyten. l)** *bei Vitalfärbung eine Netzstruktur aufweisend:* **Retikulozyten. 2) Leukozyten,** weiße Blutkörperchen; unreife Vorstufe: Leukoblasten; *in den Organismus eindringend, Fremdstoffe vernichtend:* Phagozyten, Freßzellen. **a)** *im Zytoplasma gekörnt:* **Granulozyten;** *Vorstufe:* Myelozyten, Myeloblasten, Promyelozyten. **b)** *ungekörnt (im Zytoplasma):* **Agranulozyten. c)** *neutrophil:* **Neutrozyten. d)** *basophil:* **Basozyten. e)** *mit Eosin färbbar:* **Eosinozyten,** Acidozyten *(ungew.).* **f)** *groß und mononukleär:* **Monozyten. g)** *aus dem lymphatischen Gewebe stammend, gekörnt:* **Lymphozyten;** *Vorstufe:* Lymphoblasten. **3) Thrombozyten,** Blutplättchen.

Blutkrankheit vgl. Hämopathie.

Blutkrebs vgl. Leukämie.

Blutkuchen vgl. Blut.

Blutleere vgl. Ischämie.

Blutleiden vgl. Hämopathie.

Blutplättchen vgl. Blutkörperchen.

Blutschwamm vgl. Hämangiom.

Blutschwitzen vgl. Transpiration.

Blutspendezentrale vgl. Blutzentrale.

Blutspucken vgl. Hämoptyse.

BLUTSTATUS, Blutuntersuchungen; Blutbild, Hämogramm, Hämatogramm.

blutstillendes Mittel vgl. Hämostatikum.

Blutstuhl vgl. Hämorrhagie.

Blutsturz vgl. Hämorrhagie.

BLUTTRANSFUSION, Transfusion *(übliche Kurzbez.),* Blutübertragung; *weitgehend vollständiger Ersatz der Gesamtblutmenge durch Spenderblut:* Austauschtransfusion, Exsanguinotransfusion, Exsanguinationstransfusion *(ungew.),* Substitutionstransfusion *(ungew.)* • *in Form einer Wiedereinbringung körpereigenen Blutes in den Organismus:* **Autotransfusion,** Retransfusion, Reinfusion, Autohämotransfusion, Eigenblutübertragung.

Blutung vgl. Hämorrhagie.

Blutübertragung vgl. Bluttransfusion.

Blutungskrankheit vgl. hämorrhagische Diathese.

Blutungsübel vgl. hämorrhagische Diathese.

Blutunterlaufung vgl. Hämorrhagie.

Blutuntersuchungen vgl. Blutstatus.

Blutvergiftung vgl. Sepsis.

Blutwallung vgl. Hyperämie.

Blutzellen vgl. Blutkörperchen.

BLUTZENTRALE, Blutspendezentrale, Blutbank, Blutkonservendepot.

BNS-Krämpfe vgl. Epilepsia nutans.

Boeck-Krankheit vgl. Besnier-Boeck-Schaumann-Krankheit.

Boeck-Lupoid vgl. Besnier-Boeck-Schaumann-Krankheit.

Boeck-Miliarlupoid vgl. Besnier-Boeck-Schaumann-Krankheit.

Boeck-Sarkoid vgl. Besnier-Boeck-Schaumann-Krankheit.

Bohnenvergiftung vgl. Lebensmittelvergiftung.

Bombaybeule vgl. Leishmaniosis furunculosa.

Bombus vgl. Ohrgeräusche.

Borke vgl. Effloreszenz.

Borreliosis recurrens vgl. Rückfallfieber.

bösartige Geschwulst vgl. Krebs.

bösartiger Tumor vgl. Krebs.

bösartiges Gewächs vgl. Krebs.

böse Krankheit vgl. Cholera.

Botallismus vgl. Embryokardie.

Botulismus vgl. Lebensmittelvergiftung.

Bozzolo-Krankheit vgl. Krebs.

Brachium vgl. Membra corporis.

Brachydaktylie vgl. Hyposomie.

Brachygnathie vgl. Hyposomie.

Brachyphalangie vgl. Hyposomie.

Brachyzephalie vgl. Dyszephalie.

Brachyzephalus vgl. Dyszephalie.

Brand vgl. Nekrose.

Brechdurchfall vgl. Cholera.
Brechen vgl. Vomitus.
Bradykardie vgl. Puls.
Bradypnoe vgl. Dyspnoe.
Brandstiftungstrieb vgl. Anankasmus.
Brechmittel vgl. Emetikum.
Brechreiz vgl. Nausea.
Breiumschlag vgl. Umschlag.
Bries vgl. Thymus.
Bright-Krankheit vgl. Nephritis.
Bromatotoxismus vgl. Lebensmittelvergiftung.
Bromatoxismus vgl. Lebensmittelvergiftung.
Brominismus vgl. Bromismus.
BROMISMUS, Brominismus, Bromvergiftung. – Vgl. auch den Artikel *Intoxikation.*
Bromopnoe vgl. Foetor ex ore.
Bromvergiftung vgl. Bromismus.
Bronchectasia vgl. Ektasie.
Bronchektasie vgl. Ektasie.
Bronchialasthma vgl. Dyspnoe.
Bronchialerweiterung vgl. Ektasie.
Bronchialkarzinom vgl. Bronchialkrebs.
Bronchialkatarrh vgl. Bronchitis.
BRONCHIALKREBS, Bronchialkarzinom, Lungenkarzinom, Lungenkrebs, Carcinoma bronchogenicum *(ungew.)*.
Bronchialschleimhautentzündung vgl. Bronchitis.
Bronchialsekret vgl. Sputum.
Bronchialstein vgl. Broncholith.
Bronchie vgl. Trachea.
Bronchiectasia vgl. Ektasie.
Bronchiectasis vgl. Ektasie.
Bronchiektase vgl. Ektasie.
Bronchiektasie vgl. Ektasie.
Bronchi lobares vgl. Trachea.
Bronchiole vgl. Trachea.
Bronchiolectasia vgl. Ektasie.
Bronchiolektasie vgl. Ektasie.
Bronchiolektasis vgl. Ektasie.
Bronchiolith vgl. Broncholith.
Bronchiolitis vgl. Bronchitis.
Bronchiolus vgl. Trachea.
Bronchi segmentales vgl. Trachea.
BRONCHITIS, Bronchialkatarrh, Bronchialschleimhautentzündung; *im Bereich der Bronchiolen:* Bronchiolitis, Bronchitis capillaris, Mikrobronchitis *(ungew.)*, Bronchulitis *(ungew.)*, Bläschenbronchitis. – Vgl. auch den Artikel *Pneumonie.*
Bronchitis capillaris: 1) vgl. Bronchitis. **2)** vgl. Pneumonie.
Bronchium vgl. Trachea.
Bronchoektasie vgl. Ektasie.
Bronchogramm vgl. Röntgenogramm.
Bronchographie vgl. Röntgenographie.
BRONCHOLITH, Bronchiolith, Calculus bronchialis, Bronchialstein. – Vgl. auch: *Pneumolith.*
Broncholytikum vgl. Expektorans.
BRONCHOPHONIE, Ägophonie, Meckerstimme, Ziegenmeckern.
Bronchopneumonia vgl. Pneumonie.
Bronchopneumonie vgl. Pneumonie.
Bronchoskopie vgl. Endoskopie.
Bronchulitis vgl. Bronchitis.
Bronchulus vgl. Trachea.
Bronchus vgl. Trachea.
Bronchus principalis vgl. Trachea.
Bronzed skin vgl. Addison-Krankheit.
Bronzehautkrankheit vgl. Addison-Krankheit.
Bronzekrankheit vgl. Addison-Krankheit.
Brucelliasis vgl. Brucellose.
BRUCELLOSE, Bruzellose *(Nf.)*, Brucellosis*, Brucelliasis *(ungew.)* • **a) Maltafieber**, Febris melitensis, Febris mediterranea, Mittelmeerfieber, Melitokokkose *(ungew.)*, Melitococcosis* *(ungew.)*, Febris undulans melitensis, Febris undulans caprina *(ungew.)*, Ziegenbrucellose *(selten)*, Gibraltarfieber *(selten)*, Zypernfieber *(selten)*, neapolitanisches Fieber *(selten)*, Septicaemia melitensis *(ungew.)*, Bruce-Septikämie *(selten)*. **b) Febris undulans Bang**, Febris undulans abortus Bang, Bang-Krankheit, Febris undulans bovina *(ungew.)*, Rinderbrucellose. **c) Febris undulans Traum**, Febris undulans suis [Traum], Brucellosis suis, Schweinebrucellose.
Brucellosis vgl. Brucellose.
Brucellosis suis vgl. Brucellose.
Bruce-Septikämie vgl. Brucellose.

Bruch vgl. Hernie.
Brücke vgl. Prothese.
Brückenangst vgl. Topophobie.
Brust: 1) vgl. Thorax. **2)** vgl. Mamma.
Brustbräune vgl. Angina pectoris.
Brustdrüse vgl. Mamma.
Brustdrüsenentzündung vgl. Mastitis.
Brustdrüsenkrebs vgl. Brustkrebs.
Brustentzündung vgl. Mastitis.
Brustfellentzündung vgl. Pleuritis
Brustfellerguß vgl. Pleuraerguß.
Brustfellschmerz vgl. Pleuralgie.
Brustkasten vgl. Thorax.
Brustkorb vgl. Thorax.
BRUSTKREBS, Brustdrüsenkrebs, Mammakarzinom, Carcinoma mammae, Carcinoma mammale *(ungew.)*. – Vgl. auch: *Krebs*.
Brustwarze vgl. Mamille.
Brustwarzenentzündung vgl. Mastitis.
Brutschrank vgl. Inkubator.
Bruzellose vgl. Brucellose.
Bubas vgl. Frambösie.
Bubon- vgl. Inguen.
Bubonenpest vgl. Pest.
Bubono- vgl. Inguen.
Bubonozele vgl. Hernia inguinalis.
Bucca, Gena, Mala, Mel[o]- *(nur in Zus.)*, Backe, Wange.
Buchstabenblindheit vgl. Aphasie.
Bukardie vgl. Kardiomegalie.
Bulbus vgl. Organa sensuum.
Bulbus medullae vgl. Cerebrum.
Bulbus oculi vgl. Organa sensuum.
Bulbus pili vgl. Pili.
Bulimie vgl. Akorie.
Bulla vgl. Effloreszenz.
Buphthalmie vgl. Hydrophthalmus.
Buphthalmus vgl. Hydrophthalmus.
Bursa mucosa vgl. Bursa synovialis.
Bursa serosa vgl. Bursa synovialis.
BURSA SYNOVIALIS, Bursa mucosa *(älter)*, Schleimbeutel, Bursa serosa *(ungew.)*.
Buschke-Sklerem vgl. Sklerodermie.
Busen vgl. Mamma.
Byssinose vgl. Pneumokoniose.
Byssinosis pulmonum vgl. Pneumokoniose.

C

Ca vgl. Krebs.
Cachexia vgl. Kachexie.
Cachexia aquosa vgl. Ankylostomiase.
Cachexia pachydermica vgl. Myxödem.
Caecitas literalis vgl. Aphasie.
Caecitas mentalis vgl. Agnosia optica.
Caecitas psychia vgl. Agnosia optica.
Caecitas verbalis vgl. Aphasie.
Caecitis vgl. Enteritis.
Caecum vgl. Eingeweide.
CAISSONKRANKHEIT, Taucherkrankheit, Druckluftkrankheit, Dekompressionskrankheit, Entschleußungskrankheit, Preßluftkrankheit; Aerämie, Aeroembolismus *(ungew.)*.
Calabarbeule vgl. Filariose.
Calcaneus vgl. Ossa tarsi.
Calciferol vgl. Vitamin D.
Calcificatio vgl. Kalzifikation.
Calcinosis vgl. Kalzifikation.
Calculus bronchialis vgl. Broncholith.
Calculus felleus vgl. Cholelith.
Calculus intestinalis vgl. Enterolith.
Calculus pulmonalis vgl. Pneumolith.
Calculus praeputialis vgl. Postholith.
Calculus renalis vgl. Urolith.
Calculus salivalis vgl. Ptyalolith.
Calculus urinarius vgl. Urolith.
Calculus vesicae vgl. Urolith.
Calculus vesicalis vgl. Urolith.
Caliculus gustatorius vgl. Organa sensuum.
Callositas vgl. Hyperkeratose.
Callus cutaneus vgl. Hyperkeratose.
Callus epidermicus vgl. Hyperkeratose.
Calvities vgl. Atrichie.
Camp-fever vgl. Fleckfieber.
Canaliculus vgl. Ductus.
Canalis vgl. Ductus.
Cancer vgl. Krebs.
Cancer aquaticus vgl. Noma.
Cancrum oris vgl. Noma.

CANITIES, Poliose, Poliosis, Leukotrichose, Leucotrichosis*, Ergrauen der Haare, graue Haare *(volkst.)*.
Canna major vgl. Tibia.
Canna minor vgl. Fibula.
Capilli vgl. Pili.
Capistratio vgl. Phimose.
Capitulum vgl. Condylus.
Caput vgl. Condylus.
Caput distortum vgl. Tortikollis.
Caput gallinaginis vgl. Colliculus seminalis.
Caput medusae vgl. Ektasie.
Caput obstipum vgl. Tortikollis.
Caput succedaneum vgl. Hämorrhagie.
Carate vgl. Pinta.
Carbunculus vgl. Abszeß.
Carcinoma vgl. Krebs.
Carcinoma adenomatosum vgl. Adenokarzinom.
Carcinoma basocellulare vgl. Hautkrebs.
Carcinoma bronchogenicum vgl. Bronchialkrebs.
Carcinoma cervicis uteri vgl. Gebärmutterkrebs.
Carcinoma colli uteri vgl. Gebärmutterkrebs.
Carcinoma corporis uteri vgl. Gebärmutterkrebs.
Carcinoma cutaneum vgl. Hautkrebs.
Carcinoma epitheliale vgl. Hautkrebs.
Carcinoma mammae vgl. Brustkrebs.
Carcinoma mammale vgl. Brustkrebs.
Carcinoma nigrum vgl. Krebs.
Carcinoma uteri vgl. Gebärmutterkrebs.
Carcinoma spinocellulare vgl. Hautkrebs.
Cardia: 1) vgl. Eingeweide. **2)** vgl. Cor.
Cardialgia vgl. Gastralgie.
Cardia ventriculi vgl. Eingeweide.
Cardiectasia vgl. Ektasie.
Cardiomegalia vgl. Kardiomegalie.
Cardiorrhagia vgl. Hämorrhagie.
Carditis vgl. Karditis.
Carditis interna vgl. Karditis.
Carezza vgl. Koitus.
Caries dentalis vgl. Karies.
Caries dentium vgl. Karies.
Cartilago vgl. Gewebe.
Cartilago semilunaris vgl. Discus articularis.
Cartilago thyreoidea vgl. Prominentia laryngea.
Carus vgl. Bewußtseinsstörung.
Castratio vgl. Sterilisation.
Castratio feminina vgl. Sterilisation.
Castratio masculina vgl. Sterilisation.
Cataplexia vgl. Kataplexie.
Cataplexis vgl. Kataplexie.
Cataracta vgl. Katarakt.
Cataracta senilis vgl. Katarakt.
Caverna vgl. Cavum.
Cavitas vgl. Cavum.
CAVUM, Antrum, Kavität, Cavitas*, Kaverne *(selten)*, Caverna* *(selten)*, Höhle, Höhlung, Körperhöhle, Hohlraum • *krankhaft, durch Gewebseinschmelzung entstanden:* **Kaverne**, Caverna*, Speleo- *(nur in Zus.)*, Hohlgeschwür.
Cavum nasi vgl. Organa sensuum.
Cavum oris vgl. ²Os.
Cavum tympani vgl. Organa sensuum.
Cephalaea vgl. Zephalalgie.
Cephalalgia vgl. Zephalalgie.
Cephalhaematoma vgl. Hämorrhagie.
Cerebellum vgl. Cerebrum.
CEREBRUM*, Zerebrum, Encephalon*, Enzephalon, Gehirn, Hirn, Großhirn • *Hauptabschnitte:* **1) Prosencephalon**, Vorderhirn. **a) Diencephalon**, Zwischenhirn, Thalamencephalon, Thalamushirn, Sehhügelhirn. **b) Telencephalon**, Akrenzephalon, Acrencephalon, Endhirn. **2) Mesencephalon**, Mittelhirn. **3) Rhombencephalon**, Rautenhirn. **a) Metencephalon**, Hinterhirn, Cerebellum, Opisthencephalon *(veraltet)*, Kleinhirn. **b) Medulla oblongata***, Bulbus medullae *(veraltet)*, Medulla *(Kurzbez.)*, Myelencephalon, Nachhirn, Markhirn, verlängertes Rückenmark, verlängertes Mark.
Cerumen vgl. Zerumen.
Cervix vgl. Collum.
Cervix dentis vgl. Dens.
Cervix obstipa vgl. Tortikollis.
Cestodiasis vgl. Helminthiasis.
Chalazion vgl. Blepharadenitis.
Chalasodermie vgl. Chalodermie.

Chalastodermie vgl. Chalodermie.
Chalicosis pulmonum vgl. Pneumokoniose.
Chalikose vgl. Pneumokoniose.
Chaloderma vgl. Chalodermie.
CHALODERMIE, Chalodermia*, Chalodermie, Dermatochalase, Dermatochalasis*, Dermatolyse, Dermatolysis, Anetodermie *(ungew.)*, Anetodermia* *(ungew.)*, Pachydermatozele *(ungew.)*, Pachydermozele *(ungew.)*, Chalasodermie *(seltener)*, Chalastodermie *(ungew.)*, Dermatozele *(seltener)*, Dermozele *(ungew.)*, Dermatomegalie Rhonchese *(ungew.)*, Cutis laxa *(ungew.)*, Cutis pensilis *(ungew.)*, Faltenhaut, Schlaffhaut. – Vgl. aber: *Cutis hyperelastica.*
Charcot-Krankheit vgl. multiple Sklerose.
Charcot-Syndrom vgl. Claudicatio intermittens.
Chasma vgl. Gähnen.
Chasmus vgl. Gähnen.
Cheilognathopalatoschisis vgl. Prosoposchisis.
Cheilognathoschisis vgl. Prosoposchisis.
Cheiloschisis vgl. Prosoposchisis.
Cheiragra vgl. Arthritis urica.
Cheiromegalie vgl. Hypersomie.
CHEIROSPASMUS, Chirospasmus, Graphospasmus, Xyrospasmus *(ungew.)*, Mogigraphie, Schreibkrampf.
chemisches Heilmittel vgl. Chemotherapeutikum.
CHEMOTHERAPEUTIKUM; Bakterizid, Bakteriostatikum, Bazillizid *(veraltet)*, Mikrobizid *(selten)*, chemisches Heilmittel; *gegen Kleinpilze wirksam:* Fungizid, Fungistatikum, Mykostatikum, Antimykotikum • *bes. zur Desinfektion:* **Desinfiziens**, Desinfektionsmittel, Antiseptikum, Detergens, Reinigungsmittel, Germizid, keimtötendes Mittel • *aus Stoffwechselprodukten von Mikroorganismen gewonnen:* **Antibiotikum**; *wichtigste Arten:* Penizillin, Streptomyzin, Tetrazyklin, Aureomyzin, Terramyzin, Achromyzin; Tyrothrizin, Neomyzin, Gramizidin, Erythromyzin, Chloramphenicol • **Sulfonamid** • *die Entwicklung und Vermehrung schnell wachsender Zellen hemmend:* **Zytostatikum.**
Chiragra vgl. Arthritis urica.
Chiromegalie vgl. Hypersomie.
Chirospasmus vgl. Cheirospasmus.
Chirurg vgl. Arzt.
Chirurgie vgl. Medizin.
chirurgischer Eingriff vgl. Operation.
chirurgische Verkochung vgl. Kauterisation.
Chloramphenicol vgl. Chemotherapeutikum.
Chloranaemia achylica vgl. Anämie.
Chloranämie vgl. Anämie.
Chloropie vgl. Chromatopsie.
Chloropsie vgl. Chromatopsie.
Chlorose vgl. Anämie.
Chlorosis vgl. Anämie.
Chlorosis aegyptica vgl. Ankylostomiase.
Chlorosis tropica vgl. Ankylostomiase.
Chol- vgl. Fel.
CHOLAGOGUM, Cholekrinikum *(ungew.)*, galletreibendes Mittel; *die Galleabsonderung in den Leberzellen anregend:* Choleretikum, Cholepoetikum *(selten)*, Cholopoetikum; *die Entleerung der Gallenblase anregend:* Cholekinetikum, Cholokinetikum *(selten)*.
CHOLASKOS, Choleperitonäum, Choleperitoneum, galliger Aszites; *abgekapselt:* Cholezele.
Chole- vgl. Fel.
Cholecystitis vgl. Cholezystopathie.
Cholecystopathia vgl. Cholezystopathie.
Cholecystosis vgl. Cholezystopathie.
Choledocholith vgl. Cholelith.
Choledochoskopie vgl. Endoskopie.
Cholekinetikum vgl. Cholagogum.
Cholekrinikum vgl. Cholagogum.
CHOLELITH, Calculus felleus*, Cholezystolith *(selten)*, Gallenstein, Gallenkonkrement, Gallenblasenkonkrement; Choledocholith, Gallengangsstein.
Cholelithiase vgl. Cholezystopathie.
Cholelithiasis vgl. Cholezystopathie.

Cholemesis vgl. Vomitus.
Choleperitonäum vgl. Cholaskos.
Choleperitoneum vgl. Cholaskos.
Cholepoetikum vgl. Cholagogum.
CHOLERA *(übliche Kurzbez.)*, Cholera asiatica*, Cholera indica, Cholera algida *(ungew.)*, Cholera epidemica, epidemische Cholera, Cholera asphyctica *(ungew.)*, Cholera pandemica *(ungew.)*, Cholera spasmodica *(ungew.)*, böse Krankheit *(volkst., veraltet)*, echte Cholera; *leichtere Verlaufsform:* Cholerine • *uneigentliche, einheimische Form:* **Cholera nostras,** Cholera aestiva, Cholera indigena *(ungew.)*, unechte Cholera, Sommercholera, Brechdurchfall, einheimische Cholera.
Cholera aestiva vgl. Cholera.
Cholera algida vgl. Cholera.
Cholera asiatica vgl. Cholera.
Cholera asphyctica vgl. Cholera.
Cholera epidemica vgl. Cholera.
Cholera indica vgl. Cholera.
Cholera indigena vgl. Cholera.
Cholera nostras vgl. Cholera.
Cholera pandemica vgl. Cholera.
Cholera spasmodica vgl. Cholera.
Choleretikum vgl. Cholagogum.
Cholerine vgl. Cholera.
Cholethorax vgl. Pleuraerguß.
Cholezele vgl. Cholaskos.
Cholezystitis vgl. Cholezystopathie.
Cholezyst[o]- vgl. Eingeweide.
Cholezystogramm vgl. Röntgenogramm.
Cholezystographie vgl. Röntgenographie.
Cholezystolith vgl. Cholelith.
CHOLEZYSTOPATHIE, Cholecystopathia*, Gallenblasenerkrankung, Gallenblasenleiden, Gallenerkrankung; *entzündlich:* Cholezystitis, Cholecystitis*, Gallenblasenentzündung; *degenerativ:* Cholezystose *(selten)*, Cholecystosis* *(selten)*; *durch Gallensteine verursacht:* Cholelithiasis, Cholelithiase, Gallensteinerkrankung, Gallensteinleiden, Gallensteinkolik, Gallenkolik *(volkst.)*.
Cholezystose vgl. Cholezystopathie.
Cholo- vgl. Fel.
Cholodermie vgl. Chalodermie.
Cholokinetikum vgl. Cholagogum.
Cholopoetikum vgl. Cholagogum.
Cholothorax vgl. Pleuraerguß.
Chomel-Krankheit vgl. Feer-Krankheit.
Chondr- vgl. Gewebe.
Chondri- vgl. Gewebe.
Chondro- vgl. Gewebe.
Chondrosarcoma vgl. Krebs.
Chondrosarkom vgl. Krebs.
Chordae vocales vgl. Larynx.
Chorda spermatica vgl. Funiculus spermaticus.
Chorda umbilicalis vgl. Funiculus umbilicalis.
¹CHORDITIS, Chorditis vocalis, Stimmbandentzündung • *infolge Überanstrengung, bes. bei Sängern:* **Chorditis nodosa,** Noduli vocales *(Mehrz.)*, Chorditis cantorum, Sängerknötchen, Schreiknötchen.
²Chorditis vgl. Funikulitis.
Chorditis cantorum vgl. ¹Chorditis.
Chorditis nodosa vgl. ¹Chorditis.
Chorditis vocalis vgl. ¹Chorditis.
Chorion vgl. Plazenta.
Chorion frondosum vgl. Plazenta.
Chorionitis vgl. Sklerodermie.
Chromatodysopsia, Chromatodysopsie vgl. Farbenblindheit.
CHROMATOPHOBIE, Chromophobie, Farbangst, Farbscheu • *auf die Farbe Rot bezogen:* **Erythrophobie,** Ereuthophobie *(ungew.)*, Rotangst, Rotscheu; *bes. beim Anblick von Blut:* Hämatophobie, Hämophobie. – Vgl. auch den Artikel *Phobie*.
Chromatophorom, Chromatophoroma vgl. Krebs.
CHROMATOPSIE, Chromopsie, Farbensehen, Farbigsehen, Visio chromatica *(ungew.)* • *mit Überwiegen des Farbtons Grün:* **Chloropsie,** Chloropie, Grünsehen • *mit Überwiegen des Farbtons Blau:* **Zyanopsie,** Zyanopie, Zärulopsie, Zärulopie, Zörulopsie, Zörulopie, Blausehen • *mit Überwiegen des Farbtons Rot:* **Erythropsie,** Erythropie, Rotsehen •

mit Überwiegen des Farbtons Gelb: **Xanthopsie,** Xanthopie, Gelbsehen.
Chromhidrose, Chromhidrosis vgl. Transpiration.
Chromidrose, Chromidrosis vgl. Transpiration.
Chromophobie vgl. Chromatophobie.
Chromopsie vgl. Chromatopsie.
Chrysiasis vgl. Chrysoderma.
CHRYSODERMA, Chrysiasis, Chrysose, Chrysosis, Pigmentatio aurosa, Goldhaut.
Chrysose vgl. Chrysoderma.
Chrysosis vgl. Chrysoderma.
Chthonophagie vgl. Pikazismus.
Cicatrix vgl. Effloreszenz.
Cilia vgl. Pili.
Circumcisio: 1) vgl. Peritomie. **2)** vgl. Operation.
Cirrhosis hepatis vgl. Hepatopathie.
Cirsomphalus vgl. Ektasie.
Clastothrix vgl. Trichoptilose.
Claudicatio vgl. Dysbasie.
CLAUDICATIO INTERMITTENS, Dysbasia intermittens [angiosclerotica], Dysbasia angiospastica, Dysbasia angiosclerotica, Angina cruris *(ungew.)*, Myasthenia paroxysmalis angiosclerotica *(ungew.)*, intermittierendes Hinken, intermittierende Muskelparese, anfallsweises Hinken, intermittierende Dysbasie, Charcot-Syndrom.
Claustrum gutturis vgl. Palatum.
Claustrum oris vgl. Palatum.
Claustrum virginale vgl. Hymen.
CLAVICULA, Klavikula *(eindeutschend)*, Klavikel *(veraltet, eingedeutscht)*, Kleido- *(nur in Zus.)*, Kleid- *(nur in Zus.)*, Kleis- *(nur in Zus., selten)*, Schlüsselbein.
Clavus vgl. Hyperkeratose.
Clavus pedis vgl. Hyperkeratose.
Climacterium vgl. Klimakterium.
Climax vgl. Klimakterium.
Clitoris vgl. Genitalien.
Cloquet-Hernie vgl. Hernia femoralis.
Clunes vgl. Nates.
Cnidosis vgl. Urtikaria.
Cobalamin vgl. Vitamin B_{12}.
Coccyx vgl. Os coccygis.
Coeliacia vgl. Zöliakie.
Cohabitatio vgl. Koitus.
Coilonychia vgl. Koilonychie.
Coitus vgl. Koitus.
Coitus à la vache vgl. Koitus.
Coitus incompletus vgl. Koitus.
Coitus in ore vgl. Koitus.
Coitus inter digitos vgl. Narzißmus.
Coitus per rectum vgl. Koitus.
Colitis vgl. Enteritis.
Collapsing pulse vgl. Puls.
COLLICULUS SEMINALIS, Caput gallinaginis *(ungew.)*, Verumontanum *(ungew.)*, Samenhügel, Schnepfenkopf *(ungew.)*.
Collonema vgl. Myxom.
COLLUM, Kollum *(eindeutschend)*, Cervix, Zervix *(eindeutschend)*, Hals; *hinterer Teil:* N u c h a, Nacken.
Collum dentis vgl. Dens.
Collum distortum vgl. Tortikollis.
Collum obstipum vgl. Tortikollis.
Coloboma labii vgl. Prosoposchisis.
Coloenteritis vgl. Enteritis.
Colon vgl. Eingeweide.
Colostrum vgl. Kolostrum.
Colpitis vgl. Kolpitis.
Colpocele posterior vgl. Rektozele.
Colporrhagia vgl. Hämorrhagie.
COLUMNA VERTEBRALIS, Rhachi- *(nur in Zus.)*, Rachi- *(nur in Zus., seltener)*, Rhachio- *(nur in Zus.)*, Rachio- *(nur in Zus., seltener)*, Spina dorsalis *(selten)*, Wirbelsäule, Rückgrat, axiales Stützskelett *(selten)*.
Coma vgl. Bewußtseinsstörung.
Combustio vgl. Verletzung.
Comedo vgl. Komedo.
Comedones vgl. Komedo.
Commasculatio vgl. Homosexualität.
Common cold vgl. Rhinitis.
Commotio vgl. Verletzung.
Compressio vgl. Verletzung.
Comprette vgl. Medikament.
CONAMEN *(übliche Kurzbez.)*, Conamen suicidii, Conatus suicidii, Conatus *(Kurzbez.)*, Tentamen suicidii, Tentamen *(Kurzbez., selten)*, Selbstmordversuch, Selbsttötungsversuch. – Vgl. auch: *Suizid.*
Conamen suicidii vgl. Conamen.
Conatus vgl. Conamen.

Conatus suicidii vgl. Conamen.
Conceptio vgl. Befruchtung.
Concha auriculae vgl. Organa sensuum.
Concubitus vgl. Koitus.
Concussio vgl. Verletzung.
Conductus vgl. Ductus.
Condyloma vgl. Verruca.
Condyloma acuminatum vgl. Verruca.
CONDYLUS, Kondylus *(eindeutschend)*, Caput, Capitulum, Gelenkkopf, Gelenkknorren, Gelenkfortsatz, Gelenkhöcker, Gelenkköpfchen.
CONGELATIO, Kongelation *(eindeutschend)*, Erfrierung, lokale Erfrierung, Frostschaden; Dermatitis congelationis, Perniose, Perniosis* • *bes. an den Akren, umschrieben:* **Pernionen** *(Mehrz.)*, Perniones* *(Mehrz.)*, Frostbeulen.
Congestio vgl. Hyperämie.
Congressus vgl. Koitus.
Conjunctivitis granulosa vgl. Trachom.
Conjunctivitis trachomatosa vgl. Trachom.
Conquassatio vgl. Verletzung.
CONQUASSATIO CEREBRI, Contusio cerebri, Encephalomalacia rubra traumatica, Hirnquetschung, Hirnprellung, Hirnkontusion, Gehirnquetschung.
Constipatio alvi vgl. Obstipation.
Consum[p]tio vgl. Kachexie.
Contorsio vgl. Verletzung.
Contusio vgl. Verletzung.
Contusio cerebri vgl. Conquassatio cerebri.
Cooper-Hernie vgl. Hernia femoralis.
Coproma vgl. Enterolith.
Copulatio vgl. Koitus.
COR, Kardia *(selten)*, Cardia*, Kardio- *(nur in Zus.)*, Herz • *Hohlräume:* **Ventrikel,** Ventriculus, Ventriculus cordis*, Herzkammer, Kammer; *rechts:* Ventriculus dexter [cordis], rechte Herzkammer; *links:* Ventriculus sinister [cordis], linke Herzkammer • *Vorkammern:* **Atrium cordis,** Herzvorhof, Vorhof; *rechts:* Atrium dextrum, rechter Herzvorhof, rechter Vorhof; *links:* Atrium sinistrum, linker Herzvorhof, linker Vorhof.
Cor adiposum vgl. Adipositas.
Cor asthenicum vgl. Kardioptose.
Cor bilaterale vgl. Kardiomegalie.
Cor bovinum vgl. Kardiomegalie.
COR HIRSUTUM, Cor tomentosum, Cor villosum, Zottenherz.
Corium vgl. Organa sensuum.
Cor mobile vgl. Kardioptose.
Cornea conica, Cornea conicalis vgl. Keratomegalie.
Cornea globosa, Cornea globulosa vgl. Keratomegalie.
Cor nervosum vgl. Kardiothymie.
Cornu ammonis vgl. Hippocampus.
Cornu cutaneum vgl. Hyperkeratose.
Cornu humanum vgl. Hyperkeratose.
Corona dentis vgl. Dens.
Cor pendulum vgl. Kardioptose.
Corpora arenacea vgl. Azervulus.
Corpus mobile vgl. Arthrolith.
Corpus pituitarium vgl. Hypophyse.
Corpuscula tactus vgl. Organa sensuum.
Corpus liberum vgl. Arthrolith.
CORPUS PINEALE, Pineale *(Kurzbez.)*, Pinea, Epiphyse, Epiphysis cerebri *(veraltet)*, Glandula pinealis *(veraltet)*, Pinealis *(ältere Kurzbez.)*, Konarium *(ungew.)*, Pinealdrüse, Zirbeldrüse, Zirbelkörper, oberer Hirnanhang.
Corpus suprarenale vgl. Eingeweide.
Cor taurinum vgl. Kardiomegalie.
Cortex cerebellaris vgl. Cortex cerebri.
Cortex cerebelli vgl. Cortex cerebri.
Cortex cerebralis vgl. Cortex cerebri.
CORTEX CEREBRI, Cortex cerebralis, Pallium, Substantia corticalis cerebri *(älter)*, Gehirnrinde, Großhirnrinde, Hirnrinde, Gehirnmantel, Hirnmantel; Cortex cerebelli, Cortex cerebellaris, Substanti corticalis cerebelli *(älter)*, Kleinhirnrinde.
Corti-Organ vgl. Organa sensuum.
Cor tomentosum vgl. Cor hirsutum.
Cor villosum vgl. Cor hirsutum.
Coryza vgl. Rhinitis.
Cotugno-Krankheit vgl. Koxalgie.
Couveuse vgl. Inkubator.
Coxalgia vgl. Koxalgie.

Craniosclerosis vgl. Dyszephalie.
Craniostenosis vgl. Dyszephalie.
Craniostosis vgl. Dyszephalie.
Craniosynostosis vgl. Dyszephalie.
CRAUROSIS VULVAE, Craurosis vulvaris *(selten)*, Pruritus vulvae *(ungew.)*, Leukokraurose *(selten)*, Leucocraurosis* *(selten)*, Leucoplacia vulvae *(seltener)*, Leucoplacia vulvaris *(seltener)*, Vulvitis leucoplacica *(ungew.)*, Leucoplasia vulvae *(ungew.)*, Leucoplasia vulvaris *(ungew.)*. – Vgl. aber: *Pruritus.*
Craurosis vulvaris vgl. Craurosis vulvae.
CRENA ANI, Crena clunium *(älter)*, Analfalte, Gesäßfalte, Afterfurche, Afterfalte, Analfurche.
Crena clunium vgl. Crena ani.
Crepitatio vgl. Rasselgeräusch.
Crines vgl. Pili.
Crines capitis vgl. Pili.
Crines pubis vgl. Pili.
Crocidismus vgl. Floccilegium.
Cruchet-Krankheit vgl. Encephalitis epidemica.
Cruor vgl. Blut.
Cruor sanguinis vgl. Blut.
Crus vgl. Membra corporis.
Crusta vgl. Effloreszenz.
Crusta lamellosa vgl. Effloreszenz.
Crypta vgl. Foramen.
Cryptorchismus unilateralis vgl. Anorchie.
CUBITUS, Ankon- *(nur in Zus., selten)*, Ellbogen, Ellenbogen; Olecranon, Olekranon *(eindeutschend)*, Ell[en]bogenhöcker.
CUMULUS OOPHORUS, Cumulus oviger[us] *(veraltet)*, Cumulus proliger[us] *(älter)*, Cumulus ovaricus *(veraltet)*, Discus oophorus *(älter)*, Discus oviger[us] *(älter)*, Discus proliger[us] *(älter)*, Eihügel.
Cumulus ovaricus vgl. Cumulus oophorus.
Cumulus oviger[us] vgl. Cumulus oophorus.
Cumulus proliger[us] vgl. Cumulus oophorus.
Cunnilingus vgl. Koitus.
Cunnus vgl. Genitalien.
Curettage vgl. Kürettage.
Curettement vgl. Kürettage.
Curvatura spinalis vgl. Wirbelsäulenverkrümmung.
Cutis vgl. Organa sensuum.
CUTIS ANSERINA, Dermatospasmus, Horripilatio, Gänsehaut.
Cutis elastica vgl. Cutis hyperelastica.
CUTIS HYPERELASTICA, Cutis elastica *(seltener)*, Cutis laxa, Cutis pensilis, Kautschukhaut, Gummihaut, Dackelhaut. – Vgl. aber: *Chalodermie.*
Cutis laxa: 1) vgl. Cutis hyperelastica. **2)** vgl. Chalodermie.
Cutis pensilis: 1) vgl. Cutis hyperelastica. **2)** vgl. Chalodermie.
Cutis scriptoria vgl. Dermographismus.
Cyanhidrosis vgl. Transpiration.
Cyanidrosis vgl. Transpiration.
Cyanocobalamin vgl. Vitamin B_{12}.
Cyclonosis vgl. Zyklonose.
Cystadenoma vgl. Zystadenom.
Cystis vgl. Harnorgane.
Cystitis vgl. Zystitis.
Cystoma vgl. Zystadenom.
Cystorrhagia vgl. Hämorrhagie.
Cystomycosis reticuloendothelialis vgl. Histoplasmose.

D

Dackelhaut vgl. Cutis hyperelastica.
Dacryorrhoea vgl. Epiphora.
Dactylolysis spontanea vgl. Daktylolyse.
Dakry- vgl. Lacrima.
Dakryo- vgl. Lacrima.
Dakryorrhö vgl. Epiphora.
Dakryozyst- vgl. Ductus nasolacrimalis.
Dakryozysto- vgl. Ductus nasolacrimalis.

Daktylo- vgl. Digitus.
DAKTYLOLYSE, Daktylolysis spontanea, Ainhum, [spontane] Fingerablösung, [spontane] Fingerabschnürung, [spontane] Zehenablösung, [spontane] Zehenabschnürung.
Daktylomegalie vgl. Hypersomie.
Daktylosymphysis vgl. Syndaktylie.
Daltonismus vgl. Farbenblindheit.
Damm vgl. Perineum.
Dämmerungsblindheit vgl. Sehstörung.
Dämmerzustand vgl. Bewußtseinsstörung.
Dampfkur vgl. Hydrotherapie.
Darling-Krankheit vgl. Histoplasmose.
Darm vgl. Eingeweide.
Darmblutung vgl. Hämorrhagie.
Darmbrand vgl. Enteritis necroticans.
Darmbruch vgl. Enterozele.
Darmeinlauf vgl. Klistier.
Darmeinstülpung vgl. Invagination.
Darmentzündung vgl. Enteritis.
Darmgangrän vgl. Enteritis necroticans.
Darmkanal vgl. Eingeweide.
Darmkatarrh vgl. Enteritis.
Darmkolik vgl. Enteralgie.
Darmparasit vgl. Parasit.
Darmschmarotzer vgl. Parasit.
Darmschmerz vgl. Enteralgie.
Darmsenkung vgl. Enteroptose.
Darmspiegelung vgl. Endoskopie.
Darmspülung vgl. Klistier.
Darmstein vgl. Enterolith.
Darmstenose vgl. Enterostenose.
Darmträgheit vgl. Obstipation.
Darmtrakt vgl. Eingeweide.
Darmverengung vgl. Enterostenose.
Darmverschlingung vgl. Obstipation.
Darmverschluß vgl. Obstipation.
Darmwandbrand vgl. Enteritis necroticans.
Darmwandgangrän vgl. Enteritis necroticans.
Darmwind vgl. Flatus.
Darrsucht vgl. Sklerodermie.
Dattelbeule vgl. Leishmaniosis furunculosa.
Daumen vgl. Digitus.
DD vgl. Differentialdiagnose.
Debauche vgl. Abusus.
Debilitas vgl. Oligophrenie.
Debilitas intellectualis vgl. Oligophrenie.
Debilitas mentalis vgl. Oligophrenie.
Debilität vgl. Oligophrenie.
Decapitatio vgl. Embryotomie.
Deckgewebe vgl. Gewebe.
Deckknochen vgl. Belegknochen.
Décollement vgl. Verletzung.
Decubitus vgl. Dekubitus.
Defaecatio vgl. Exkretion.
Defäkation vgl. Exkretion.
DÉFENSE MUSCULAIRE, Abwehrspannung, reflektorische Bauchdeckenspannung.
Deferentitis vgl. Funikulitis.
Deferveszens vgl. Antipyretikum.
DEFERVESZENZ, Entfieberung, Fieberabfall, Stadium decrementi; *allmählich:* lytische Deferveszenz, Lyse, Lysis; *plötzlich:* kritische Deferveszenz, Krise, Krisis, Fiebersturz, kritischer Fieberabfall.
Deflexionslage vgl. Kindslage.
Deformatio pedis vgl. Fußdeformität.
Defluvium capillorum vgl. Atrichie.
Defluxio capillorum vgl. Atrichie.
Defrontalisation vgl. Leukotomie.
Degeneratio calcaria vgl. Kalzifikation.
Dejecta vgl. Exkret.
Dejectio: 1) vgl. Exkret. **2)** vgl. Exkretion.
Dejektion: 1) vgl. Exkret. **2)** vgl. Exkretion.
Dekapitation vgl. Embryotomie.
Dekollation vgl. Embryotomie.
Dekompressionskrankheit vgl. Caissonkrankheit.
Dekubitalgeschwür vgl. Dekubitus.
DEKUBITUS, Decubitus*, Dekubitalgeschwür, Druckbrand, Wundliegen, Drucknekrose, Druckgeschwür.
Delhibeule vgl. Leishmaniosis furunculosa.
Delirium cordis vgl. Arrhythmie.
DELIRIUM TREMENS*, Methomanie, Alkoholomanie *(selten)*, Alkoholdelir, Önomanie *(älter)*, Säuferwahn; Alkoholismus, Alkoholvergiftung. – Vgl. auch: *Dipsomanie.*
Dementia vgl. Oligophrenie.
Dementia paralytica vgl. Metasyphilis.
Dementia paretica vgl. Metasyphilis.

Demenz vgl. Oligophrenie.
Denkpause: 1) vgl. Bewußtseinsstörung. **2)** vgl. Epilepsie.
Denkzwang vgl. Anankasmus.
DENS, Odont[o]- *(nur in Zus.)*, Zahn; *Gesamtheit der Zähne:* Dentes, Gebiß • **1)** *Hauptteile:* **a)** *oberster, frei sichtbarer:* **Corona dentis,** Zahnkrone, Krone *(übliche Kurzbez.)*. **b)** *Mittelstück:* **Collum dentis,** Cervix dentis, Zahnhals. **c)** *unsichtbarer, von Zahnfleisch bedeckter Teil in der Alveole:* **Radix dentis,** Zahnwurzel, Wurzel *(übliche Kurzbez.)*. **d)** *innerer, Blutgefäße und Nerven enthaltender Teil:* **Pulpa dentis,** Pulpa *(übliche Kurzbez.)*, Zahnmark • **2)** *verschiedene Zahnarten:* **a)** *die ersten, ausfallenden:* **Dentes decidui,** Milchzähne, Milchgebiß. **b)** *die zweiten:* **Dentes permanentes,** bleibende Zähne, bleibendes Gebiß. **c)** *die vier vorderen:* **Dens incisivus,** Dens acutus *(selten)*, Inzisiv, Dens tomicus *(ungew.)*, Schneidezahn. **d)** *den Schneidezähnen folgender:* **Dens caninus,** Kaninus, Dens angularis *(ungew.)*, Eckzahn, Hakenzahn *(ungew.)*, Hundszahn, Augenzahn *(ungew.)*. **e)** *zum Kauen und Zerkleinern der Nahrung:* **α) Dens praemolaris,** Prämolar, Dens bicuspidatus, Bikuspidatus, Prämolarzahn, vorderer Backenzahn, kleiner Backenzahn. **β) Dens molaris,** Molar, Molarzahn, Mahlzahn, hinterer Backenzahn. großer Backenzahn, Backenzahn. **f)** *der hinterste und zuletzt kommende:* **Dens serotinus,** Dens sophroneticus, Serotinus, Sophronetikus, Dens sapientiae *(ungew.)*, Weisheitszahn.
Dens acutus vgl. Dens.
Dens angularis vgl. Dens.
Dens bicuspidatus vgl. Dens.
Dens caninus vgl. Dens.
Dens incisivus vgl. Dens.
Dens molaris vgl. Dens.
Dens praemolaris vgl. Dens.
Dens sapientiae vgl. Dens.
Dens serotinus vgl. Dens.
Dens sophroneticus vgl. Dens.
Dens tomicus vgl. Dens.
Dentagra vgl. Odontalgie.
Dentalgie vgl. Odontalgie.
Dentes vgl. Dens.
Dentes decidui vgl. Dens.
Dentes permanentes vgl. Dens.
DENTIN, Dentinum*, Ebur *(ungew.)*, Substantia eburnea *(älter)*, Zahnbein.
Dentinum vgl. Dentin.
Dentist vgl. Arzt.
Dentitio vgl. Dentition.
DENTITION, Dentitio*, Odontosis *(selten)*, Zahnen, Zahnung, Zahndurchbruch.
Depilatorium vgl. Epilatorium.
Depletio, Depletion vgl. Exkret.
Depravation vgl. Exazerbation.
Depressio vgl. Foramen.
Depression: 1) vgl. Foramen. **2)** vgl. Melancholie.
Depressor vgl. Muskel.
Depurans vgl. Abführmittel.
Derivans vgl. Epispastikum.
Derivativum vgl. Epispastikum.
Derma vgl. Organa sensuum.
Dermatergose vgl. Dermatose.
Dermatergosis vgl. Dermatose.
Dermatitis vgl. Dermatose.
Dermatitis actinica vgl. Dermatitis calorica.
DERMATITIS CALORICA, Erythema caloricum; Eczema caloricum • *infolge Strahleneinwirkung:* Dermatitis actinica, Dermatitis photoelectrica • *infolge Sonnenstrahleneinwirkung:* Dermatitis solaris, Erythema solare, Sonnenbrand; Eczema solare. – Vgl. auch: *Hyperthermie.*
Dermatitis congelationis vgl. Congelatio.
Dermatitis eczematosa vgl. Ekzem.
Dermatitis intertriginosa vgl. Intertrigo.
Dermatitis neuropathica vgl. Dermatose.
Dermatitis photoelectrica vgl. Dermatitis calorica.
Dermatitis seborrhoica vgl. Seborrhö.
Dermatitis solaris vgl. Dermatitis calorica.
Dermat[o]- vgl. Organa sensuum.

Dermatochalase vgl. Chalodermie.
Dermatochalasis vgl. Chalodermie.
Dermatographie vgl. Dermographismus.
Dermatographismus vgl. Dermographismus.
Dermatologe vgl. Arzt.
Dermatologie vgl. Medizin.
Dermatolyse vgl. Chalodermie.
Dermatolysis vgl. Chalodermie.
Dermatomegalie vgl. Chalodermie.
Dermatomukomyositis vgl. Dermatomyositis.
Dermatomukositis vgl. Dermatomyositis.
Dermatomycosis favosa vgl. Favus.
Dermatomycosis vgl. Dermatomykose.
DERMATOMYKOSE, Dermatomycosis*, Dermomykose *(ungew.)*, Mykodermatose *(ungew.)*, Mykodermose *(ungew.)*, Tinea, Dermatophytie, Dermatophytose *(seltener)*, Dermophytie *(ungew.)*, Dermophytose *(ungew.)*, Mycosis cutanea *(selten)*, Hautpilzkrankheit, Hautpilzerkrankung, Pilzflechte, Hautflechte • *auf die Epidermis beschränkt:* **Epidermomykose,** Epidermomycosis*, Epidermatomykose *(ungew.)*, Epidermidomykose *(ungew.)*, Epidermophytie, Epidermophytose. – Vgl. auch die Artikel *Mikrosporie* und *Onychomykose;* über weitere Hautkrankheiten vgl. den Artikel *Dermatose.*
DERMATOMYOSITIS, Myositis primaria multipla *(selten)*, Pseudotrichinose, Pseudotrichinosis*, Pseudotrichiniasis, Haut-Muskel-Entzündung, Lilakrankheit, weißfleckige Lilakrankheit, Dermatomukositis *(ungew.)*, Dermatomukomyositis *(ungew.)*, Polymyositis *(selten)*. – Vgl. auch: *Dermatose.*
Dermatoneurose vgl. Dermatose.
Dermatoneurosis vgl. Dermatose.
Dermatonose vgl. Dermatose.
Dermatopathie vgl. Dermatose.
Dermatophytie vgl. Dermatomykose.
Dermatophytose vgl. Dermatomykose.
Dermatopolyneuritis vgl. Feer-Krankheit.
DERMATOSE, Dermatosis*, Dermatopathie, Dermopathie *(selten)*, Dermatonose, Hautkrankheit, Hauterkrankung, Hautleiden; *auf die Epidermis beschränkt:* Epidermose, Epidermosis*, Epidermidose *(ungew.)* • *entzündlich:* **Dermatitis,** Dermitis *(älter)*, Dermatosis inflammatoria *(selten)*, Hautentzündung • *auf Grund nervaler Schädigungen oder Störungen:* **Dermatoneurose,** Dermatoneurosis*, Dermoneurose *(ungew.)*, Neurodermatose, Neurosis cutanea *(ungew.)*, nervale Hautkrankheit, nervöses Hautleiden; *entzündlich:* Neurodermatitis, Dermatitis neuropathica *(ungew.)* • *beruflich bedingt:* **Dermatergose,** Dermatergosis*, Dermatosis professionalis *(ungew.)*, Dermatosis industrialis *(selten)*, gewerbliche Dermatose, Berufsdermatose. – Über bestimmte Hauterscheinungen und Hauterkrankungen vgl. im einzelnen folgende Artikel: *Achromie, Akariase, Akne, Atherom, Dermatomykose, Dermatomyositis, Effloreszenz, Ekzem, Erysipel, Erythrasma, Exanthem, Favus, Follikulitis, Hidradenitis, Impetigo, Intertrigo, Miliaria, Mikrosporie, Onychomykose, Papillom, Pedikulose, Pemphigus, Pityriasis rosea, Pruritus, Psoriasis, Quincke-Ödem, Seborrhö, Sklerodermie, Strophulus, Urtikaria, Verruca.*
Dermatosis vgl. Dermatose.
Dermatosis industrialis vgl. Dermatose.
Dermatosis inflammatoria vgl. Dermatose.
Dermatosis professionalis vgl. Dermatose.
Dermatosklerose vgl. Sklerodermie.
Dermatospasmus vgl. Cutis anserina.
Dermatozele vgl. Chalodermie.
Dermitis vgl. Dermatose.
Dermographie vgl. Dermographismus.
DERMOGRAPHISMUS, Dermographie, Dermatographismus *(seltener)*, Dermatographie *(seltener)*, Autographismus *(selten)*, Urticaria factitia, Hautschrift, Cutis scriptoria

(ungew.), Schreibhaut *(selten)*, vasomotorisches Nachröten.
Dermomykose vgl. Dermatomykose.
Dermoneurose vgl. Dermatose.
Dermopathie vgl. Dermatose.
Dermophytie vgl. Dermatomykose.
Dermophytose vgl. Dermatomykose.
Dermozele vgl. Chalodermie.
Derotomie vgl. Embryotomie.
Descemetozele vgl. Keratozele.
Descensus vgl. Hernie.
Descensus uteri vgl. Enteroptose.
Descensus vaginae vgl. Prolapsus vaginae.
Descensus ventriculi vgl. Enteroptose.
Desinfektionsmittel vgl. Chemotherapeutikum.
Desinfiziens vgl. Chemotherapeutikum.
Desmarres-Lidhaken vgl. Elevateur.
Desmarres-Lidhalter vgl. Elevateur.
Desmon vgl. Antikörper.
Deszensus vgl. Hernie.
Detergens vgl. Chemotherapeutikum.
Deterioratio mentalis vgl. Oligophrenie.
Deterioration vgl. Exazerbation.
Detrunkation vgl. Embryotomie.
Deuteranopie vgl. Farbenblindheit.
Deuteroanopie vgl. Farbenblindheit.
Deuteroplasma vgl. Protoplasma.
Deutoplasma vgl. Protoplasma.
Deviatio columnae vertebralis vgl. Wirbelsäulenverkrümmung.
DIABETES *(übliche Kurzbez.)*, Diabetes mellitus*, Diabetes verus, Zukkerharnruhr, Zuckerkrankheit, Zukker *(ugs.)*.
Diabetes mellitus vgl. Diabetes.
Diabetes verus vgl. Diabetes.
Diakrise vgl. Differentialdiagnose.
Diaphorese vgl. Transpiration.
DIAPHORETIKUM, Sudoriferum, Hidrotikum, schweißtreibendes Mittel.
[1]**DIAPHRAGMA**, Disseptum, Dissepimentum *(älter)*, Dissepiment *(älter, eindeutschend)*, Septum, *kleiner:* Septulum, Scheidewand, Zwischenwand.
[2]**DIAPHRAGMA**, Phrenes *(selten)*, Zwerchfell.
[3]**Diaphragma** vgl. Präservativ.
DIAPHRAGMATOZELE, Hernia diaphragmatica, Hernia phrenica, Zwerchfellbruch • *im Bereich der Durchtrittsstelle für die Speiseröhre:* **Hiatushernie**, Hernia hiatus oesophagei, Hernia hiatalis *(ungew.)*.
DIARRHÖ, Diarrhoea*, Durchfall, Durchmarsch *(ugs.)*, Dünnschiß *(vulgär)*, *Schiß (vulgär)*. – Ggs.: *Obstipation.*
Diarrhoea vgl. Diarrhö.
Diarrhoea alba vgl. Sprue.
Diarrhoea alba tropicalis vgl. Sprue.
Diarrhoea tropicalis vgl. Sprue.
Diarthrose vgl. Junktur.
Diarthrosis vgl. Junktur.
DIÄT, Krankenkost, Schonkost, leichte Kost, Regimen *(ungew.)*.
Diathermie vgl. Elektrotherapie.
Diathermotherapie vgl. Elektrotherapie.
Diathesis haemorrhagica vgl. hämorrhagische Diathese.
Dicephalus vgl. Monstrosität.
Dichromatie vgl. Farbenblindheit.
Dichromatopsie vgl. Farbenblindheit.
Dickdarm vgl. Eingeweide.
Dickdarmentzündung vgl. Enteritis.
Dickdarmgekröse vgl. Peritonäum.
Dickdarmkatarrh vgl. Enteritis.
Dickdarmsenkung vgl. Enteroptose.
Dicranus vgl. Monstrosität.
Didymectomia vgl. Sterilisation.
Didymektomie vgl. Sterilisation.
Didymitis vgl. Orchitis.
Didymus vgl. Genitalien.
Diencephalon vgl. Cerebrum.
DIFFERENTIALDIAGNOSE, DD *(übliche Abk.)*, Diakrise *(selten)*, Krankheitsunterscheidung; *abschließend:* Epikrise.
Digestivum vgl. Stimulans.
Digiti manus vgl. Digitus.
Digiti pedis vgl. Digitus.
DIGITUS, Digiti manus* *(Mehrz.)*, Daktylo- *(nur in Zus.)*, Finger; *des Fußes:* Digiti pedis* *(Mehrz.)*, Digitus *(Kurzbez.)*, Daktylo- *(nur in Zus.)*, Zehe • **a)** *erster:* **Pollex**, Digitus manus primus *(älter)*, Digitus I, Daumen; *des Fußes:* Hallux, Digi-

tus pedis primus *(älter)*, Digitus I (pedis), Großzehe, große Zehe, großer Onkel *(scherzh., volkst.)*. **b)** *zweiter:* **Index,** Digitus manus secundus *(älter)*, Digitus II, Zeigefinger; *des Fußes:* Digitus pedis secundus, Digitus II (pedis). **c)** *dritter:* **Digitus medius,** Digitus manus tertius *(älter)*, Digitus III, Mittelfinger; *des Fußes:* Digitus pedis tertius, Digitus III (pedis). **d)** *vierter:* **Digitus anularis,** Digitus manus quartus *(älter)*, Digitus IV, Ringfinger; *des Fußes:* Digitus pedis quartus, Digitus IV (pedis). **e)** *fünfter:* **Digitus minimus,** Digitus manus quintus *(älter)*, Digitus V, Kleinfinger, kleiner Finger; *des Fußes:* Digitus pedis minimus, Digitus pedis quintus, Digitus V (pedis), Kleinzehe, kleine Zehe, kleiner Onkel *(scherzh., volkst.)*.

Digitus I vgl. Digitus.

Digitus I (pedis) vgl. Digitus.

Digitus II vgl. Digitus.

Digitus III vgl. Digitus.

Digitus IV vgl. Digitus.

Digitus V vgl. Digitus.

Digitus anularis vgl. Digitus.

Digitus II (pedis) vgl. Digitus.

Digitus III (pedis) vgl. Digitus.

Digitus IV (pedis) vgl. Digitus.

Digitus V (pedis) vgl. Digitus.

Digitus manus primus vgl. Digitus.

Digitus manus quartus vgl. Digitus.

Digitus manus quintus vgl. Digitus.

Digitus manus secundus vgl. Digitus.

Digitus manus tertius vgl. Digitus.

Digitus medius vgl. Digitus.

Digitus minimus vgl. Digitus.

Digitus pedis minimus vgl. Digitus.

Digitus pedis quartus vgl. Digitus.

Digitus pedis quintus vgl. Digitus.

Digitus pedis primus vgl. Digitus.

Digitus pedis secundus vgl. Digitus.

Digitus pedis tertius vgl. Digitus.

Dilatatio cordis vgl. Ektasie.

Dilatatio gastrica vgl. Ektasie.

Dilatatio[n] vgl. Ektasie.

Dilatator vgl. Muskel.

Dinophobie vgl. Phobie.

Dipagus vgl. Zwillinge.

Diparese vgl. Paralyse.

Diplacusis vgl. Dysakusis.

Diplacusis binauralis vgl. Dysakusis.

Diplacusis monauralis vgl. Dysakusis.

Diplakusie vgl. Dysakusis.

Diplakusis vgl. Dysakusis.

Diplegia, Diplegie vgl. Paralyse.

Diplocephalus vgl. Monstrosität.

Diplopagus vgl. Zwillinge.

Diploprosopus vgl. Monstrosität.

Diplosomie vgl. Zwillinge.

Diplozephalie vgl. Monstrosität.

Diplozephalus vgl. Monstrosität.

Diprosopie vgl. Monstrosität.

Diprosopus vgl. Monstrosität.

DIPSOMANIE, Potomanie, Potatorium, Alkoholismus, Alkoholophilie *(selten)*, Trunksucht, periodische Trunksucht, Quartalsaufen, alkoholischer Exzeß. – Vgl. auch: *Delirium tremens.*

Dipygus vgl. Monstrosität.

DISCUS ARTICULARIS, Fibrocartilago interarticularis, Gelenkscheibe, Zwischenknorpelscheibe • *zwischen den Wirbeln:* **Discus intervertebralis,** Fibrocartilago intervertebralis *(älter)*, Intervertebralscheibe, Zwischenwirbelscheibe; *zentraler Teil:* Nucleus pulposus, Gallertkern • *im Kniegelenk:* **Meniskus** *(übliche Kurzbez.)*; Meniscus medialis*, Innenmeniskus; Meniscus lateralis*, Meniscus fibularis *(veraltet)*, Cartilago semilunaris *(veraltet)*, Außenmeniskus • *in der Schambeinfuge:* **Discus interpubicus,** Lamina fibrocartilaginea interpubica *(veraltet)*, Symphysenscheibe.

Discus interpubicus vgl. Discus articularis.

Discus intervertebralis vgl. Discus articularis.

Discus oophorus vgl. Cumulus oophorus.

Discus oviger[us] vgl. Cumulus oophorus.

Discus proliger[us] vgl. Cumulus oophorus.

Disgerminom vgl. Dysgerminom.

Diskusbruch vgl. Nucleus-pulposus-Hernie.

Diskushernie vgl. Nucleus-pulposus-Hernie.
Dislocatio vgl. Dystopie.
Dislokation vgl. Dystopie.
Disomie vgl. Zwillinge.
Dissectio fetus vgl. Embryotomie.
disseminierte Entmarkungsenzephalomyelitis vgl. multiple Sklerose.
disseminierte Herdsklerose vgl. multiple Sklerose.
Dissepiment vgl. [1]Diaphragma.
Dissepimentum vgl. [1]Diaphragma.
Disseptum vgl. [1]Diaphragma.
Distematoglossie vgl. Glossoschisis.
Distorsio, Distorsion vgl. Verletzung.
Diurese vgl. Exkretion.
Diuresis vgl. Exkretion.
DIURETIKUM, Salidiuretikum, Saluretikum, Hydropikum, harntreibendes Mittel.
Divergenzschielen vgl. Strabismus.
Dizephalie vgl. Monstrosität.
Dizephalus vgl. Monstrosität.
Dochmiase, Dochmiasis vgl. Ankylostomiase.
Doktor vgl. Arzt.
Dolichostenomelie vgl. Arachnodaktylie.
Dolichozephalie vgl. Dyszephalie.
Dolichozephalus vgl. Dyszephalie.
DOLOR, -algie *(nur in Zus.)*, -algia* *(nur in Zus.)*, -odynie *(nur in Zus.)*, -odynia* *(nur in Zus.)*, Schmerz, Schmerzen, Algo- *(nur in Zus.)*, *quälend, bohrend:* Tormina *(Mehrz.)* • *auf die schmerzhaften Kontraktionen der Gebärmutter bei der Geburt bezogen:* **Dolores** *(nur Mehrz.)*, Labores *(Mehrz.)*, Wehen, Geburtswehen.
Dolores vgl. Dolor.
Domatophobie vgl. Topophobie.
Doppelgeschlechtlichkeit vgl. Hermaphroditismus.
Doppelgesicht vgl. Monstrosität.
Doppelhören vgl. Dysakusis.
Doppelkopf vgl. Monstrosität.
Doppelmißbildung vgl. Monstrosität.
Doppelmißgeburt vgl. Monstrosität.
Doppelmonstrum vgl. Monstrosität.
Doppelsteiß vgl. Monstrosität.
Doromanie vgl. Anankasmus.
Dorsalgie vgl. Notalgie.
Dorsodynie vgl. Notalgie.
DORSUM, Noto- *(nur in Zus.)*, Not- *(nur in Zus.)*, Rücken. – Vgl. auch den Artikel *Truncus.*
Dösigkeit vgl. Bewußtseinsstörung.
Dothienenterie vgl. Typhus abdominalis.
Dothienenteritis vgl. Typhus abdominalis.
Douglasoskopie vgl. Endoskopie.
Douglasskopie vgl. Endoskopie.
Dracunculosis vgl. Filariose.
Dragée vgl. Medikament.
Drakontiasis vgl. Filariose.
Drakunkuliasis vgl. Filariose.
Drakunkulose vgl. Filariose.
Drastikum vgl. Abführmittel.
Dreher vgl. Muskel.
Drehgelenk vgl. Junktur.
Drehmuskel vgl. Muskel.
Dreieckskopf vgl. Dyszephalie.
Dreiecksschädel vgl. Dyszephalie.
Dreitagefieber: 1) vgl. Malaria. **2) vgl.** Exanthema subitum.
Drepanozyten vgl. Blutkörperchen.
Droge vgl. Medikament.
DROMOMANIE, Lauftrieb, motorische Unruhe; *ausgedehnt:* Poriomanie, Fugue, Vagabondage *(ungew.)*, Apodemialgie, Wandertrieb, Reisetrieb, planloses Davonlaufen.
Drosselgrube vgl. Jugulum.
Druckbrand vgl. Dekubitus.
Druckgeschwür vgl. Dekubitus.
Druckluftkrankheit vgl. Caissonkrankheit.
Drucknekrose vgl. Dekubitus.
Druckpuls vgl. Puls.
Drüse vgl. Glandula.
Drüsenabsonderung vgl. Sekret.
Drüsenentzündung vgl. Adenopathie.
Drüsenerkrankung vgl. Adenopathie.
Drüsenfieber vgl. infektiöse Mononukleose.
Drüsenkrebs vgl. Adenokarzinom.
Drüsenleiden vgl. Adenopathie.
Drüsenpest vgl. Pest.
Drüsenzellenkrebs vgl. Adenokarzinom.
Ductulus vgl. Ductus.
DUCTUS, Conductus *(ungew.)*, Gang, Verbindungsgang; *kleiner:*

Ductulus, kleiner Gang, kleiner Verbindungsgang • *röhrenförmig oder schlauchförmig:* **Canalis,** Kanal, Meatus, Tube, Tuba*, Trompete, röhrenförmiger Durchgang, Ausführungsgang; *kleiner:* Canaliculus, Tubulus, Kanälchen, kleiner Kanal.
Ductus deferens vgl. Genitalien.
Ductus ejaculatorius vgl. Genitalien.
DUCTUS NASOLACRIMALIS, Tränen-Nasen-Gang, Tränenkanal; *dessen blind geschlossenes Ende:* **Saccus lacrimalis,** Dakryozyst[o]- *(nur in Zus. und Abl.),* Tränensack.
Dukes-Filatow-Krankheit vgl. Rubeola scarlatinosa.
Dukes-Krankheit vgl. Rubeola scarlatinosa.
Dunkelangst vgl. Nyktophobie.
Dünndarm vgl. Eingeweide.
Dünndarm-Blinddarm-Entzündung vgl. Enteritis.
Dünndarmbruch vgl. Enterozele.
Dünndarm-Dickdarm-Entzündung vgl. Enteritis.
Dünndarmentzündung vgl. Enteritis.
Dünndarmgekröse vgl. Peritonäum.
Dünndarmkatarrh vgl. Enteritis.
Dünnschiß vgl. Diarrhö.
Duodenitis vgl. Enteritis.
Duodenum vgl. Eingeweide.
Duplicitas vgl. Monstrosität.
Duplicitas anterior vgl. Monstrosität.
Duplicitas caudalis vgl. Monstrosität.
Duplicitas completa vgl. Zwillinge.
Duplicitas cranialis vgl. Monstrosität.
Duplicitas incompleta anterior vgl. Monstrosität.
Duplicitas incompleta media vgl. Monstrosität.
Duplicitas incompleta posterior vgl. Monstrosität.
Duplicitas inferior vgl. Monstrosität.
Duplicitas media vgl. Monstrosität.
Duplicitas posterior vgl. Monstrosität.
Duplicitas superior vgl. Monstrosität.
Duplicitas symmetros vgl. Zwillinge.
Dura vgl. Meninx.
Dura mater vgl. Meninx.
Dura mater encephali vgl. Meninx.
Dura mater spinalis vgl. Meninx.
Durchfall vgl. Diarrhö.
Durchleuchtung vgl. Röntgenographie.
Durchmarsch vgl. Diarrhö.
Durchrüttelung vgl. Kinesiotherapie.
Durchschlafmittel vgl. Psychopharmakon.
Durchschüttelung vgl. Kinesiotherapie.
Duritis vgl. Meningitis.
Dutton-Krankheit vgl. Schlafkrankheit.
Dysacusis vgl. Dysakusis.
Dysakusie vgl. Dysakusis.
DYSAKUSIS, Dysacusis*, Dysakusie, Gehörstörung, Hörstörung • **1)** *mit stärker reduziertem Hörvermögen:* **Hypakusis,** Hypacusis*, Dysakusis, Hebetudo auris, Schwerhörigkeit; *altersbedingt:* Presbyakusis, Presbyakusie, Altersschwerhörigkeit. **2)** *mit vollständigem Verlust des Hörvermögens:* **Anakusis,** Anacusis*, Anakusie, Surditas *(selten),* Taubheit; *in Verbindung mit dem Verlust des Sprechvermögens:* Surdomutitas, Taubstummheit. **3)** *mit abnorm gesteigertem Hörvermögen:* **Hyperakusis,** Hyperacusis*, Hyperakusie, *krankhafte Feinhörigkeit.* **4)** *mit Wahrnehmung falscher Gehörseindrücke:* **Parakusis,** Paracusis, Parakusie. **5)** *mit subjektiver Wahrnehmung von Doppeltönen:* **Diplakusis,** Diplacusis*, Diplakusie, Doppelhören; *auf beiden Ohren:* Diplacusis binauralis, Paracusis duplicata; *auf ein Ohr beschränkt:* Diplacusis monauralis. **6)** *mit akustischen Halluzinationen:* **Akoasma,** Gehörshalluzination, Phoneme *(Mehrz.).*
Dysbasia angiosclerotica vgl. Claudicatio intermittens.
Dysbasia angiospastica vgl. Claudicatio intermittens.
Dysbasia intermittens [angiosclerotica] vgl. Claudicatio intermittens.
DYSBASIE, Dysbasia*, Gehstörung, Gangstörung • *mit fast vollständiger Bewegungseinschränkung:* **Abasie,** Abasia*, Gehunfähigkeit • *mit unregelmäßigem Gang:* **Klaudikation,** Claudicatio*, Hinken, Humpeln, *(volkst.),* Lahmen *(bes. auf*

Tiere bezogen). – Vgl. auch die Artikel *Astasie* und *Claudicatio intermittens.*

DYSBULIE, Dysbulia*, Willensschwäche, Antriebsschwäche; Abulie, Abulia*, Willenlosigkeit, Anergie.

Dyschromasie vgl. Farbenblindheit.

Dyschromatopsie vgl. Farbenblindheit.

Dysenteria amoebica vgl. Amöbenruhr.

Dysenteria bacillaris vgl. Bakterienruhr.

DYSFUNKTION, Funktionsstörung, Functio laesa; *eines physiologischen Systems:* Dysregulation, Regulationsstörung, Fehlregulation, Fehlsteuerung • *im Sinne eines zu viel:* **Hyperfunktion,** Überfunktion • *im Sinne eines zu wenig:* **Hypofunktion,** Unterfunktion; Insuffizienz, Insufficientia, Funktionsschwäche, ungenügende Organleistung.

DYSGERMINOM, Disgerminom *(ungenau),* Keimzellengeschwulst; *vorwiegend auf den Hoden bezogen:* Seminom.

Dysgeusia vgl. Dysgeusie.

DYSGEUSIE, Dysgeusia*, Störung des Geschmackssinnes, Beeinträchtigung des Geschmacksvermögens • **a)** *im Sinne einer Verminderung des Geschmacksvermögens:* **Hypogeusie,** Hypogeusia*, Hypogeusästhesie *(ungew.),* herabgesetzte Geschmacksempfindung. **b)** *im Sinne eines totalen Ausfalls des Geschmacksvermögens:* **Ageusie,** Ageusia*, Ageustie *(selten),* Ageusis *(selten),* Anaesthesia gustatoria, Verlust der Geschmacksempfindung, Geschmacksverlust. **c)** *im Sinne einer übermäßigen Ausbildung des Geschmacksvermögens:* **Hypergeusie,** Hypergeusia*, Hypergeusästhesie *(ungew.),* krankhaft verfeinerter Geschmackssinn. **d)** *im Sinne einer Verkehrung des Geschmackssinnes:* **Parageusie,** Parageusia*, abnorme Geschmackstäuschung, subjektive Geschmacksfälschung; Hallucinatio gustatoria *(selten),* Geschmackshalluzination, Uncinatusanfälle.

Dyskranie vgl. Dyszephalie.

Dyslexie vgl. Aphasie.

Dysmelia vgl. Dysmelie.

DYSMELIE, Dysmelia*, Gliedmaßenmißbildung • **a)** *mit Verstümmelung der Extremitäten:* **Ektromelie,** Ectromelia*; *der Finger oder Zehen:* Ektrodaktylie, Ectrodactylia*, Oligodaktylie, Hypodaktylie • *mit stummelartigen Extremitäten:* **Peromelie,** Peromelia*, Peromelus; Hemimelie, Hemimelia*; *auf die Hände beschränkt:* Perochirie, Perocheirie; *auf die Finger beschränkt:* Perodaktylie; *auf die Arme beschränkt:* Perobrachie; *auf die Füße beschränkt:* Peropodie *(ungew.)* • *mit Ansetzen von Händen oder Füßen unmittelbar am Rumpf:* **Phokomelie,** Phocomelia*, Phokomelus, *Robbengliedrigkeit.* **b)** *mit vollständigem Fehlen einzelner oder aller Gliedmaßen:* **Amelie,** Amelia*, Amelus; *mit Fehlen der Arme:* Abrachie, Abrachia*, Abrachius; *mit Fehlen der Finger oder Zehen:* Adaktylie, Adactylia*; *mit Fehlen der Hände:* Achirie, Achiria*, Acheirie, Acheiria*; *mit Fehlen der Beine:* Aknemie, Acnemia*; *mit Fehlen der Füße:* Apodie, Apodia*, Apus. – Vgl. auch den Artikel *Monstrosität.*

Dysmenorrhö vgl. Menstruation.

Dysmnesia vgl. Dysmnesie.

DYSMNESIE, Dysmnesia*, Gedächtnisstörung • *im Sinne einer stärkeren Einschränkung des Erinnerungsvermögens:* **Hypomnesie,** Hypomnesia*, Hypomnesis *(ungew.); vollständig:* Amnesie, Amnesia*, Gedächtnislücke, Gedächtnisschwund, Gedächtnisverlust, Erinnerungslükke • *im Sinne einer krankhaft gesteigerten Gedächtnisleistung:* **Hypermnesie,** Hypermnesia* • *qualitativ im Sinne einer subjektiven Verwechslung oder Erfindung von Gedächtnisinhalten:* **Paramnesie,** Paramnesia*, Pseudomnesie, Pseudomnesia*, Allomnesie, Allomnesia*, Erinnerungsfälschung, Erinnerungstäuschung, Gedächtnisillusion.

Dysnomie vgl. Aphasie.

Dysopie vgl. Sehstörung.
Dysopsia, Dysopsie vgl. Sehstörung.
Dysosmia vgl. Dysosmie.
DYSOSMIE, Dysosmia*, Dysosphresie, Störung des Geruchssinnes, Beeinträchtigung der Geruchswahrnehmung • **a)** *im Sinne eines zu geringen Geruchsvermögens:* **Hyposmie,** Hyposmia*, Hypoosmie *(selten)*, Hyposphresie, vermindertes Riechvermögen. **b)** *im Sinne eines totalen Ausfalls des Riechvermögens:* **Anosmie,** Anosmia*, Anaesthesia olfactoria, Anodmie *(selten)*, Anosphresie *(selten)*, Anosphrasie *(ungew.)*, Verlust des Geruchssinnes. **c)** *im Sinne einer krankhaften Steigerung des Geruchsvermögens:* **Hyperosmie,** Hyperosmia*, Hyperosphresie, krankhaft gesteigertes Geruchsvermögen. **d)** *im Sinne einer Verkehrung des Geruchsvermögens:* **Parosmie,** Parosmia*, Parosphresie, Geruchstäuschung, subjektive Geruchsfälschung; Hallucinatio gustatoria *(selten)*, Geruchshalluzination, Allotriosmie *(veraltet)*, Heterosmie *(selten)*.
Dysosphresie vgl. Dysosmie.
Dyspepsia vgl. Dyspepsie.
DYSPEPSIE, Dyspepsia*, Indigestion, Verdauungsstörung, Ernährungsstörung.
Dysphasie vgl. Aphasie.
DYSPNOE, Dyspnoea*, Atemstörung, unregelmäßige Atmung • **a)** *beschleunigte Atmung:* **Tachypnoe,** Polypnoe, Atmungsbeschleunigung, Kurzatmigkeit; *mit abnormer Vertiefung der Atmung:* Hyperpnoe, Bathypnoe. **b)** *verlangsamte Atmung:* **Bradypnoe,** Spanopnoe *(ungew.)*, Oligopnoe, Atmungsverlangsamung; *mit abnorm oberflächlicher Atmung:* Hypopnoe. **c)** *erschwerte Atmung:* **Asthma,** Dyspnoe, Atemnot, Kurzatmigkeit, Lufthunger; *bes. mit erschwerter Ausatmung:* Asthma bronchiale, asthmatische Dyspnoe, Asthma *(übliche volkst. Kurzbez.)*, Bronchialasthma, Dyspnoea exspiratoria, exspiratorische Dyspnoe; *bei Herzkranken:* Asthma cardiale, Herzasthma, Dyspnoea cardialis, Dyspnoea cardiaca, kardiale Dyspnoe. – Vgl. auch: *Asphyxie.*
Dyspnoea vgl. Dyspnoe.
Dyspnoea cardiaca vgl. Dyspnoe.
Dyspnoea cardialis vgl. Dyspnoe.
Dyspnoea exspiratoria vgl. Dyspnoe.
Dysregulation vgl. Dysfunktion.
DYSTOPIE, Dystopia*, Aberration, Aberratio loci*, Malposition, Fehllagerung, Verlagerung, Lageanomalie • *bes. nach außen:* **Ektopie,** Ectopia*, Ekstrophie, Ecstrophia*, Eversion, Eversio* • *speziell in bezug auf die Bruchenden bei Knochenbrüchen:* **Dislokation,** Dislocatio*.
Dystrophia vgl. Dystrophie.
Dystrophia adiposogenitalis vgl. Hyposomie.
Dystrophia muscularis vgl. Myatrophie.
Dystrophia musculorum vgl. Myatrophie.
Dystrophia musculorum progressiva vgl. Myatrophie.
Dystrophia myopathica vgl. Myatrophie.
DYSTROPHIA MYOTONICA, Myotonia atrophica, Myotonia atrophicans, Myopathia myotonica *(ungew.)*, Steinert-Krankheit. – Vgl. auch den Artikel *Myatrophie.*
DYSTROPHIE, Dystrophia*, Ernährungsstörung • *im Sinne einer mangelhaften Ernährung:* **Hypotrophie,** Hypotrophia*, Oligotrophie, Unterernährung; *schwerste Form:* Atrophie, Atrophia*, Organschwund. – Vgl. auch: *Kachexie.*
dystrophischer Zahnbettschwund vgl. Parodontopathie.
Dysuria vgl. Ischurie.
Dysurie vgl. Ischurie.
DYSZEPHALIE, Dyskranie, Schädeldeformierung, Schädelmißbildung • **1)** *abnorm kurz (von hinten nach vorn):* **Brachyzephalie,** Brachyzephalus, Kurzköpfigkeit, Rundköpfigkeit, Kurzkopf, Rundkopf, Kurzschädel, Rundschädel. **2)** *abnorm lang (von hinten nach vorn):* **Dolichozephalie,** Dolichozephalus,

Leptozephalie, Leptozephalus, Langköpfigkeit, Langkopf, Langschädel. **3)** *abnorm flach, ohne Scheitelwölbung:* **Platyzephalie,** Platyzephalus, Flachköpfigkeit, Flachkopf, Flachschädel. **4)** *von dreieckiger bis keilförmiger Gestalt:* **Sphenozephalie,** Sphenozephalus, Trigonozephalie, Trigonozephalus, Oozephalie, Oozephalus, Keilschädel, Keilköpfigkeit, Keilkopf, Dreiecksschädel, Dreieckskopf, Eierköpfigkeit, Eierkopf. **5)** *kahnförmig ausgebildet:* **Skaphozephalie,** Skaphozephalus, Kielkopf, Kielköpfigkeit, Kielschädel, Kahnköpfigkeit, Kahnschädel, Kahnkopf. **6)** *abnorm klein:* **Mikrozephalie,** Mikrozephalus, Kleinköpfigkeit; Nanozephalie, Nanozephalus, Zwergköpfigkeit, Zwergkopf, Zwergschädel; *Sonderfall infolge vorzeitiger Verknöcherung der Schädelnähte:* Stenozephalie, Stenozephalus, Kraniostenose, Craniostenosis*, Kraniostose, Craniostosis*, Kraniosynostose, Craniosynostosis*. **7)** *mit abnorm hohem bis spitzem Scheitel (bei Verkürzung des Längsdurchmessers):* **Akrozephalie,** Akrozephalus, Hypsizephalie, Hypsizephalus, Hypsozephalie *(ungew.)*, Hypsozephalus *(ungew.)*, Hochköpfigkeit, Hochkopf, Hochschädel; Oxyzephalie, Oxyzephalus, Spitzköpfigkeit, Spitzkopf, Spitzschädel; Turrizephalie, Turrizephalus, Pyrgozephalie, Pyrgozephalus, Turmschädel. **8)** *abnorm groß (infolge gleichmäßiger Ausdehnung nach allen Seiten):* **Makrozephalie,** Makrozephalus, Megalozephalie, Megalozephalus, Megazephalie *(ungew.)*, Megazephalus *(ungew.)*, Megalokranie *(ungew.)*, Zephalon *(selten)*, Kephalon *(Nf., selten)*, Großschädel, Riesenschädel; *Sonderfall, infolge Verdickung und Verdichtung der Schädelknochen:* Kraniosklerose, Craniosclerosis*, Leontiasis cranii, Leontiasis *(Kurzbez.)*, Schädelknochenverdickung • *durch übermäßige Ansammlung von Zerebrospinalflüssigkeit in den Hirnhöhlen bedingt:* **Hydrozephalus,** Hydrocephalus*, Hydrenzephalus, Hydrozephalie *(ungew.)*, Hydrenzephalie *(ungew.)*, Wasserkopf.

E

Ebur vgl. Dentin.
Eburnifikation vgl. Osteosklerose.
Eburneatio[n] vgl. Osteosklerose.
Ecchymosis vgl. Hämorrhagie.
ECHOERSCHEINUNGEN, Echomatismus, Automatismus imitativus *(ungew.)*, Echopathie *(selten)* • *auf Bewegungen bezogen:* **Echokinesie,** Echopraxie, Echokinese, Echomotismus *(ungew.)*; *auf Gebärden bezogen:* **Echomimie** • *auf Sprache bezogen:* **Echolalie,** Echophrasie, Echosprache.
Echokinese vgl. Echoerscheinungen.
Echokinesie vgl. Echoerscheinungen.
Echolalie vgl. Echoerscheinungen.
Echomatismus vgl. Echoerscheinungen.
Echomimie vgl. Echoerscheinungen.
Echomotismus vgl. Echoerscheinungen.
Echopathie vgl. Echoerscheinungen.
Echophrasie vgl. Echoerscheinungen.
Echopraxie vgl. Echoerscheinungen.
Echosprache vgl. Echoerscheinungen.
echte Cholera vgl. Cholera.
echte Pocken vgl. Variola.
echtes Gelenk vgl. Junktur.
echte Vitamin-B_2-Avitaminose vgl. Ariboflavinose.
Eckzahn vgl. Dens.
Economo-Enzephalitis vgl. Encephalitis epidemica.
Economo-Krankheit vgl. Encephalitis epidemica.
Ecstrophia vgl. Dystopie.
Ectasia vgl. Ektasie.

Ecthyma vgl. Impetigo.
-ectomia vgl. Operation.
Ectopia vgl. Dystopie.
Ectopia lentis vgl. Phakozele.
Ectrodactylia vgl. Dysmelie.
Ectromelia vgl. Dysmelie.
Eczema vgl. Ekzem.
Eczema caloricum vgl. Dermatitis calorica.
Eczema epizooticum vgl. Maul- und Klauenseuche.
Eczema solare vgl. Dermatitis calorica.
Effemination vgl. Hermaphroditismus.
Efflatio vgl. Eruktation.
Efflation vgl. Eruktation.
Effloreszenz, Hautblüte • **1)** *Primärformen:* **a) Papel,** Papula*, Nodulus, Nodulus cutaneus*, Hautknötchen, Knötchen; Nodus, Tuberculum, Tuber, Hautknoten, Knoten; Tumor, Tumor cutaneus*, Hautgeschwulst; Phyma, Auswuchs, Knollen. **b) Macula,** Hautfleck, Fleck. **c) Bulla,** Hautblase, Blase; Vesicula, Hautbläschen, Bläschen; Pustel, Pustula*, Eiterbläschen, *groß und borkig:* Rupia, Rhypia. **d) Urtika,** Urtica*, Quaddel. **2)** *Sekundär, formen:* **a) Squama,** Hautschuppe, Schuppe. **b) Crusta,** Hautkruste, Kruste, Hautborke, Borke, Hautschorf, Schorf; Crusta lamellosa, Schuppenkruste. **c) Rhagade,** Rhagas* *(Mehrz.:* Rhagades*), Fissur, Fissura*, Hautriß, Hautschrunde, Schrunde. **d)** Zikatrix, Cicatrix*, Ule, Wundnarbe, Narbe. **e) Hautschwiele:** vgl. *Hyperkeratose* **f) Geschwür:** vgl. *Abszeß.* **g)** vgl. *Abszeß.* – Vgl. auch die Artikel *Exanthem* und *Dermatose.*
Effluvium seminis vgl. Ejakulation.
Effusio haemorrhagica vgl. Hämorrhagie.
Effusio pleuralis vgl. Pleuraerguß.
Effusio sanguinea vgl. Hämorrhagie.
Effusio sanguinis vgl. Hämorrhagie.
Egesta vgl. Exkret.
Ehescheu vgl. Misogamie.
Ei vgl. Gamet.
Eichel vgl. Glans.
Eichelentzündung vgl. Balanitis.
Eicheltripper vgl. Balanitis.
Eier vgl. Genitalien.
Eierkopf vgl. Dyszephalie.
Eierköpfigkeit vgl. Dyszephalie.
Eierstock vgl. Genitalien.
Eierstockschnitt vgl. Sterilisation.
Eifollikel vgl. Graaf-Follikel.
Eigelenk vgl. Junktur.
Eigenblutbehandlung vgl. Umstimmungstherapie.
Eigenbluttherapie vgl. Umstimmungstherapie.
Eigenblutübertragung vgl. Bluttransfusion.
Eihügel vgl. Cumulus oophorus.
Eileiter vgl. Genitalien.
Eileitergekröse vgl. Peritonäum.
Eileiterschwangerschaft vgl. Extrauteringravidität.
Einatmung vgl. Applikation.
Einäugigkeit vgl. Aprosopie.
Einblasung vgl. Applikation.
Einbuchtung vgl. Foramen.
Eindellung vgl. Verletzung.
eineiige Zwillinge vgl. Zwillinge.
Eingang vgl. Foramen.
eingebildete Schwangerschaft vgl. Pseudogravidität.
eingewachsener Nagel vgl. Onychokryptose.
EINGEWEIDE, Viszera, Splanchn[o]- *(nur in Zus.),* Entera *(selten)* • **I.** *in der Bauchhöhle, Eingeweide im engeren Sinne:* **1) Ventriculus,** Gaster *(selten),* Gastr[o]- *(nur in Zus.),* Stomachus, Magen • Ostium Cardiacum [ventriculi], Kardia, Cardia, Cardia ventriculi *(älter),* Mageneingang, Magenmund • Pylorus, Magenausgang, Magenpförtner, Pförtner; Ostium pyloricum. **2) Intestinum,** Darm, Darmkanal, Darmtrakt, Enteron, Gedärm *(volkst.).* **a) Intestinum tenue,** Dünndarm • Duodenum, Intestinum duodenum *(älter),* Zwölffingerdarm • Jejunum, Intestinum jejunum *(älter),* Leerdarm • Ileum, Intestinum ileum *(älter),* Krummdarm. **b) Intestinum crassum,** Dickdarm, Enddarm • Zäkum, Zökum *(Nf.),* Caecum*, Intestinum caecum *(älter),* Typhlon

(selten), Blinddarm • Appendix, Appendix vermiformis*, Processus vermiformis *(älter)*, Epityphlon *(selten)*, Wurmfortsatz, Blinddarm *(volkst., fälschl.)* • Kolon, Colon*, Intestinum colon *(älter)*, Grimmdarm • Rektum, Rectum*, Intestinum rectum *(älter)*, Proktos *(veraltet)*, Mastdarm • *Ausführungsöffnung:* vgl. *Anus*. 3) **Hepar**, Hepat[o]- *(nur in Zus.)*, Jecur *(selten)*, Leber • Vesica fellea, Gallenblase, Galle *(volkst.)*, Cholezyst[o]- *(nur in Zus.)*. 4) **Pankreas**, Pancreas*, Pankreo- *(nur in Zus.)*, Pankreat[o]- *(nur in Zus.)*, Bauchspeicheldrüse. 5) **Lien**, Splen *(selten)*, Milz. 6) **Ren**, Nephr[o]- *(nur in Zus.)*, Niere • Glandula suprarenalis, Epinephron, Corpus suprarenale *(älter)*, Nebenniere. 7) *der Harnbildung u. -ausscheidung dienende E.:* vgl. hierzu den Artikel *Harnorgane*. 8) *weibliche Geschlechtsorgane:* vgl. hierzu den Artikel *Genitalien*. **II.** *Eingeweide im weiteren Sinne:* 1) *im Schädel:* vgl. den Artikel *Cerebrum*. 2) *in der Brusthöhle:* vgl. hierzu im einzelnen die Artikel: *Cor, Pulmo, Trachea, Bronchus, Ösophagus, Thymus*.

Eingeweidebruch: 1) vgl. Enterozele. 2) vgl. Hernie.

Eingeweidenervensystem vgl. Nervensystem.

Eingeweidesenkung vgl. Enteroptose.

Eingießung vgl. Applikation.

Eingriff vgl. Operation.

einheimische Cholera vgl. Cholera.

Einlauf vgl. Klistier.

Einkeilung vgl. Junktur.

Einmündungsstelle vgl. Foramen.

Einnässen vgl. Enurese.

Einpackung vgl. Umschlag.

Einpflanzung vgl. Transplantation.

Einreibung: 1) vgl. Applikation. 2) vgl. Kinesiotherapie.

Einsalbung vgl. Applikation.

Einscheidung vgl. Invagination.

Einschlafmittel vgl. Psychopharmakon.

Einschnitt: 1) vgl. Foramen. 2) vgl. Operation.

Einsenkung vgl. Foramen.

Einspritzung vgl. Applikation.

Einstülpung vgl. Invagination.

Eintagsfieber vgl. Ephemera.

Einträufelung vgl. Applikation.

Einwärtsdreher vgl. Muskel.

Einwärtsschielen vgl. Strabismus.

Einzapfung vgl. Junktur.

Eisenlunge vgl. Pneumokoniose.

Eisenmangelanämie vgl. Anämie.

Eisenstaublunge vgl. Pneumokoniose.

Eisprung vgl. Ovulation.

Eiter vgl. Pus.

eiterableitendes Mittel vgl. Epispastikum.

Eiterbläschen vgl. Effloreszenz.

Eiterflechte vgl. Impetigo.

Eitergeschwür vgl. Abszeß.

Eitergrind vgl. Impetigo.

Eiterherd vgl. Abszeß.

eiterziehendes Mittel vgl. Epispastikum.

eitrige Zellgewebsentzündung vgl. Phlegmone.

Eizelle vgl. Gamet.

Ejaculatio vgl. Ejakulation.

Ejaculatio praecox vgl. Ejakulation.

EJAKULATION, Ejaculatio*, Effluvium seminis *(seltener)*, Samenerguß, Erguß; *vorzeitig:* Ejaculatio praecox, Prospermie; *unwillkürlich im Schlaf:* Pollution; *unwillkürlich, ohne geschlechtliche Erregung:* Spermatorrhö, Samenfluß.

Ekchymose vgl. Hämorrhagie.

Ekg vgl. Elektrokardiogramm.

EKG vgl. Elektrokardiogramm.

Eklipse vgl. Latenzzeit.

Ekstrophie vgl. Dystopie.

EKTASIE, Ectasia*, Ektasis *(ungew.)*, Dilatation, Dilatatio*, [krankhafte] Erweiterung, [krankhafte] Ausbuchtung • 1) *von Gefäßen:* **Angiektasie**, Angiectasia*, Angiektasis, Angiectasis*, Vasodilatation, Gefäßerweiterung, Blutgefäßerweiterung. **a)** *von Arterien:* **Arteriektasie**, Arteriectasia*, Arteriektasis *(ungew.)*, Arteriectasis* *(ungew.)*, Arterienerweiterung, Schlagadererweiterung; *speziell der Aorta:* Aortektasie, Aortectasia*, Aortektasis *(ungew.)*;

umschrieben, begrenzt: Aneurysma, Aortenaneurysma. **b)** *von Venen;* **Phlebektasie,** Phlebectasia*, Venektasie *(ungew.),* Venectasia* *(ungew.),* Phlebektasis *(ungew.),* Venektasis *(ungew.),* Venenerweiterung • *umschrieben, begrenzt:* Varix, Varize, Varicositas *(selten),* Krampfader, Venenknoten; *speziell im Bereich des unteren Mastdarms und Afters:* Hämorrhoide, goldene Ader *(volkst., veraltet)*; *im Bereich der Nabelvenen:* Caput medusae, Cirsomphalus, Medusenhaupt. **c)** *der Haargefäße:* **Kapillarektasie,** Teleangiektasie, Teleangiectasia*, Telangiektasie *(seltener),* Telangiectasia* *(seltener),* Teleangiektasis *(selten),* Telangiektasis *(selten),* Haargefäßerweiterung, Endgefäßerweiterung. **2)** *des Herzens:* **Dilatatio cordis,** Kardiektasie, Cardiectasia*, Kardiektasis *(ungew.),* Herzerweiterung. **3)** *der Luftröhrenäste:* **Bronchiektase,** Bronchiectasis*, Bronchiektasie, Bronchiectasia*, Bronchektasie *(selten),* Bronchoektasie *(ungew.),* Bronchialerweiterung; *der feinsten Verästelungen:* Bronchiolektasie, Bronchiolectasia*, Bronchiolektasis *(ungew.).* **4)** *der Speiseröhre:* **Ösophagektasie,** Oesophagectasia*, Ösophagektasis *(selten),* Speiseröhrenerweiterung. **5)** *des Magens:* **Gastrektasie,** Gastrectasia*, Dilatatio gastrica *(selten),* Magenerweiterung.

Ektasis vgl. Ektasie.

Ekthym vgl. Impetigo.

-ektomie vgl. Operation.

Ektomie vgl. Operation.

Ektoparasit vgl. Parasit.

Ektopie vgl. Dystopie.

Ektoplasma vgl. Protoplasma.

Ektosit vgl. Parasit.

Ektozervixkarzinom vgl. Gebärmutterkrebs.

Ektrodaktylie vgl. Dysmelie.

Ektromelie vgl. Dysmelie.

EKZEM, Eczema*, Dermatitis eczematosa, Juckflechte. – Vgl. auch den Artikel *Dermatose.*

Elaeoma vgl. Oleom.

Elaiom vgl. Oleom.

Elaioma vgl. Oleom.

Eläom vgl. Oleom.

elektrische Verkochung vgl. Kauterisation.

Elektrizitätsbehandlung vgl. Elektrotherapie.

ELEKTROKARDIOGRAMM, EKG *(übliche Abk.),* Ekg *(seltene Abk.),* Kardiogramm *(selten),* Herzstromkurve.

Elektrokaustik vgl. Kauterisation.

Elektrokauterisation vgl. Kauterisation.

Elektrokoagulation vgl. Kauterisation.

Elektropunktur vgl. Kauterisation.

Elektrotherapeutik vgl. Elektrotherapie.

ELEKTROTHERAPIE, Elektrotherapeutik, Elektrizitätsbehandlung, Reizstromtherapie; *speziell mittels Gleichstroms:* Galvanotherapie, Galvanisation, Galvanotherapeutik, Gleichstrombehandlung; *speziell mittels faradischen Stroms:* Faradotherapie, Faradisation, Faradismus *(ungew.)*; *mittels Hochfrequenzstroms:* Diathermie, Diathermotherapie *(ungew.).* – Vgl. auch den Artikel *Physiotherapie.*

Elephantiasis arabica vgl. Filariose.

Elephantiasis Arabum vgl. Filariose.

Elephantiasis filariensis vgl. Filariose.

Elephantiasis filariosa vgl. Filariose.

Elephantiasis graecorum vgl. Lepra.

ELEVATEUR, Augenlidhalter, Lidsperrer, Desmarres-Lidhalter, Desmarres-Lidhaken.

Ellbogen vgl. Cubitus.

Ellenbogen vgl. Cubitus.

Ell[en]bogenhöcker vgl. Cubitus.

Ellipsoidgelenk vgl. Junktur.

Elliptozyten vgl. Blutkörperchen.

Eluatfaktor vgl. Vitamin B_6.

Elytritis vgl. Kolpitis.

Elytroptose vgl. Prolapsus vaginae.

Elytrozele vgl. Prolapsus vaginae.

Emasculatio vgl. Sterilisation.

Emaskulation vgl. Sterilisation.

Embolia vgl. Embolie.

Embolia gaseosa vgl. Embolie.

Embolia grassosa vgl. Embolie.

Embolia pulmonalis vgl. Embolie.

EMBOLIE, Embolia*, Embolismus *(ungew.)*, Gefäßverschluß • *durch einen Thrombus:* **Thromboembolie,** Thromboembolia*, Thrombembolie, Thrombembolismus *(ungew.)* • *durch kleine Luft- oder Gasbläschen:* **Luftembolie,** Embolia gaseosa *(ungew.)*, Aerembolie *(ungew.)*, Aerembolia* *(ungew.)*, Gasembolie • *durch Fetttröpfchen in der Blutbahn:* **Fettembolie,** Embolia grassosa *(ungew.)* • *im Bereich einer Lungenarterie:* **Lungenembolie,** Embolia pulmonalis.

Embolismus vgl. Embolie.

Embryo vgl. Leibesfrucht.

EMBRYOTOMIE, Dissectio fetus, operative Kindszerstückelung • *mit Zerschneidung oder Zertrümmerung des fetalen Schädels:* **Kraniotomie,** Zephalotomie, Kephalotomie *(Nf.)*, Kopfschnitt; Zephalotripsie, Kephalotripsie *(Nf.)*, Zephalothrypsie *(seltener)*, Kephalothrypsie *(Nf., seltener)*, Zephalothlasie *(ungew.)*, Kephalothlasie *(Nf., ungew.)*, Zephaloklasie *(ungew.)*, Kephaloklasie *(Nf., ungew.)*, Kranioklasis *(selten)*, Kranioklastie *(ungew.)*, Kranioklasma *(ungew.)*, Kraniotripsie *(selten)*, Basiotripsie *(selten)*, Perforatio, Perforation *(seltener)*, Schädelzertrümmerung, Schädelzerquetschung • *mit Abtragung des fetalen Kopfes:* **Dekapitation,** Decapitatio*, Dekollation *(selten)*, Derotomie *(ungew.)*, Detrunkation *(ungew.)*, Köpfung • *mit Entleerung der fetalen Brust- und Baucheingeweide:* **Eviszeration,** Evisceratio*, Eventration, Eventratio*, Exenteration, Exenteratio*, Ausweidung • *mit Ausräumung des fetalen Hirns:* **Exzerebration,** Excerebratio*, Enthirnung.

EMBRYOKARDIE, Fetalismus, Rhythmus fetalis *(ungew.)*, Fetalrhythmus, fetaler Herzrhythmus, fetaler Rhythmus, Status embryocardiacus *(ungew.)*; Botallismus.

Emesis vgl. Vomitus.

EMETIKUM, Vomitiv, Vomitivum, Vomitorium, Nauseosum, Brechmittel. – Vgl. aber: *Antemetikum.*

Emmetropie, Normalsichtigkeit, Rechtsichtigkeit.

Empfängnis vgl. Befruchtung.

Empfängnisverhütungsmittel vgl. Präservativ.

Emphysema malignum vgl. Gasödemkrankheit.

Emphysema septicum vgl. Gasödemkrankheit.

emphysematöser Brand vgl. Gasödemkrankheit.

Empfindungsnerven vgl. Nerv.

ENAMELUM*, Substantia adamantina [dentis] *(ältere Bez.)*, Adamantin, Zahnschmelz, Schmelz *(Kurzbez.)*.

Enanthem vgl. Exanthem.

Enanthema vgl. Exanthem.

Enarthrose vgl. Junktur.

Enarthrosis vgl. Junktur.

Encephalitis chronica interstitialis [diffusa] vgl. Metasyphilis.

ENCEPHALITIS EPIDEMICA, Encephalitis lethargica, Economo-Krankheit, Economo-Enzephalitis, A-Enzephalitis, Enzephalitis Typ A, epidemische Enzephalitis, lethargische Enzephalitis, Kopfgrippe, Gehirngrippe, europäische Schlafkrankheit, Encephalomyelitis diffusa *(ungew.)*, Encephalomyelitis subacuta *(ungew.)*, Cruchet-Krankheit *(selten)*, Neuraxitis epidemica *(ungew.)*, lethargisches Syndrom, Nona *(ungew.)*.

Encephalitis lethargica vgl. Encephalitis epidemica.

Encephalomalacia rubra traumatica vgl. Conquassatio cerebri

Encephalomyelitis diffusa vgl. Encephalitis epidemica.

Encephalomyelitis disseminata vgl. multiple Sklerose.

Encephalomyelitis subacuta vgl. Encephalitis epidemica.

Encephalon vgl. Cerebrum.

Encephalorrhagia vgl. Hämorrhagie.

Endaortitis vgl. Aortitis.

Endarteriitis vgl. Arteriopathie.

Endarteritis vgl. Arteriopathie.

Enddarm vgl. Eingeweide.

Enddarmverschluß vgl. Atresia ani.
Endemie vgl. Morbus.
Endgefäßerweiterung vgl. Ektasie.
Endhirn vgl. Cerebrum.
Endocarditis vgl. Karditis.
Endocardium vgl. Endokard.
endogene Toxikose vgl. Intoxikation.
Endognathie vgl. Hyposomie.
ENDOKARD, Endocardium, Herzinnenhaut. – Vgl. auch: *Myokard, Perikard.*
Endokarditis vgl. Karditis.
Endoparasit vgl. Parasit.
Endoplasma vgl. Protoplasma.
Endosit vgl. Parasit.
ENDOSKOPIE, Entoskopie, Ausspiegelung, Spiegelung • *des Rachens:* **Pharyngoskopie,** Rachenspiegelung • *des Kehlkopfs:* **Laryngoskopie,** Kehlkopfspiegelung • *der Luftröhrenäste:* **Bronchoskopie;** Tracheoskopie, Luftröhrenspiegelung • *des Naseninnenraums:* **Rhinoskopie,** Nasenspiegelung • *des Gehörgangs:* **Otoskopie,** Ohrspiegelung • *der Speiseröhre:* **Ösophagoskopie,** Speiseröhrenspiegelung • *des Magens:* **Gastroskopie,** Stomachoskopie *(ungew.),* Magenspiegelung • *des Darms:* **Enteroskopie,** Darmspiegelung; *des Mastdarms:* Rektoskopie, Proktoskopie *(selten),* Mastdarmspiegelung • *der Harnblase:* **Zystoskopie,** Blasenspiegelung • *der Harnröhre:* **Urethroskopie,** Harnröhrenspiegelung • *der Scheide:* **Kolposkopie,** Vaginoskopie, Scheidenspiegelung • *der Gebärmutter:* **Hysteroskopie,** Uteroskopie, Gebärmutterspiegelung • *des Douglas-Raumes:* **Douglasskopie,** Kuldoskopie, Douglasoskopie • *der freien Bauchhöhle, nach operativer Eröffnung:* **Laparoskopie,** Abdominoskopie, Zölioskopie, Bauchhöhlenspiegelung • *der Gallenwege, nach operativer Eröffnung:* **Choledochoskopie,** Gallengangsspiegelung • *der Brustfellhöhle, nach operativer Eröffnung:* **Thorakoskopie,** Pleurahöhlenspiegelung; *im Bereich des Mediastinums:* Mediastinoskopie.
Endost vgl. Periost.
Endosteum vgl. Periost.
Endostitis vgl. Ostitis.
Endothelioma durale vgl. Meningiom.
Enema vgl. Klistier.
Engbrüstigkeit vgl. Angina pectoris.
englische Krankheit vgl. Rachitis.
Engouement vgl. Hyperämie.
Entamoebiasis vgl. Amöbenruhr.
Entbindung vgl. Partus.
Ente vgl. Urinal.
Entera vgl. Eingeweide.
Enteragra vgl. Enteralgie.
Enteralgia vgl. Enteralgie.
ENTERALGIE, Enteralgia*, Enterodynie, Enteragra *(ungew.),* Darmschmerz, Leibschmerzen *(volkst.),* Bauchschmerzen *(volkst.); bes. heftig und ausgeprägt:* Spasmus intestinalis, Enterospasmus, Darmkolik • *bes. im Bereich des Mastdarms:* **Proktalgie,** Proctalgia*, Proktodynie, Proctodynia*, Proktagra *(ungew.),* Rektalgie *(ungew.),* Rectalgia* *(ungew.),* Rektodynie *(ungew.),* Rectodynia* *(ungew.),* Mastdarmschmerz; *bes. heftig:* Proktospasmus, Rektospasmus *(ungew.); mit Stuhldrang verbunden:* Tenesmus rectalis, Mastdarmtenesmus.
ENTERITIS, Enteronitis *(selten),* Inflammatio intestinalis *(ungew.),* Darmentzündung, Darmkatarrh *(volkst.)* • **1)** *bes. im Bereich des Dünndarms:* **Enteritis,** Dünndarmentzündung, Dünndarmkatarrh *(volkst.); mit Beteiligung des Magens:* vgl. hierzu das Stichwort *Gastritis; mit Beteiligung des Dickdarms:* Enterokolitis, Enterocolitis*, Koloenteritis, Coloenteritis*, Dünndarm-Dickdarm-Entzündung; *bes. mit Beteiligung des Blinddarms:* Enterotyphlitis, Typhloenteritis, Typhlenteritis, Dünndarm-Blinddarm-Entzündung • *bes. des oberen Abschnitts:* **Duodenitis,** Zwölffingerdarmentzündung • *bes. des mittleren Abschnitts:* **Jejunitis,** Leerdarmentzündung • *bes. des unteren Abschnitts:* **Ileitis,** Krummdarmentzündung. **2)** *bes. im Bereich des Dickdarms:* **Kolitis,** Colitis, Dickdarm-

entzündung, Dickdarmkatarrh • *bes. des oberen Abschnitts:* **Typhlitis,** Zäkitis *(ungew.)*, Caecitis* *(ungew.)*, Blinddarmentzündung • *bes. des Wurmfortsatzes:* **Appendizitis,** Appendicitis*, Epityphlitis *(selten)*, Wurmfortsatzentzündung, Blinddarmentzündung *(volkst., fälschl.)* • *bes. des untersten Abschnitts:* **Proktitis,** Proctitis*, Rektitis *(ungew.)*, Rectitis* *(ungew.)*, Mastdarmentzündung.

Enteritis gravis [necroticans] vgl. Enteritis necroticans.

Enteritis haemorrhagica vgl. Enteritis necroticans.

ENTERITIS NECROTICANS, Enteritis gravis [necroticans], Enteritis haemorrhagica, Darmbrand, Darmwandbrand, Darmgangrän, Darmwandgangrän.

Enterobiase vgl. Helminthiasis.

Enterobiasis vgl. Helminthiasis.

Enterocolitis vgl. Enteritis.

Enterodynie vgl. Enteralgie.

Enterogastritis vgl. Gastritis.

Enterokolitis vgl. Enteritis.

ENTEROLITH, Calculus intestinalis*, Koprolith, Sterkorolith, Sterkolith, Skatolith *(ungew.)*, Fäkalith *(ungew.)*, Darmstein, Kotstein; Skybala, Schafkot • *größeren Ausmaßes, eine Geschwulst vortäuschend:* **Koprom,** Coproma*, Fäkulom, Faeculoma*, Sterkorom, Stercoroma*, Fäkalom *(selten)*, Faecaloma* *(selten)*, Skatom *(ungew.)*, Scatoma* *(ungew.)*, Kotgeschwulst.

Enteron vgl. Eingeweide.

Enteronitis vgll Enteritis.

Enteroparasit vgl. Parasit.

ENTEROPTOSE, Splanchnoptose, Viszeroptose, Glénard-Krankheit, Eingeweidesenkung, Darmsenkung • *auf einzelne Organe bezogen:* **a)** *auf den Magen:* **Gastroptose,** Descensus ventriculi* *(selten)*, Magensenkung; Gastroenteroptose. **b)** *auf die Leber:* **Hepatoptose,** Hepar mobile*, Lebersenkung, Senkleber, Wanderleber. **c)** *auf die Nieren:* **Nephroptose,** Ren mobilis*, Nierensenkung, Senkniere, Wanderniere. **d)** *auf die Milz:* **Splenoptose,** Milzsenkung; Lien mobilis*, Wandermilz. **e)** *auf den Dickdarm:* **Koloptose,** Dickdarmsenkung. **f)** *auf den Mastdarm bzw. After:* **Rektozele,** Proktozele, Prolapsus recti*, Mastdarmvorfall; Prolapsus ani, Proktozele, Proktoptose *(selten)*, Aftervorfall. **g)** *auf die Gebärmutter:* **Hysteroptose,** Metroptose, Descensus uteri*, Gebärmuttersenkung • Prolapsus uteri; Gebärmuttervorfall. **h)** *auf die Scheide:* vgl. hierüber den Artikel *Prolapsus vaginae.*

Enterorrhagia vgl. Hämorrhagie.

Enterorrhagie vgl. Hämorrhagie.

Enterosit vgl. Parasit.

Enteroskopie vgl. Endoskopie.

Enterospasmus vgl. Enteralgie.

ENTEROSTENOSE, Enterostenosis*, Stenosis intestinalis, Darmstenose, Darmverengung.

Enterostenosis vgl. Enterostenose.

Enterotyphlitis vgl. Enteritis.

Enterotyphus vgl. Typhus abdominalis.

ENTEROZELE, Hernia intestinalis, Eingeweidebruch, Darmbruch, Dünndarmbruch.

Entfieberung vgl. Deferveszenz.

Enthaarungsmittel vgl. Epilatorium.

Enthaltsamkeit vgl. Abstinenz.

Enthirnung vgl. Embryotomie.

Entleerung vgl. Exkretion.

Entmarkungsenzephalomyelitis vgl. multiple Sklerose.

Entmarkungskrankheit vgl. multiple Sklerose.

Entoparasit vgl. Parasit.

Entoskopie vgl. Endoskopie.

entotische Geräusche vgl. Ohrgeräusche.

Entschleußungskrankheit vgl. Caissonkrankheit.

Entwöhnung vgl. Ablaktation.

entzündliche Wirbelsäulenversteifung vgl. Spondylarthritis ankylopoetica.

ENTZÜNDUNG, Inflammation, Inflammatio*, Phlegmasie, Phlegmasia*, Phlogose, Phlogosis, -itis *(charakterisierendes Suffix)*.

Entzündungsfieber vgl. Ephemera.

ENURESE, Enuresis*, Mictio involuntaria, Akonurese *(ungew.)*, Aconuresis* *(ungew.)*, Einnässen, Hosenpissen *(derb, volkst.)*; Enuresis nocturna, Bettnässen, Bettpissen *(derb, volkst.)*.

Enuresis vgl. Enurese.

Enuresis nocturna vgl. Enurese.

Enzephalitis Typ A vgl. Encephalitis epidemica.

Enzephaloarteriogramm vgl. Röntgenogramm.

Enzephaloarteriographie vgl. Röntgenographie.

Enzephalogramm vgl. Röntgenogramm.

Enzephalographie vgl. Röntgenographie.

Enzephalomeningozele vgl. Zephalozele.

Enzephalomyelitis vgl. Myelopathie.

Enzephalon vgl. Cerebrum.

Enzephalorrhagie vgl. Hämorrhagie.

Enzephalozele vgl. Zephalozele.

ENZYM, Ferment, Holoenzym, Holoferment • *wirkungsspezifischer Anteil:* **Koenzym**, Koferment, prosthetische Gruppe • *Trägersubstanz:* **Apoenzym**, Apoferment, Zwischenenzym, Zwischenferment.

Enzymmangel vgl. Anenzymie.

Eonismus vgl. Perversität.

Eosinozyten vgl. Blutkörperchen.

Ephebophilie vgl. Homosexualität.

EPHELIDEN *(Mehrz.)*, Ephelides, Sommersprossen.

Ephelides vgl. Epheliden.

EPHEMERA, Febris catarrhalis, Febris herpetica, Febris ephemera *(ungew.)*, Febricula, Synocha *(veraltet)*, Febris synocha *(veraltet)*, ephemeres Fieber, Eintagsfieber, Entzündungsfieber, Tagesfieber *(veraltet)*.

ephemeres Fieber vgl. Ephemera.

Ephidrose vgl. Transpiration.

Ephidrosis vgl. Transpiration.

Epicardium vgl. Perikard.

Epidemie vgl. Morbus.

epidemische Cholera vgl. Cholera.

epidemische Enzephalitis vgl. Encephalitis epidemica.

epidemische Genickstarre vgl. Meningitis cerebrospinalis epidemica.

epidemische Meningitis vgl. Meningitis cerebrospinalis epidemica.

epidemisches Erythem vgl. Feer-Krankheit.

epidemisches Erythrödem vgl. Feer-Krankheit.

epidemisches Fleckfieber vgl. Fleckfieber.

Epidermatomykose vgl. Dermatomykose.

Epidermidomykose vgl. Dermatomykose.

Epidermidose vgl. Dermatose.

Epidermis vgl. Organa sensuum.

Epidermiszyste vgl. Atherom.

Epidermoidzyste vgl. Atherom.

Epidermomycosis vgl. Dermatomykose.

Epidermomykose vgl. Dermatomykose.

Epidermophytie vgl. Dermatomykose.

Epidermophytose vgl. Dermatomykose.

Epidermose vgl. Dermatose.

Epidermosis vgl. Dermatose.

Epididymis vgl. Genitalien.

epidurales Hämatom vgl. Hämorrhagie.

Epigastrium vgl. Abdomen.

Epiglottis vgl. Larynx.

Epikard vgl. Perikard.

Epikrise vgl. Differentialdiagnose.

EPILATORIUM, Depilatorium, Enthaarungsmittel, Haarentfernungsmittel.

Epilepsia vgl. Epilepsie.

Epilepsia convulsiva vgl. Epilepsie.

Epilepsia gravior vgl. Epilepsie.

Epilepsia major vgl. Epilepsie.

Epilepsia minor vgl. Epilepsie.

Epilepsia mitior vgl. Epilepsie.

EPILEPSIA NUTANS, Spasmus nutans, Salaamkrämpfe, Nickkrampf, Grußkrampf *(selten)*, Spasmus salutatorius *(ungew.)*, Blitz-Nick-Salaamkrämpfe, BNS-Krämpfe, Blitzkrämpfe, maligne Kleinkindkrämpfe.

EPILEPSIE, Epilepsia*, Morbus sacer, Morbus caducus *(selten)*, Fallsucht • **a)** *heftige, akute Form:* **Epilepsia major**, Epilepsia gravior *(ungew.)*, Epilepsia convulsiva *(selten)*,

Grand mal, Haut mal, großer Krampfanfall; *mit starker Häufung der Anfälle:* Status epilepticus. **b)** *leichtere Form mit kurzdauernder Bewußtseinstrübung:* **Epilepsia minor,** Epilepsia mitior *(ungew.)*, Petit mal, kleiner Krampfanfall, Absence, epileptische Absence, Denkpause *(selten)*.

epileptische Absence vgl. Epilepsie.

Epinephron vgl. Eingeweide.

Epipharynx vgl. Pharynx.

EPIPHORA, Dakryorrhö, Dacryorrhoea*, Hyperdakryose *(ungew.)*, Hyperdacryosis* *(ungew.)*, Rhyas *(selten)*, Tränenfluß, Tränenträufeln.

Epiphyse vgl. Corpus pineale.

Epiphysis cerebri vgl. Corpus pineale.

Epiplo- vgl. Peritonäum.

Epiploon vgl. Peritonäum.

Epiploon colicum vgl. Peritonäum.

Epiploon gastrocolicum vgl. Peritonäum.

Epiploon gastrohepaticum vgl. Peritonäum.

Epiploon majus vgl. Peritonäum.

Epiploon minus vgl. Peritonäum.

EPIPLOZELE, Hernia epiploica, Hernia omentalis, Netzbruch.

Epispadia vgl. Fissura urethrae.

Epispadie vgl. Fissura urethrae.

EPISPASTIKUM, Zugmittel, Hautreizmittel • *bes. mit hyperämisierender Wirkung:* Rubefaziens, Irritans, hautrötendes Mittel • *mit Blasenbildung:* Vesikans, Vesikatorium *(seltener)*, blasenziehendes Mittel • *im Sinne einer Ableitung des Blutstroms von entzündeten Organen zur Körperoberfläche hin:* Derivans, Derivativum *(seltener)*, Revulsivum *(selten)*, Revellens *(ungew.)*, ableitendes Mittel • *den Abfluß von Eiter nach außen fördernd:* Suppurans, Suppurativum *(seltener)*, eiterableitendes Mittel, eiterziehendes Mittel.

Epistaxis vgl. Hämorrhagie.

Epithel vgl. Gewebe.

Epitheliom: 1) vgl. Krebs. **2)** vgl. Hautkrebs.

Epithelioma vgl. Krebs.

Epithelioma malignum vgl. Hautkrebs.

Epithelium vgl. Gewebe.

epitheloidzellige Graunlomatose vgl. Besnier-Boeck-Schaumann-Krankheit.

Epithelschutzvitamin vgl. Vitamin A.

Epithema vgl. Umschlag.

Epityphlitis vgl. Enteritis.

Epityphlon vgl. Eingeweide.

Epoophoron vgl. Genitalien.

Equinie vgl. Malleus.

Equinismus vgl. Fußdeformität.

Equinovarus vgl. Fußdeformität.

Equinus vgl. Fußdeformität.

Erbgrind vgl. Favus.

Erbkrankheit vgl. Morbus.

Erb-Landouzy-Krankheit, Erb-Landouzy-Syndrom vgl. Myatrophie.

erbliche Schüttellähmung vgl. Paralysis agitans.

Erblindung vgl. Amaurose.

Erbrechen vgl. Vomitus.

Erdbeerpocken vgl. Frambösie.

Erdeessen vgl. Pikazismus.

Erectio penis vgl. Erektion.

EREKTION, Erigierung, Erectio penis*, Gliedversteifung, Versteifung • *krankhaft anhaltend:* Priapismus.

Erektor vgl. Muskel.

Erethie vgl. Erethismus.

erethischer Habitus vgl. Erethismus.

ERETHISMUS, Erethie, Hypererethismus, erethischer Habitus, krankhafte Erregbarkeit, krankhafte Reizbarkeit.

Ereuthophobie vgl. Chromatophobie.

Erfrierung vgl. Congelatio.

Ergotismus, Mutterkornvergiftung, Kribbelkrankheit.

Ergrauen der Haare vgl. Canities.

Erguß: 1) vgl. Ejakulation. **2)** vgl. Hämorrhagie.

erhöhte Temperatur vgl. Fieber.

Erinnerungsfälschung vgl. Dysmnesie.

Erigierung vgl. Erektion.

Erinnerungslücke vgl. Dysmnesie.

Erinnerungstäuschung vgl. Dysmnesie.

Erkältungskatarrh vgl. Rhinitis.

Erkrankung vgl. Morbus.

Erkrankung des Zahnhalteapparates vgl. Parodontopathie.

Ernährungsstörung: 1) vgl. Dystrophie. **2)** vgl. Dyspepsie.

Erntekrätze vgl. Akariase.
Eröffnung vgl. Operation.
EROTOMANIE, Hypersexualismus *(ungew.)*, Hypererosie *(selten)*, Liebeszwang, Liebessucht; *in Form gesteigerter Sexuallust:* Hyperaphrodisie, Aphrodisie, Hyperhedonie, Salazität, Salacitas*, Geilheit • **a)** *auf seiten des Mannes:* **Satyriasis,** Gynäkomanie, Weibstollheit *(ungew.)*. **b)** *auf seiten der Frau:* **Nymphomanie,** Hysteromanie, Metromanie *(selten)*, Ovariomanie *(selten)*, Andromanie, Mannstollheit.
ERRHINUM, Nasenmittel, Schnupfmittel; Ptarmikum, Sternutatorium, Niesmittel.
Ersatzbefriedigung vgl. Narzißmus.
Ersatzglied vgl. Prothese.
Erschütterung vgl. Verletzung.
erschwerte Harnentleerung vgl. Ischurie.
erster (I.) Hirnnerv vgl. Organa sensuum.
Erstgebärende vgl. Gravida.
Erstickung vgl. Asphyxie.
Eructatio vgl. Eruktation.
ERUKTATION, Eructatio*, Ruktation, Ructatio*, Ruktus, Ructus*, Efflation, Efflatio*, Aufstoßen, Rülpsen *(salopp)*, Rülpser *(salopp)*, *beim Baby oder scherzh.:* Bäuerchen • *in Verbindung mit überschüssiger Magensäure:* saures Aufstoßen, Oxyrygmie *(ungew.)*, Oxyerygmie *(ungew.)*.
Eruptio cutanea vgl. Exanthem.
Eruption vgl. Exanthem.
Erwartungsangst vgl. Phobie.
Erweichung vgl. Malazie.
Erweiterer vgl. Muskel.
erweiternder Muskel vgl. Muskel.
Erweiterung vgl. Ektasie.
ERYSIPEL, Erysipelas*, Wundrose, Rose; Rotlauf *(selten)*. – Vgl. auch: *Dermatose.*
Erysipelas vgl. Erysipel.
Erythema autumnale vgl. Akariase.
Erythema caloricum vgl. Dermatitis calorica.
Erythema epidemicum vgl. Feer-Krankheit.
Erythema intertrigo vgl. Intertrigo.
Erythema solare vgl. Dermatitis calorica.
Erythrämie vgl. Polyzythämie.
ERYTHRASMA, Zwergflechte, Zwergpilzflechte, Von-Baerensprung-Krankheit *(ungew.)*. – Vgl. auch: *Dermatose.*
Erythridrose vgl. Transpiration.
Erythroblasten vgl. Blutkörperchen.
Erythrochloropie vgl. Farbenblindheit.
Erythrocytosis vgl. Polyzythämie.
Erythrödem vgl. Feer-Krankheit.
Erythroedema vgl. Feer-Krankheit.
Erythroedema epidemica vgl. Feer-Krankheit.
Erythrogonien vgl. Blutkörperchen.
Erythrohidrose vgl. Transpiration.
ERYTHROMANIE, Erythrophobie *(häufiger)*, Angst vor dem Erröten. – Vgl. auch den Artikel *Phobie.*
Erythromyzin vgl. Chemotherapeutikum.
Erythrophobie: 1) vgl. Erythromanie. **2)** vgl. Chromatophobie.
Erythrozyten vgl. Blutkörperchen.
Erythrozytose vgl. Polyzythämie.
Esophorie vgl. Stabismus.
essentielle Granulopenie vgl. Agranulozytose.
essentielle Granulozytopenie vgl. Agranulozytose.
essentielle hypochrome Anämie vgl. Anämie.
Eßzwang vgl. Anankasmus.
Ethmoiditis vgl. Sinusitis.
Eumenorrhö vgl. Menstruation.
Eunuchoidismus vgl. Hyposomie.
Euphorikum vgl. Psychopharmakon.
europäischer Typhus vgl. Fleckfieber.
europäische Schlafkrankheit vgl. Encephalitis epidemica.
europäisches Fleckfieber vgl. Fleckfieber.
Eustachitis vgl. Otitis.
Evacuatio vgl. Exkretion.
Evakuans vgl. Abführmittel.
Evakuation vgl. Exkretion.
Eventratio: 1) vgl. Hernia abdominalis. **2)** vgl. Embryotomie.
Eventration: 1) vgl. Hernia abdominalis. **2)** vgl. Embryotomie.

Eversio vgl. Dystopie.
Eversion vgl. Dystopie.
Evidement vgl. Kürettage.
Evisceratio vgl. Embryotomie.
Eviszeration vgl. Embryotomie.
EXANTHEM, Exanthema*, Eruption, Eruptio cutanea*, Hautausschlag, Ausschlag *(volkst., Kurzbez.)*; *an Schleimhäuten:* Enanthem, Enanthema*. – Vgl. auch die Artikel *Effloreszenz* und *Dermatose.*
Exanthema vgl. Exanthem.
EXANTHEMA SUBITUM, Dreitagefieber, sechste Krankheit, Roseola infantum *(selten)*, kritisches Dreitagefieberexanthem.
Exarticulatio vgl. Operation.
Exartikulation vgl. Operation.
EXAZERBATION, Depravation *(selten)*, Deterioration *(ungew.)*, Verschlechterung, Verschlimmerung • *nach vorübergehender Besserung:* **Rekrudeszenz,** Relaps, Rezidiv, Rückfall, Reaktivierung, Wiederaufflakkern.
Excerebratio vgl. Embryotomie.
Excisio vgl. Operation.
Excoriatio vgl. Verletzung.
Excrementum vgl. Exkret.
Excretio vgl. Exkretion.
Exkretum vgl. Exkret.
Exenteratio vgl. Embryotomie.
Exenteration vgl. Embryotomie.
Exhibitionismus vgl. Perversität.
Exkoriation vgl. Verletzung.
Exkrement vgl. Exkret.
Exkrementophilie vgl. Perversität.
EXKRET, Excretum*, Egesta *(nur Mehrz.)*, Dejecta *(nur Mehrz., selten)*, Dejektion *(ungew.)*, Dejectio*, Körperausscheidung, Ausscheidung; *bes. auf Kot oder Harn bezogen:* Exkrement, Excrementum* • **a)** *auf die Ausscheidungen durch den Darm bzw. After bezogen:* **Fäzes,** Faeces*, Fäkalien *(nur Mehrz.)*, Sterkus, Kopr[o]- *(nur in Zus.)*, Kot, Stuhl, Stuhlgang *(selten)*. **b)** *auf die Ausscheidungen durch die Nieren und den Harnapparat bezogen:* **Urin,** Urina*, Ur[o]- *(nur in Zus.)*, Harn, Wasser *(verh.)*. **c)** *auf die Ausscheidungen durch die Schweißdrüsen bezogen:* **Sudor,** Hidr[o]- *(nur in Zus.)*, Hidros- *(nur in Zus.)*, Schweiß. – Vgl. auch den Artikel *Exkretion.*
EXKRETION, Excretio*, Ausscheidung; *bes. auf Stuhl oder Harn bezogen:* Dejektion, Dejectio*, Depletion *(selten)*, Depletio*, Evakuation *(selten)*, Evacuatio*, Entleerung • **a)** *auf den Stuhl bezogen:* **Defäkation,** Defaecatio*, Stuhlentleerung, Stuhlgang. **b)** *auf den Harn bezogen:* **Diurese,** Diuresis*, Urese, Miktion, Mictio*, Urinatio *(ungew.)*, Urinieren, -urie *(nur in Zus.)*, Harnausscheidung, Harnen, Wasserlassen. **c)** *auf den Schweiß bezogen:* vgl. hierzu den Artikel *Transpiration.* **d)** vgl. den Artikel *Vomitus.* – Vgl. auch den Artikel *Exkret.*
exogene Toxikose vgl. Intoxikation.
Exophorie vgl. Strabismus.
Exophthalmie vgl. Exophthalmus.
EXOPHTHALMUS, Exophthalmie, Protrusio bulbi, Exorbitis *(ungew.)*, Exorbitismus *(ungew.)*, Glotzauge. – Vgl. auch die Artikel *Hydrophthalmus* und *Hyperthyreoidie.*
Exorbitis vgl. Exophthalmus.
Exorbitismus vgl. Exophthalmus.
EXPEKTORANS, Expektorantium, Broncholytikum, Solvens, Sekretomotorikum *(selten)*, Sekretolytikum *(selten)*, schleimlösendes Mittel, auswurfförderndes Mittel • *zugleich gegen den Husten:* **Antitussivum,** hustenstillendes Mittel, Hustenmittel *(volkst.)*.
Expektorantium vgl. Expektorans.
Expektoration vgl. Sputum.
Explantation vgl. Transplantation.
Exsanguinationstransfusion vgl. Bluttransfusion.
Exsanguinotransfusion vgl. Bluttransfusion.
exspiratorische Dyspnoe vgl. Dyspnoe.
Exstirpatio vgl. Operation.
Exstirpation vgl. Operation.
Extensor vgl. Muskel.
extradurales Hämatom vgl. Hämorrhagie.
Extrasystole vgl. Arrhythmie.

Extrasystolie vgl. Arrhythmie.
extrasystolische Arrhythmie vgl. Arrhythmie.
EXTRAUTERINGRAVIDITÄT, Graviditas extrauterina* • **a)** *mit Entwicklung der Frucht in der Bauchhöhle:* **Abdominalgravidität**, Graviditas abdominalis*, Bauchhöhlenschwangerschaft. **b)** *mit Entwicklung des Fetus im Eileiter:* **Tubargravidität**, Graviditas tubarica*, Tubenschwangerschaft, Eileiterschwangerschaft. **c)** *mit Entwicklung des Fetus im Eierstock:* **Ovarialgravidität**, Graviditas ovarica*. – Vgl. auch den Artikel *Gravidität*.
Extravasation vgl. Hämorrhagie.
Extremitas inferior corporis vgl. Membra corporis.
Extremitas pelvina vgl. Membra corporis.
Extremitas superior corporis vgl. Membra corporis.
Extremitas thoracica vgl. Membra corporis.
Extremitäten vgl. Membra corporis.
Extremitates [corporis] vgl. Membra corporis.
Extrinsic factor vgl. Vitamin B_{12}.
Exulceratio vgl. Ulzeration.
Exulzeration vgl. Ulzeration.
Exzerebration vgl. Embryotomie.
Exzeß vgl. Abusus.
Exzision vgl. Operation.
Exzitans vgl. Stimulans.
Exzitantium vgl. Stimulans.

F

Fabismus vgl. Lebensmittelvergiftung.
Facharzt vgl. Arzt.
Facharzt für innere Krankheiten vgl. Arzt.
FACIES, Prosop[o]- *(nur in Zus.)*, -prosopie *(nur in Zus.)*, Gesicht.
Facies sardonica vgl. Risus sardonicus.
Facies tetanica vgl. Risus sardonicus.
fadenförmiger Puls vgl. Puls.
Fadenwurmerkrankung vgl. Filariose.
Fadenwurmkrankheit vgl. Helminthiasis.
Faecaloma vgl. Enterolith.
Faeces vgl. Exkret.
Faeculoma vgl. Enterolith.
Fahrkrankheit vgl. Kinetose.
Fäkalien vgl. Exkret.
Fäkalith vgl. Enterolith.
Fäkalom vgl. Enterolith.
Fäkulom vgl. Enterolith.
Fallsucht vgl. Epilepsie.
Faltenhaut vgl. Chalodermie.
Fames bovina vgl. Akorie.
Fames canina vgl. Akorie.
Fames lupina vgl. Akorie.
Faradisation vgl. Elektrotherapie.
Faradismus vgl. Elektrotherapie.
Faradotherapie vgl. Elektrotherapie.
Farbangst vgl. Chromatophobie.
FARBENBLINDHEIT, Chromatodysopsie, Chromatodysopsia*, Dyschromatopsie, Dyschromasie *(selten)*, Daltonismus • *totale F.:* **Achromatopsie**, Achromatopsia*, Monochromatopsie, Achromasie, Monochromasie, Zapfenblindheit • *partielle F.:* **Dichromasie**, Dichromatopsie, Dyschromatopsie • **a)** *für Rot:* **Protanopsie**, Anerythropsie, Anerythroblepsie *(ungewöhnlich)*, Rotblindheit. **b)** *für Grün:* **Deuter[o]anopie**, Achloropsie, Grünblindheit. **c)** *für Violett:* **Tritanopie**, Azyanopsie, Azyanoblepsie, Violettblindheit, Blaublindheit. **d)** *für Rot und Grün (bei 4 Grundfarben):* **Xanthozyanopie**, Rotgrünblindheit. **e)** *für Blau und Gelb (bei 4 Grundfarben):* **Erythrochloropie**, Blaugelbblindheit. – Vgl. auch den Artikel *Sehstörung*.
Farbensehen vgl. Chromatopsie.
Farbigsehen vgl. Chromatopsie.
Farbscheu vgl. Chromatophobie.

Fasciculus anterolateralis superficialis vgl. Tractus spinocerebellaris anterior.
Fasciculus cerebellospinalis vgl. Tractus spinocerebellaris anterior.
Fasciculus opticus vgl. Organa sensuum.
Faßbein vgl. Genu varum.
Fauces vgl. Pharynx.
Faulbrand vgl. Nekrose.
Faulecke vgl. Stomatitis.
fauler Brand vgl. Nekrose.
Fäulnis vgl. Putreszenz.
Fäulnisbrand vgl. Nekrose.
Faulwinkel vgl. Stomatitis.
Favismus vgl. Lebensmittelvergiftung.
FAVUS, Porrigo favosa, Porrigo lupinosa *(ungew.)*, Porrigo scutulata *(ungew.)*, Porrigo porrigophyta *(ungew.)*, Tinea favosa, Dermatomycosis favosa *(ungew.)*, Trichomycosis favosa *(ungew.)*, St.-Aignon-Krankheit *(ungew.)*, Erbgrind, Kopfgrind. – Vgl. auch: *Dermatose*.
Fäzes vgl. Exkret.
Febricula vgl. Ephemera.
Febrifaziens vgl. Pyretikum.
Febrifikans vgl. Pyretikum.
Febrifikum vgl. Pyretikum.
Febrifugum vgl. Antipyretikum.
Febris vgl. Fieber.
Febris algida vgl. Malaria.
Febris biliosa vgl. Malaria.
Febris castrensis [epidemica] vgl. Fleckfieber.
Febris catarrhalis vgl. Ephemera.
Febris enterica vgl. Typhus abdominalis.
Febris ephemera vgl. Ephemera.
Febris glandularis vgl. infektiöse Mononukleose.
Febris herpetica vgl. Ephemera.
Febris intermittens vgl. Fieber.
Febris limnaemica vgl. Malaria.
Febris maculosa vgl. Fleckfieber.
Febris maligna pestilens vgl. Fleckfieber.
Febris mediterranea vgl. Brucellose.
Febris melitensis vgl. Brucellose.
Febris miliaris vgl. Miliaria.
Febris nervosa vgl. Typhus abdominalis.
Febris nosocomialis vgl. Fleckfieber.
Febris paludica vgl. Malaria.
Febris paludosa vgl. Malaria.
Febris palustris vgl. Malaria.
Febris pestilentialis vgl. Fleckfieber.
Febris petechialis vgl. Fleckfieber.
Febris quartana vgl. Malaria.
Febris recurrens vgl. Rückfallfieber.
Febris remittens vgl. Fieber.
Febris rubra vgl. Scharlach.
Febris synocha vgl. Epbemera.
Febris tertiana vgl. Malaria.
Febris tropica vgl. Malaria.
Febris typhoidea vgl. Typhus abdominalis.
Febris typhoides vgl. Typhus abdominalis.
Febris undulans vgl. Fieber.
Febris undulans abortus Bang vgl. Brucellose.
Febris undulans Bang vgl. Brucellose.
Febris undulans bovina vgl. Brucellose.
Febris undulans caprina vgl. Brucellose.
Febris undulans melitensis vgl. Brucellose.
Febris undulans suis [Traum] vgl. Brucellose.
Febris undulans Traum vgl. Brucellose.
Febris urticata vgl. Urtikaria.
Febrizid vgl. Antipyretikum.
Febrizidum vgl. Antipyretikum.
Fecundatio vgl. Befruchtung.
FEER-KRANKHEIT, Swift-Krankheit, Swift-Feer-Krankheit, Selter-Feer-Krankheit, Selter-Swift-Feer-Krankheit, Feer-Neurose, Feer-Syndrom, Selter-Swift-Feer-Syndrom, Akrodynie, Acrodynia*, kindliche Akrodynie, Akrodynie des Kleinkindes, Erythrödem, Erythroedema*, epidemisches Erythrödem, Erythroedema epidemicum, Dermatopolyneuritis, Trophodermatoneurose, Pink-disease, Erythema epidemicum, epidemisches Erythem, Pedionalgia epidemica *(ungew.)*, Polyneuropathie *(ungew.)*, Chomel-Krankheit *(ungew.)*, vegetative Neurose des Kleinkindes, vegetative Neuropathie des Kleinkindes.
Feer-Neurose vgl. Feer-Krankheit.
Feer-Syndrom vgl. Feer-Krankheit.

Fehlen der Brustdrüsen vgl. Amastie.
Fehlen der Hoden vgl. Anorchie.
fehlende Speichelsekretion vgl. Oligosialie.
Fehlgeburt vgl. Abort.
Fehllagerung vgl. Dystopie.
Fehlregulation vgl. Dysfunktion.
Fehlsichtigkeit vgl. Ametropie.
Fehlsteuerung vgl. Dysfunktion.
Feigwarze vgl. Verruca.
Fekundation vgl. Befruchtung.
FEL, Bilis, Chole- *(nur in Zus.)*, Chol- *(nur in Zus.)*, Cholo- *(nur in Zus.)*, Galle, Gallenflüssigkeit • *aus der Gallenblase frisch geschlachteter Rinder:* **Fel tauri,** Fel bovis, Bilis bovina, Ochsengalle, Rindergalle.
Fel bovis vgl. Fel.
Feldtyphus vgl. Fleckfieber.
Fellare vgl. Koitus.
Fellatio vgl. Koitus.
Fel tauri vgl. Fel.
Feminilismus vgl. Hermaphroditismus.
Feminisation vgl. Hermaphroditismus.
Feminisierung vgl. Hermaphroditismus.
Feminismus vgl. Hermaphroditismus.
Femur vgl. Membra corporis.
Ferment vgl. Enzym.
Fermentation vgl. Putreszenz.
Fermentmangel vgl. Anenzymie.
Ferro-Luzzi-Krankheit vgl. Fleckfieber.
Fersenbein vgl. Ossa tarsi.
Fertilisation vgl. Befruchtung.
Fertilitätsvitamin vgl. Vitamin E.
feste Knochenverbindung vgl. Junktur.
fetaler Herzrhythmus vgl. Embryokardie.
fetaler Rhythmus vgl. Embryokardie.
Fetalismus vgl. Embryokardie.
Fetalrhythmus vgl. Embryokardie.
Fetischismus vgl. Perversität.
Fettbruch vgl. Lipozele.
Fettembolie vgl. Embolie.
Fettgeschwulst vgl. Lipom.
Fettgewebe vgl. Gewebe.
Fettgewebsbruch vgl. Lipozele.
Fettgewebsgeschwulst vgl. Lipom.
Fettherz vgl. Adipositas.
Fettleber vgl. Adipositas.
Fettleibigkeit vgl. Adipositas.
Fettsteiß vgl. Adipositas.
Fettsucht vgl. Adipositas.
Fetus vgl. Leibesfrucht.
feuchter Brand vgl. Nekrose.
Feuchtwarze vgl. Verruca.
Feuergürtel vgl. Herpes zoster.
Feuermal vgl. Hämangiom.
Fibrillatio auricularis vgl. Arrhythmie.
Fibrillatio cardiaca vgl. Arrhythmie.
Fibrillatio ventricularis vgl. Arrythmie.
fibrinöse Pneumonie vgl. Pneumonie.
Fibro- vgl. Gewebe.
Fibrocartilago interarticularis vgl. Discus articularis.
Fibrocartilago intervertebralis vgl. Discus articularis.
Fibrolipom[a] vgl. Lipom.
Fibrosarcoma vgl. Krebs.
Fibrosarkom vgl. Krebs.
FIBULA, Perone *(ungew.)*, Canna minor *(veraltet)*, Wadenbein. – **Vgl.** auch: *Tibia.*
FIEBER, Febris*, Status febrilis, Pyrexie *(selten)*; *leicht:* subfebrile Temperatur, erhöhte Temperatur, Temperatur *(volkst.)*; *stark:* Hyperthermie, Hyperpyrexie, hohes Fieber; *schwankend:* Febris intermittens; Febris remittens; Febris undulans; *negativ, stark unter dem Normalwert der Körpertemperatur:* Hypothermie, Untertemperatur, Kollapstemperatur.
Fieberabfall vgl. Deferveszenz.
Fieberbläschen vgl. Herpes.
fiebererzeugendes Mittel vgl. Pyretikum.
fiebersenkendes Mittel vgl. Antipyretikum.
Fiebersturz vgl. Deferveszenz.
Fiebertherapie vgl. Thermotherapie.
Fièvre jaune vgl. Gelbfieber.
Filamentum sexuale vgl. Gamet.
Fila olfactoria vgl. Organa sensuum.
Filariase vgl. Filariose.
Filariasis vgl. Filariose.
FILARIOSE, Filariosis*, Filariasis, Filariase, Elephantiasis Arabum *(ungew.)*, Elephantiasis arabica *(ungew.)*, Elephantiasis filariensis *(ungew.)*, Elephantiasis filariosa *(un-*

gew.), Fadenwurmerkrankung • *durch Fadenwürmer der Gattung Dracunculus medinensis verursacht:* **Drakunkulose,** Dracunculosis*, Drakunkuliasis *(ungew.)*, Drakontiasis *(seltener)* • *durch Onchocercaarten verursacht:* **Onchozerkose,** Onchocercosis*, Onchozerkiasis *(ungew.)* • *durch die afrikanische Wanderfilarie Loa-Loa verursacht:* **Loaiasis,** Loa-Loa, Loa-Infektion, Kalabarbeule, Calabarbeule *(Nf.)*, Kamerunbeule.

Filariosis vgl. Filariose.

Filatow-Dukes-Krankheit vgl. Rubeola scarlatinosa.

Filatow-Krankheit vgl. Rubeola scarlatinosa.

Filzläuse vgl. Pedikulose.

Finger vgl. Digitus.

Fingerablösung vgl. Daktylolyse.

Fingerabschnürung vgl. Daktylolyse.

Fingergicht vgl. Arthritis urica.

Fingernagel vgl. Unguis.

Fingerverschmelzung vgl. Syndaktylie.

Fingerverwachsung vgl. Syndaktylie.

Finnenausschlag vgl. Akne.

Fischhaut vgl. Ichthyose.

Fischmaulschnitt vgl. Hechtmaulschnitt.

Fischschuppenkrankheit vgl. Ichthyose.

Fischvergiftung vgl. Lebensmittelvergiftung.

Fissur vgl. Effloreszenz.

Fissura vgl. Effloreszenz.

Fissura buccalis congenita vgl. Prosoposchisis.

FISSURA URETHRAE, Fissura urethralis *(selten)*, Harnröhrenspalte • **a)** *mit Mündung an der Penisoberseite:* **Epispadie,** Epispadia*, Hyperspadie, Fissura urethrae superior, obere Harnröhrenspalte. **b)** *mit Mündung an der Penisunterseite (bzw. in die Scheide) oder im Bereich des Damms:* **Hypospadie,** Hypospadia*, Fissura urethrae inferior, untere Harnröhrenspalte.

Fissura urethrae inferior vgl. Fissura urethrae.

Fissura urethrae superior vgl. Fissura urethrae.

Fissura urethralis vgl. Fissura urethrae.

Fixatio vgl. Operation.

Fixation vgl. Operation.

Fixativ vgl. Antikörper.

Fixator vgl. Antikörper.

flaches Gelenk vgl. Junktur.

Flachkopf vgl. Dyszephalie.

Flachköpfigkeit vgl. Dyszephalie.

Flachschädel vgl. Dyszephalie.

Flagellantismus vgl. Perversität.

Flagellomanie vgl. Perversität.

Flajani-Krankheit vgl. Hyperthyreoidie.

Flasche vgl. Urinal.

Flatulenz vgl. Meteorismus.

Flatus, Darmwind, Blähung, Furz *(derb)*. – Vgl. auch: *Meteorismus.*

FLATUS VAGINALIS, Garrulitas vulvae, Vaginalwind.

Flaumhaar vgl. Pili.

Flechsig-Bahn vgl. Tractus spinocerebellaris anterior.

Flechsig-Bündel vgl. Tractus spinocerebellaris anterior.

Flechtengürtel vgl. Herpes zoster.

Fleischvergiftung vgl. Lebensmittelvergiftung.

Fleck vgl. Effloreszenz.

FLECKFIEBER, epidemisches Fleckfieber, klassisches Fleckfieber, Flecktyphus, europäisches Fleckfieber, europäischer Typhus, Typhus exanthematicus, Typhus epidemicus, Typhus classicus *(ungew.)*, Typhus petechialis, Febris petechialis, Petechialfieber, Petechialtyphus, Läusefleckfieber, Läusetyphus, Kriegstyphus, Hungertyphus, Feldtyphus, Febris castrensis [epidemica], Lagertyphus, Lagerfieber, Camp-fever *(ungew.)*, Febris nosocomialis *(selten)*, Hospitalfieber, Hospital-fever *(ungew.)*, Febris pestilentialis *(ungew.)*, Febris maligna pestilens *(ungew.)*, Kriegsfieber *(selten)*, War-fever *(ungew.)*, Febris maculosa *(ungew.)*, Typhus carcerorum *(ungew.)*, Gefangenentyphus, Gefangenenfieber, Morbus hungaricus *(ungew.)*, ungarische Krankheit *(ungew.)*, Ferro-Luzzi-Krankheit, Shipfever *(ungew.)*, Jail-fever *(ungew.)*.

Flecktyphus vgl. Fleckfieber.

Flexionslage vgl. Kindslage.

Flexner-Dysenterie vgl. Bakterienruhr.
Flexor vgl. Muskel.
fliegende Mücken vgl. Mouches volantes.
FLOCCILEGIUM, Krozidismus, Crocidismus, Flokzilation *(ungew.)*, Karphologie *(ungew.)*, Flockenlesen.
Flokzilation vgl. Floccilegium.
Flockenlesen vgl. Floccilegium.
Flugzeugkrankheit vgl. Kinetose.
FLUOR, Fluor vaginalis* *(selten)*, Ausfluß • **Fluor albus,** Leukorrhö, Weißfluß; *verstärkt:* Leukorrhagie.
Fluor albus vgl. Fluor.
Fluor vaginalis vgl. Fluor.
Fluxio vgl. Hyperämie.
Fluxion vgl. Hyperämie.
Focus vgl. Abszeß.
FOETOR EX ORE, Foetor oris *(seltener)*, Halitose, Halitosis, Fötor *(Kurzbez., Medizinerjargon)*, Kakostomie *(selten)*, Bromopnoe *(ungew.)*, übler Mundgeruch, Mundgeruch *(volkst.)*.
Foetor oris vgl. Foetor ex ore.
Föhnempfindlichkeit vgl. Zyklonose.
Föhnkrankheit vgl. Zyklonose.
Fokus vgl. Abszeß.
Folliculi oophori vesiculosi vgl. Graaf-Follikel.
Folliculi ovarici vesiculosi vgl. Graaf-Follikel.
Folliculi ovarii vesiculosi vgl. Graaf-Follikel.
Folliculi ovigeri vesiculosi vgl. Graaf-Follikel.
Folliculitis vgl. Follikulitis.
Folliculitis barbae vgl. Follikulitis.
Folliculitis decalvans vgl. Follikulitis.
Folliculus pili vgl. Pili.
Follikelsprung vgl. Ovulation.
FOLLIKULITIS, Folliculitis*, Adenotrichie *(ungew.)*, Haarbalgentzündung, Haartaschenentzündung • *durch Staphylokokken bewirkte tiefgreifende Form im Bereich des Kinns und Gesichts:* **Folliculitis barbae,** Sykose *(älter)*, Sycosis* *(älter, Kurzbez.)*, Sycosis barbae* *(älter)*, Sycosis coccogenes *(veraltet)*, Sycosis coccogenica *(veraltet)*, Sycosis simplex *(veraltet)*, Sycosis vulgaris *(veraltet)*, Acne mentagra *(selten)*, Mentagra *(Kurzbez., selten)*, Bartflechte, Kinnflechte • *bes. im Bereich der behaarten Kopfhaut, mit Haarausfall:* **Folliculitis decalvans,** Acne decalvans, Quinquaud-Krankheit. – Vgl. auch: *Dermatose.*
Follmann-Krankheit vgl. Balanitis.
Fomentation vgl. Umschlag.
Fomentum vgl. Umschlag.
FORAMEN, Loch, Lücke, Öffnung • **Fossa,** Fovea, Grube, Vertiefung; *kleiner:* Fossula, Foveola, kleine Grube, Grübchen • **Apertur,** Apertura*, Ostium, Orificium, Os *(veraltet)*, Öffnung, Eingang, Mündung, Einmündungsstelle • **Impression,** Impressio*, Depression, Depressio*, Inzisur, Incisura*, Krypte, Crypta*, Recessus, Lakune, Lacuna*, Einbuchtung, Einschnitt, Einsenkung, Vertiefung, Ausbuchtung, Mulde, Lücke • **Rima,** Spalt, Ritze • **Sulcus,** Furche, Rinne, Rille.
Fortpflanzungsorgane vgl. Genitalien.
fortschreitende Paralyse [der Irren] vgl. Metasyphilis.
Fossa vgl. Foramen.
Fossa axillaris vgl. Axilla.
Fossa jugularis vgl. Jugulum.
Fossula vgl. Foramen.
Fötor vgl. Foetor ex ore.
Fovea vgl. Foramen.
Foveola vgl. Foramen.
Fractura vgl. Verletzung.
Fragilitas crinium vgl. Trichoptilose.
Fragilitas unguium vgl. Onychorrhexis.
Fraktur vgl. Verletzung.
Framboesia tropica vgl. Frambösie.
FRAMBÖSIE, Framboesia tropica*, Granuloma tropicum, Pian, Bubas *(Mehrz.)* Yaws *(Mehrz.)*, Parangi *(selten)*, Tonga *(ungew.)*, Polypapillom *(ungew.)*, Polypapillomatropicale *(ungew.)*, Himbeerkrankheit, Himbeerseuche, Erdbeerpocken, Beerenseuche *(selten)*.
Francis-Krankheit vgl. Tularämie.
Franzosenkrankheit vgl. Geschlechtskrankheiten.
Frauenarzt vgl. Arzt.
Frauenheilkunde vgl. Medizin.

frei bewegliches Gelenk vgl. Junktur.
freier Antikörper vgl. Antikörper.
freier Gelenkkörper vgl. Arthrolith.
freies Gelenk vgl. Junktur.
Frei-Krankheit vgl. Geschlechtskrankheiten.
fressendes Geschwür vgl. Abszeß.
Freßgier vgl. Akorie.
Freßlust vgl. Akorie.
Freßsucht vgl. Akorie.
Freßzellen vgl. Blutkörperchen.
Frieselausschlag vgl. Miliaria.
Frieselfieber vgl. Miliaria.
Frieseln vgl. Miliaria.
Frigidität vgl. Impotenz.
Frigotherapie vgl. Kryotherapie.
Friktion vgl. Kinesiotherapie.
Friktionismus vgl. Perversität.
FRONS, Metopo- *(nur in Zus.)*, Metop- *(nur in Zus.)*, Stirn.
Frontotomie vgl. Leukotomie.
Froschbauch vgl. Aszites.
Froschmaulschnitt vgl. Hechtmaulschnitt.
Frostbeulen vgl. Congelatio.
Frostschaden vgl. Congelatio.
Frottage vgl. Perversität.
Frucht vgl. Leibesfrucht.
Fruchtschmiere vgl. Vernix.
Frühgeburt vgl. Partus.
Frühsymptom vgl. Symptom.
Fugue vgl. Dromomanie.
Functio laesa vgl. Dysfunktion.
Fungistatikum vgl. Chemotherapeutikum.
Fungizid vgl. Chemotherapeutikum.
Funiculitis vgl. Funikulitis.
FUNICULUS SPERMATICUS, Chorda spermatica *(veraltet)*, Samenstrang.
FUNICULUS UMBILICALIS, Chorda umbilicalis *(veraltet)*, Nabelstrang, Nabelschnur.
FUNIKULITIS, Funiculitis*, Spermatitis, Chorditis *(ungew.)*, Samenstrangentzündung; Deferentitis, Samenleiterentzündung.
FUNKTIONELLE ALBUMINURIE, intermittierende Albuminurie, Albuminuria intermittens*, paroxysmale Albuminurie *(ungew.)*, gutartige Albuminurie, transitorische Albuminurie, physiologische Albuminurie • *bes. bei Jugendlichen mit Haltungsschwächen auftretend:* **Adoleszentenalbuminurie,** orthostatische Albuminurie, orthotische Albuminurie, juvenile Albuminurie, lordotische Albuminurie, zyklische Albuminurie, Albuminuria cyclica*, Albuminuria recurrens *(ungew.)*, posturale Albuminurie *(selten)*, hypostatische Albuminurie *(ungew.)*, Pavy-Krankheit.
funktionelle Angina pectoris vgl. Kardiothymie.
funktionelle Herzbeschwerden vgl. Kardiothymie.
funktionelle Stenokardie vgl. Kardiothymie.
Funktionsschwäche vgl. Dysfunktion.
Funktionsstörung vgl. Dysfunktion.
Furche vgl. Foramen.
Furunculus vgl. Abszeß.
Furunkel vgl. Abszeß.
Furz vgl. Flatus.
Fuß vgl. Membra corporis.
Fußdeformierung vgl. Fußdeformität.
FUSSDEFORMITÄT, Fußdeformierung, Deformatio pedis* • **1)** *mit Abflachung des Quer- und Längsgewölbes:* **Pes planus,** Platypodie, Plattfuß, Plattfüßigkeit, Senkfuß; *mit gleichzeitiger Verbreiterung des Vorfußes:* Pes transversoplanus, Spreizfuß, Platt-Spreiz-Fuß. **2)** *mit abnorm hohem Längsgewölbe:* **Pes excavatus,** Pes cavus, Pes arcuatus, Hohlfuß; *mit gleichzeitiger Ausbildung eines Spitzfußes:* Pes equinocavus, Hohl-Spitz-Fuß. **3)** *mit Fixierung des Fußes in Plantarflexion:* **Pes equinus,** Talipes equinus *(ungew.)*, Equinus *(übliche Kurzbez.)*, Strephopodie *(ungew.)*, Equinismus *(ungew.)*, Spitzfuß, Pferdefuß; *mit gleichzeitiger Ausbildung eines Klumpfußes:* Pes equinovarus, Equinovarus *(übliche Kurzbez.)*, Spitz-Klump-Fuß. **4)** *mit Abknickung der Ferse nach außen:* **Pes valgus,** Pes abductus, Pes pronatus *(ungew.)*, Talipes valgus *(ungew.)*, Strephexopodie *(ungew.)*, Knickfuß. **5)**

mit gleichzeitigem Vorhandensein einer Adduktion des Vorfußes und einer Plantarflexion des Mittelfußes bei nach innen gedrehter Fußsohle: **Pes varus,** Talipes, Talipes varus, Strephenopodie *(ungew.)*, Klumpfuß, Teufelsfuß. **6)** *mit Fixierung des Vorfußes in Dorsalflexion:* **Pes calcaneus,** Talipes calcaneus *(ungew.)*, Hackenfuß; *mit gleichzeitiger Ausbildung eines Knickfußes:* Pes calcaneovalgus, Knick-Hacken-Fuß.

Fußgicht vgl. Arthritis urica.

Fußlage vgl. Kindslage.

Fußsohle vgl. Planta pedis.

Fußwurzelknochen vgl. Ossa tarsi.

G

Gallenblasenerkrankung vgl. Cholezystopathie.

Gallenblasenkonkrement vgl. Cholelith.

Gallenblasenleiden vgl. Cholezystopathie.

Gallenerkrankung vgl. Cholezystopathie.

Gallenflüssigkeit vgl. Fel.

Gallengangspiegelung vgl. Endoskopie.

Gallengangsstein vgl. Cholelith.

Gallenkolik vgl. Cholezystopathie.

Gallenkonkrement vgl. Cholelith.

Gallenstein vgl. Cholelith.

Gallensteinerkrankung vgl. Cholezystopathie.

Gallensteinkolik vgl. Cholezystopathie.

Gallensteinleiden vgl. Cholezystopathie.

Gallertkern vgl. Discus articularis.

galletreibendes Mittel vgl. Cholagogum.

galliger Aszites vgl. Cholaskos.

Galvanisation vgl. Elektrotherapie.

Galvanokaustik vgl. Kauterisation.

Galvanokauterisation vgl. Kauterisation.

Galvanokoagulation vgl. Kauterisation.

Galvanotherapeutik vgl. Elektrotherapie.

Galvanotherapie vgl. Elektrotherapie.

Gamasidiose vgl. Akariase.

Gamasidiosis vgl. Akariase.

Gamasoidose vgl. Akariase.

Gamasoidosis vgl. Akariase.

GÄHNEN, Hiation *(ungew.)*, Pandikulation *(ungew.)* • *krankhaft gehäuft:* **Chasma,** Chasmus *(seltener)*, Oscedo, Oszedo *(eindeutschend)*, Oscitatio, Oszitation *(eindeutschend)*, Gähnkrampf, Gähnsucht.

Gähnkrampf vgl. Gähnen.

Gähnsucht vgl. Gähnen.

GALAKTAGOGUM, Laktagogum, Galaktikum *(ungew.)*, milchtreibendes Mittel; *die Milchsekretion anregend:* Galaktopoietikum.

Galaktikum vgl. Galaktagogum.

Galaktopoietikum vgl. Galaktagogum.

Galen-Krankheit vgl. Nekrose.

Galle: 1) vgl. Fel. **2)** vgl. Eingeweide.

Galleerbrechen vgl. Vomitus.

Gallenblase vgl. Eingeweide.

Gallenblasenentzündung vgl. Cholezystopathie.

GAMET, Keimzelle, Geschlechtszelle; *Vorstufe:* Gametozyt • **a)** *männliche:* **Spermium,** Spermatozoon, Spermatozoid *(ungew.)*, Spermatosom *(ungew.)*, Zoosperm *(ungew.)*, Filamentum sexuale *(ungew.)*, Samenzelle, Samenfaden, Samentierchen *(selten)*, männliche Keimzelle • *Vorstufen:* Spermatogonie, Spermiogonie, Ursamenzelle; Spermatid; Spermatozyt, Spermiozyt. **b)** *weibliche:* **Ovum,** Ovulum, Oo- *(nur in Zus.)*, Eizelle, Ei, weibliche Keimzelle; *Vorstufen:* Oogonium, Ovogonium *(selten)*, Urei, Ureizelle; Oozyt, Oozyte, Ovozyt *(selten)*, Ovozyte *(selten)*; *befruchtet:* Kyem.

Gametozyt vgl. Gamet.

Gamophobie vgl. Misogamie.

Gang vgl. Ductus.

Ganglienblocker vgl. Psychopharmakon.
Ganglionitis posterior acuta vgl. Herpes zoster.
Ganglioplegikum vgl. Psychopharmakon.
Gangraena vgl. Nekrose.
Gangraena emphysematosa vgl. Gasödemkrankheit.
Gangraena gaseosa vgl. Gasödemkrankheit.
Gangraena humida vgl. Nekrose.
Gangraena mephitica vgl. Gasödemkrankheit.
Gangraena nosocomialis vgl. Gasödemkrankheit.
Gangraena sicca vgl. Nekrose.
Gangrän vgl. Nekrose.
Gangstörung vgl. Dysbasie.
Gänsehaut vgl. Cutis anserina.
Garrulitas vulvae vgl. Flatus vaginalis.
Gasbauch vgl. Meteorismus.
Gasbrand vgl. Gasödemkrankheit.
Gasbrust vgl. Pneumothorax.
Gasembolie vgl. Embolie.
Gasgangrän vgl. Gasödemkrankheit.
Gasödem vgl. Gasödemkrankheit.
Gasödemerkrankung vgl. Gasödemkrankheit.
GASÖDEMKRANKHEIT, Gasödemerkrankung, Gasödem, Gangraena emphysematosa, Gangraena gaseosa *(selten)*, Gangraena mephitica *(ungew.)*, Gasgangrän, Gasbrand, Rauschbrand, Gasphlegmone, malignes Ödem *(älter)*, Oedema malignum *(älter)*, emphysematöser Brand, Emphysema malignum, malignes Emphysem *(veraltet)*, Emphysema septicum *(veraltet)*, Gangraena nosocomialis, Nosokomialgangrän, Hospitalbrand. – Vgl. auch den Artikel *Gangrän.*
Gasphlegmone vgl. Gasödemkrankheit.
Gaster vgl. Eingeweide.
Gastradenitis vgl. Gastritis.
Gastralgia vgl. Gastralgie.
GASTRALGIE, Gastralgia*, Gastrodynie, Stomachalgie *(selten)*, Stomachodynie *(selten)*, Magenschmerz, Magenschmerzen; *im Bereich der Mageneingangsmuskulatur:* Kardialgie, Cardialgia*; *im Bereich des Pförtners:* Pyloralgie, Pylorodynie *(ungew.)* • *mit Verkrampfung der Muskulatur:* **Gastrospasmus**, Magenkrampf, Magensteifung; *im Bereich der Mageneingangsmuskulatur:* Kardiospasmus; *im Bereich des Pförtners:* Pylorospasmus.
Gastrectasia vgl. Ektasie.
Gastrektasie vgl. Ektasie.
GASTRITIS, Magenschleimhautentzündung, Magenkatarrh; *der Magendrüsen:* Gastroadenitis, Gastradenitis, Magendrüsenentzündung • *in Verbindung mit einer Entzündung des Zwölffingerdarms:* **Gastroduodenitis** • *in Verbindung mit einer Entzündung des Dünndarms:* **Gastroenteritis**, Enterogastritis, Magen-Darm-Entzündung; *mit Beteiligung des Dickdarms:* Gastroenterokolitis • *in Verbindung mit einer Entzündung des Dickdarms:* **Gastrokolitis.**
Gastr[o]- vgl. Eingeweide.
Gastroadenitis vgl. Gastritis.
Gastroduodenitis vgl. Gastritis.
Gastrodynie vgl. Gastralgie.
Gastroenteritis vgl. Gastritis.
Gastroenteritis aphthosa indica vgl. Sprue.
Gastroenterokolitis vgl. Gastritis.
Gastroenterologe vgl. Arzt.
Gastroenterologie vgl. Medizin.
Gastroenteroptose vgl. Enteroptose.
Gastrokolitis vgl. Gastritis.
Gastroptose vgl. Enteroptose.
Gastrorrhagia vgl. Hämorrhagie.
Gastrorrhagie vgl. Hämorrhagie.
Gastroskopie vgl. Endoskopie.
Gastrospasmus vgl. Gastralgie.
Gaumen vgl. Palatum.
Gaumenmandel vgl. Tonsille.
Gaumensegel vgl. Palatum.
Gaumenspalte vgl. Prosoposchisis.
Gaumenzäpfchen vgl. Uvula.
Gebärmutter vgl. Genitalien.
Gebärmutterausdampfung vgl. Atmokausis.
Gebärmutterausschabung vgl. Kürettage.

Gebärmutterauskratzung vgl. Kürettage.
Gebärmutterblutung vgl. Hämorrhagie.
Gebärmutterhalskarzinom vgl. Gebärmutterkrebs.
Gebärmutterhalskrebs vgl. Gebärmutterkrebs.
Gebärmutterkarzinom vgl. Gebärmutterkrebs.
Gebärmutterkörperkrebs vgl. Gebärmutterkrebs.
GEBÄRMUTTERKREBS, Gebärmutterkarzinom, Carcinoma uteri, Uteruskarzinom • *am Gebärmutterhals lokalisiert:* **Kollumkarzinom**, Carcinoma colli uteri; Zervixkarzinom, Carcinoma cervicis uteri, Portiokarzinom, Ektozervixkarzinom *(selten)*, Muttermundkarzinom, Muttermundkrebs, Gebärmutterhalskrebs, Gebärmutterhalskarzinom; Portiokarzinom • *am Mittelstück der Gebärmutter lokalisiert:* **Korpuskarzinom**, Carcinoma corporis uteri, Gebärmutterkörperkrebs. – Vgl. auch: *Krebs*.
Gebärmuttersenkung vgl. Enteroptose.
Gebärmutterspiegelung vgl. Endoskopie.
Gebärmutterverschluß vgl. Gynatresie.
Gebärmuttervorfall vgl. Enteroptose.
Gebiß: 1) vgl. Dens. **2)** vgl. Prothese.
Gebrechlichkeit vgl. Infirmität.
Geburt vgl. Partus.
Geburtshelferin vgl. Hebamme.
GEBURTSHILFE, Obstetrik, Tokologie, Ars obstetricia.
Geburtslage vgl. Kindslage.
Geburtswehen vgl. Dolor.
Gedächtnisillusion vgl. Dysmnesie.
Gedächtnislücke vgl. Dysmnesie.
Gedächtnisschwund vgl. Dysmnesie.
Gedächtnisstörung vgl. Dysmnesie.
Gedächtnisverlust vgl. Dysmnesie.
Gedärm vgl. Eingeweide.
Gee-Herter-Heubner-Krankheit vgl. Zöliakie.
Gee-Herter-Krankheit vgl. Zöliakie.
Gee-Krankheit vgl. Zöliakie.
Gefangenenfieber vgl. Fleckfieber.
Gefangenentyphus vgl. Fleckfieber.
Gefäßerweiterung vgl. Ektasie.
Gefäßmal vgl. Hämangiom.
Gefäßstamm vgl. Blutgefäß.
Gefäßverschluß vgl. Embolie.
Gefräßigkeit vgl. Akorie.
Gefrierbehandlung vgl. Kryotherapie.
Gefühlskälte vgl. Impotenz.
Gegengift vgl. Antidot.
Gegenmittel vgl. Antidot.
Gehirn vgl. Cerebrum.
Gehirnanhang vgl. Hypophyse.
Gehirnanhangsdrüse vgl. Hypophyse.
Gehirnblutung vgl. Hämorrhagie.
Gehirnerweichung vgl. Metasyphilis.
Gehirngrippe vgl. Encephalitis epidemica.
Gehirnhautentzündung vgl. Meningitis.
Gehirnquetschung vgl. Conquassatio cerebri.
Gehirnrinde vgl. Cortex cerebri.
Gehirnsand vgl. Azervulus.
Gehirnschlag vgl. Apoplexia cerebri.
Gehörorgan vgl. Organa sensuum.
Gehörsand vgl. Statokonie.
Gehörshalluzination vgl. Dysakusis.
Gehörstaub vgl. Statokonie.
Gehörstörung vgl. Dysakusis.
Gehstörung vgl. Dysbasie.
Gehunfähigkeit vgl. Dysbasie.
Geilheit vgl. Erotomanie.
Geistesabwesenheit vgl. Bewußtseinsstörung.
Geistesschwäche vgl. Oligophrenie.
GELASMA, Gelasmus *(ungew.)*, Lachkrampf, verkrampftes Lachen, Lachzwang, krampfhaftes Lachen, Risus hystericus, hysterisches Lachen. – Vgl. aber: *Gelolepsie* unter dem Stichwort *Kataplexie*.
Gelasmus vgl. Gelasma.
GELBFIEBER, Ochropyra *(seltener)*, Typhus icteroides *(ungew.)*, schwarzes Erbrechen, Yellow fever *(selten)*, Fièvre jaune *(ungew.)*.
Gelbsehen vgl. Chromatopsie.
Gelenk vgl. Junktur.
Gelenkfortsatz vgl. Condylus.
Gelenkgicht vgl. Arthritis urica.
Gelenkhöcker vgl. Condylus.
Gelenkknorren vgl. Condylus.
Gelenkkopf vgl. Condylus.
Gelenkköpfchen vgl. Condylus.

Gelenkmaus vgl. Arthrolith.
Gelenkscheibe vgl. Discus articularis.
Gelenkschmerz vgl. Arthralgie.
Gelenkschmiere vgl. Synovia.
Gelenksperre vgl. Ankylose.
Gelenksteife vgl. Ankylose.
Gelenkverödung vgl. Ankylose.
Gelenkversteifung vgl. Ankylose.
Gelenkwassersucht vgl. Hydarthrose.
Gelolepsia vgl. Kataplexie.
Gelolepsie vgl. Kataplexie.
Geloplegie vgl. Kataplexie.
Gelotolepsie vgl. Kataplexie.
Gelotripsie vgl. Kinesiotherapie.
Gemächt vgl. Genitalien.
Gemelli vgl. Zwillinge.
Gemini vgl. Zwillinge.
Gemini aequales vgl. Zwillinge.
Gemini biovulares vgl. Zwillinge.
Gemini conjuncti vgl. Zwillinge.
Gemini dicygotici vgl. Zwillinge.
Gemini encygotici vgl. Zwillinge.
Gemini inaequales vgl. Zwillinge.
Gemini monovulares vgl. Zwillinge.
Gemini uniovulares vgl. Zwillinge.
Gena vgl. Bucca.
Generationsorgane vgl. Genitalien.
Genesungsheim vgl. Klinik.
Genickstarre vgl. Meningitis cerebrospinalis epidemica.
Genio- vgl. Mentum.

GENITALIEN, Organa genitalia*, Geschlechtsorgane, Begattungsorgane, Zeugungsorgane, Fortpflanzungsorgane, Generationsorgane *(selten)*, Sexualorgane; Pudenda, Schamteile • **1)** *männliche:* **Organa genitalia masculina***, Organa genitalia virilia *(älter)*. **a) Penis***, Membrum virile, Membrum *(Kurzf.)*, Phallus, männliches Glied, Glied, Geschlechtsteil *(volkst.)*, Gemächt *(volkst.)*, Schwanz *(vulgär)*, Pimmel *(vulgär)*. **b) Testis***, Testiculus, Testikel, Orchis, Didymus *(selten)*, Hoden, Eier *(vulgär)* • Skrotum, Scrotum*, Hodensack, Sack *(vulgär)* • Epididymis*, Parorchis *(ungew.)*, Nebenhoden. **c) Ductus deferens**, Vas deferens *(seltener)*, Spermiodukt *(ungew.)*, Spermidukt *(ungew.)*, Samenleiter; Ductus ejaculatorius. **d) Prostata***, Vorsteherdrüse. **2)** *weibliche:* **Organa genitalia feminina***, Organa genitalia muliebria *(älter)*. **a) Vulva**, Pudendum femininum*, Pudendum muliebre *(älter)*, Cunnus *(selten)*, weibliche Scham • Labien, Labia, Schamlippen; Labia minora pudendi *(Einz.:* Labium minus pudendi*), Nymphae *(Einz.:* Nympha), kleine Schamlippen; Labia majora pudendi *(Einz.:* Labium majus pudendi*), große Schamlippen • Rima pudendi*, Schamspalte • Vestibulum vaginae*, Vestibulum *(Kurzf.)*, Scheidenvorhof, Vorhof • Klitoris, Clitoris*, Penis muliebris *(ungew.)*, Kitzler. **b) Vagina***, Scheide, Kolpo- *(nur in Zus.)*. • Introitus vaginae*, Scheideneingang. **c) Uterus***, Gebärmutter, Hyster[o]- *(nur in Zus.)*, Metr[o]- *(nur in Zus.)*. **d) Ovarium***, Oophoron, Eierstock • Epoophoron*, Parovarium, Nebeneierstock. **e) Tuba uterina***, Tuba *(Kurzf.)*, Tube *(Kurzf.)*, Salpinx, Ovidukt, Eileiter.

GENU, Gon- *(nur in Zus.)*, Gono- *(nur in Zus., selten)*, Gony- *(nur in Zus., selten)*, Knie • **Articulatio genus**, Kniegelenk, Knie *(Kurzbez.)* • **Patella**, Rotula *(veraltet)*, Kniescheibe • **Poples**, Kniekehle, Kniebeuge.

genuine Anämie vgl. perniziöse Anämie.
genuine Paralyse vgl. Paralysis agitans.
genuine Pneumonie vgl. Pneumonie.

GENU VALGUM, X-Bein, Bäckerbein, Schlosserbein, Knickbein.

GENU VARUM, O-Bein, Säbelbein, Faßbein.

Geophagie vgl. Pikazismus.
Geophagismus vgl. Pikazismus.
Geotragie vgl. Pikazismus.
Gephyrophobie vgl. Topophobie.
Geradlage vgl. Kindslage.
Geriatrie vgl. Medizin.
Germizid vgl. Chemotherapeutikum.
Geromorphismus vgl. Senilität.
geronnenes Blut vgl. Blut.
Gerontologe vgl. Arzt.
Gerontologie vgl. Medizin.

Gerontophilie vgl. Perversität.
Gerstenkorn vgl. Blepharadenitis.
Geruchshalluzination vgl. Dysosmie.
Geruchsorgan vgl. Organa sensuum.
Geruchstäuschung vgl. Dysosmie.
Gesäß vgl. Nates.
Gesäßbacken vgl. Nates.
Gesäßfalte vgl. Crena ani.
GESCHLECHTSKRANKHEITEN, venerische Krankheiten • **1) Syphilis**, Syph *(saloppe Kurzbez.)*, S. *(verhüllende Abk.)*, Lues venerea* *(selten)*, Lues, L. *(verhüllende Abk.)*, Morbus gallicus *(selten)*, Schaudinn-Krankheit, Franzosenkrankheit, Lustseuche *(geh.)* • *erstes Stadium:* Primäraffekt, Ulcus durum*, Ulcus syphiliticum, harter Schanker. – Vgl. auch den Artikel *Metasyphilis*. **2) Gonorrhö**, Gonorrhoea*, Go. *(verhüllende Abk.)*, Tripper, Neisser-Krankheit *(selten)*, Kavaliersschnupfen *(bildungsspr., salopp)* • Gonoblennorrhö, Gonoblennorrhoea*, Ophthalmoblennorrhö, Blennorrhagie, Blennorrhagia*, Blennorrhö *(selten)*, Augentripper. **3) Ulcus molle [venereum]***, Ulcus simplex *(selten)*, venerisches Geschwür, weicher Schanker. **4) Lymphogranuloma inguinale***, Lymphogranuloma venereum *(ungew.)*, Lymphopathia venerea *(selten)*, Poradenitis nostras *(ungew.)*, Poradenitis inguinalis subacuta *(selten)*, Lymphomatosis inguinalis suppurativa subacuta, Nicolas-Favre-Krankheit, Nicolas-Durand-Favre-Krankheit, Frei-Krankheit *(ungew.)*, klimatischer Bubo *(selten)*, vierte Geschlechtskrankheit.
Geschlechtsorgane vgl. Genitalien.
Geschlechtsteil vgl. Genitalien.
Geschlechtstrieb vgl. Libido.
Geschlechtsverkehr vgl. Koitus.
Geschlechtsverlangen vgl. Libido.
Geschlechtszelle vgl. Gamet.
Geschmackshalluzination vgl. Dysgeusie.
Geschmacksknospe vgl. Organa sensuum.
Geschmacksorgan vgl. Organa sensuum.
Geschmackspapillen vgl. Organa sensuum.
Geschmackstäuschung vgl. Dysgeusie.
Geschmacksverlust vgl. Dysgeusie.
Geschwür vgl. Abszeß.
Geschwürbildung vgl. Ulzeration.
geschwüriger Zerfall vgl. Ulzeration.
Gesicht vgl. Facies.
Gesichtsbrand vgl. Noma.
Gesichtslage vgl. Kindslage.
Gesichtsmißbildung vgl. Aprosopie.
Gesichtsorgan vgl. Organa sensuum.
Gesichtsspalte vgl. Prosoposchisis.
gespannter Puls vgl. Puls.
Gestatio vgl. Gravidität.
Gestation vgl. Gravidität.
Gestationstoxikose vgl. Gestose.
gestörtes Zellwachstum vgl. Heterogenese.
GESTOSE, Gestationstoxikose, Schwangerschaftstoxikose. – Vgl. auch den Artikel *Intoxikation*.
GEWEBE, Histo- *(nur in Zus.)*, Hist- *(nur in Zus.)*, Histio- *(nur in Zus.)*; Textur, Tela, Gewebsschicht, Gewebsblatt • **1)** *oberste Zellschicht, Oberflächengewebe:* **Epithel**, Epithelium*, Deckgewebe. **2)** *mit Stützfunktion und Bindefunktion:* **Stützgewebe**; *die Körperorgane umhüllend und verbindend:* Bindegewebe, Fibro- *(nur in Zus.)*; *aus Fettzellen bestehend:* Fettgewebe; *aus Knorpelzellen bestehend, durch starke Druck- und Biegungselastizität charakterisiert:* Cartilago, Chondro- *(nur in Zus.)*, Chondri- *(nur in Zus.)*, Chondr- *(nur in Zus.)*, Knorpelgewebe, Knorpel; *aus Knochenzellen bestehend:* Knochengewebe. **3)** *aus kontraktilen Muskelfasern, Bewegungen ermöglichend:* **Muskelgewebe. 4)** *der Erregungsleitung dienend:* **Nervengewebe.**
Gewebsauspflanzung vgl. Transplantation.
Gewebsblatt vgl. Gewebe.
Gewebseinpflanzung vgl. Transplantation.
Gewebsrückverpflanzung vgl. Transplantation.
Gewebsschicht vgl. Gewebe.

Gewebstod vgl. Nekrose.
Gewebsverpflanzung vgl. Transplantation.
Gewebswassersucht vgl. Ödem.
Gewebswiedereinpflanzung vgl. Transplantation.
gewerbliche Dermatose vgl. Dermatose.
gewöhnliche Warze vgl. Verruca.
Gewöhnung vgl. Sucht.
Gibbositas vgl. Wirbelsäulenverkrümmung.
Gibbosität vgl. Wirbelsäulenverkrümmung.
Gibbus vgl. Wirbelsäulenverkrümmung.
Gibert-Krankheit vgl. Pityriasis rosea.
Gibert-Pityriasis vgl. Pityriasis rosea.
Gibraltarfieber vgl. Brucellose.
Gicht vgl. Arthritis urica.
Gichtarthritis vgl. Arthritis urica.
Giemen vgl. Rasselgeräusch.
GIFT, Giftstoff, Toxikum, Venenum, Toxo- *(nur in Zus.)*, Tox- *(nur in Zus.)*, Toxi- *(nur in Zus.)*, Io- *(nur in Zus.)* • *auf giftige Sekrete von Pflanzen, Tieren oder Bakterien bezogen:* **Toxin**, Toxoprotein; *pflanzlich:* Phytotoxin, Pflanzengift; *tierisch:* Zootoxin, tierisches Gift; *bakteriell:* Bakteriotoxin, Bakteriengift.
Giftgegenmittel vgl. Antidot.
Giftstoff vgl. Gift.
Gigantismus vgl. Hypersomie.
Gigantoblasten vgl. Blutkörperchen.
Gigantosomie vgl. Hypersomie.
Gigantozyten vgl. Blutkörperchen.
Gigli-Operation vgl. Symphyseotomie.
GINGIVA, Ulo- *(nur in Zus.)*, Ul- *(nur in Zus.)*, Zahnfleisch.
Gingivitis vgl. Stomatitis.
Gingivorrhagie vgl. Hämorrhagie.
Ginglymus vgl. Junktur.
GLABELLA, Metopion, Mesophryon, Stirnglatze, Glätzchen, Stirnglätzchen.
GLANDULA, Adeno- *(nur in Zus.)*, Aden- *(nur in Abl. und Zus.)*, Drüse.
Glandula mammaria vgl. Mamma.
Glandula pinealis vgl. Corpus pineale.
Glandula pituitaria vgl. Hypophyse.
Glandula suprarenalis vgl. Eingeweide.
GLANDULA THYREOIDEA, Thyreoidea *(übliche Kurzbez.)*, Glandula thyroidea *(neuere Form)*, Thyroidea *(Kurzbez.)*, Schilddrüse.
Glandula thyroidea vgl. Glandula thyreoidea.
GLANS *(übliche Kurzbez.)*, Glans penis*, Balano- *(nur in Zus.)*, Eichel; *des Kitzlers:* Glans clitoridis.
Glans clitoridis vgl. Glans.
Glans penis vgl. Glans.
Glanzhaut vgl. Lioderma.
Glätzchen vgl. Glabella.
Glatze vgl. Atrichie.
Glatzenbildung vgl. Atrichie.
Glatzkopf vgl. Atrichie.
Glaucoma vgl. Glaukom.
Glaucoma infantile vgl. Hydrophthalmus.
GLAUKOM, Glaucoma*, grüner Star.
gleichgeschlechtliche Liebe vgl. Homosexualität.
Gleichgewichtssteinchen vgl. Statokonie.
Gleichgewichtsstörung vgl. Vertigo.
Gleichstrombehandlung vgl. Elektrotherapie.
Gleitmittel vgl. Abführmittel.
Glénard-Krankheit vgl. Enteroptose.
Glied vgl. Genitalien.
Gliedabsetzung vgl. Operation.
Gliedabtragung vgl. Operation.
Gliedmaßen vgl. Membra corporis.
Gliedmaßenmißbildung vgl. Dysmelie.
Gliedversteifung vgl. Erektion.
Glioma periphericum vgl. Neurinom.
Glisson-Krankheit vgl. Rachitis.
Globalsyndrom vgl. Globussyndrom.
Globus vgl. Globussyndrom.
Globusgefühl vgl. Globussyndrom.
Globus hystericus vgl. Globussyndrom.
Globus pharyngis vgl. Globussyndrom.
GLOBUSSYNDROM, Globusgefühl, Globus hystericus, Globus pharyngis, Globalsyndrom *(selten)*, Globus *(Kurzbez.)*, Kloß im Hals.
Glomerulitis vgl. Nephritis.
Glomerulonephritis vgl. Nephritis.
Glossa vgl. Organa sensuum.
Glossophytia vgl. Lingua nigra.
Glossophytie vgl. Lingua nigra.

GLOSSOSCHISIS, Schizoglossie, Schistoglossie *(ungew.)*, Lingua bifida, Diastematoglossie. Spaltzunge.

Glossozele vgl. Makroglossie.

Glossy skin vgl. Lioderma.

Glottis vgl. Larynx.

Glotzauge vgl. Exophthalmus.

Glotzaugenkrankheit vgl. Hyperthyreoidie.

Glukosurie vgl. Glykosurie.

GLYKOSURIE, Glukosurie, Hyperglykosurie *(selten)*, Hyperglukosurie *(selten)*, Meliturie.

Gnath- vgl. Kiefer.

Gnatho- vgl. Kiefer.

Gnathopalatoschisis vgl. Prosoposchisis.

Gnathoschisis vgl. Prosoposchisis.

Go. vgl. Geschlechtskrankheiten.

goldene Ader vgl. Ektasie.

Goldhaut vgl. Chrysoderma.

Gomphose vgl. Junktur.

Gomphosis vgl. Junktur.

Gon- vgl. Genu.

GONARTHRITIS, Gonitis, Kniegelenkentzündung.

Gonagra vgl. Arthritis urica.

Gonatagra vgl. Arthritis urica.

Gonitis vgl. Gonarthritis.

Gono- vgl. Genu.

Gonoblennorrhö, **Gonoblennorrhoea** vgl. Geschlechtskrankheiten.

Gonorrhö, **Gonorrhoea** vgl. Geschlechtskrankheiten.

Gony- vgl. Genu.

Gowers-Bahn vgl. Tractus spinocerebellaris anterior.

Gowers-Bündel vgl. Tractus spinocerebellaris anterior.

GRAAF-FOLLIKEL *(Mehrz.)*, Eifollikel, Bläschenfollikel, Folliculi ovarici vesiculosi*, Folliculi ovarii vesiculosi *(älter)*, Folliculi oophori vesiculosi *(veraltet)*, Folliculi ovigeri vesiculosi *(veraltet)*.

Gramizidin vgl. Chemotherapeutikum.

Grand mal vgl. Epilepsie.

Granulocytopenia essentialis vgl. Agranulozytose.

Granuloma malignum vgl. Lymphogranulomatose.

Granulomatosis benigna vgl. Besnier-Boeck-Schaumann-Krankheit.

Granulomatosis maligna vgl. Lymphogranulomatose.

Granuloma tropicum vgl. Frambösie.

Granulopenia essentialis vgl. Agranulozytose.

Granulophthise vgl. Agranulozytose.

Granulose vgl. Trachom.

Granulozyten vgl. Blutkörperchen.

Graphospasmus vgl. Cheirospasmus.

graue Haare vgl. Canities.

grauer Hornhautfleck vgl. Nubekula.

grauer Star vgl. Katarakt.

Gravedo vgl. Rhinitis.

Graves-Krankheit vgl. Hyperthyreoidie.

GRAVIDA, Schwangere; *erstmals:* Primigravida, Gravida I.; *zum zweiten Mal:* Sekundigravida, Gravida II.; *mehrfach:* Multigravida, Plurigravida • **a)** *während der Entbindung:* **Parturiens**, Kreißende. **b)** *nach der Geburt eines lebendgeborenen Kindes:* **Para** *(Fachjargon)*; *erstmals:* Primipara, I-Para *(Fachjargon)*, Erstgebärende; *nach zwei Entbindungen:* Sekundipara, II-Para *(Fachjargon)*, Zweitgebärende; *nach mehreren Entbindungen:* Pluripara, Multipara, Mehrgebärende, Vielgebärende; *ohne jede Entbindung:* Nullipara, O-Para *(Fachjargon)* • *in den ersten Wochen nach der Entbindung:* **Puerpera**, Wöchnerin.

Graviditas vgl. Gravidität.

Graviditas abdominalis vgl. Extrauteringravidität.

Graviditas extrauterina vgl. Extrauteringravidität.

Graviditas imaginata vgl. Pseudogravidität.

Graviditas nervosa vgl. Pseudogravidität.

Graviditas ovarica vgl. Extrauteringravidität.

Graviditas tubarica vgl. Extrauteringravidität.

GRAVIDITÄT, Graviditas*, Gestation *(selten)*, Gestatio* *(selten)*, Kyese *(ungew.)*, Kyesis *(ungew.)*,

Schwangerschaft. – Vgl. auch die Artikel *Pseudogravidität* und *Extrauteringravidität*.
Greisenalter vgl. Senilität.
Greisenliebe vgl. Perversität.
Grenzstrang vgl. Nervensystem.
Grimmdarm vgl. Eingeweide.
Grindflechte vgl. Impetigo.
großer Backenzahn vgl. Dens.
großer Krampfanfall vgl. Epilepsie.
großer Onkel vgl. Digitus.
großer Puls vgl. Puls.
große Schamlippen vgl. Genitalien.
großes Netz vgl. Peritonäum.
Grossesse nerveuse vgl. Pseudogravidität.
große Zehe vgl. Digitus.
Großhirn vgl. Cerebrum.
Großhirnrinde vgl. Cortex cerebri.
Großschädel vgl. Dyszephalie.
Großwuchs vgl. Hypersomie.
Großzehe vgl. Digitus.
Großzehengicht vgl. Arthritis urica.
Grübchen vgl. Foramen.
Grube vgl. Foramen.
Gruby-Krankheit vgl. Mikrosporie.
Grünblindheit vgl. Farbenblindheit.
grüner Star vgl. Glaukom.
Grünsehen vgl. Chromatopsie.
Gruppensex vgl. Perversität.
Grußkrampf vgl. Epilepsia nutans.
Grützbeutel vgl. Atherom.
Gryposis unguium vgl. Onychauxis.
Gull-Krankheit vgl. Myxödem.
GUMMA, Syphilom, Syphiloma*, Gummiknoten, Gummigeschwulst.
Gummigeschwulst vgl. Gumma.
Gummihaut vgl. Cutis hyperelastica.
Gummiknoten vgl. Gumma.
Gummischutz vgl. Präservativ.
Gürtelausschlag vgl. Herpes zoster.
Gürtelflechte vgl. Herpes zoster.
Gürtelrose vgl. Herpes zoster.
Gürtelwurm vgl. Herpes zoster.
Gustus depravatus vgl. Pikazismus.
gutartige Albuminurie vgl. funktionelle Albuminurie.
Gutta vgl. Arthritis urica.
Gutta rosacea vgl. Rosazea.
Gynäkologe vgl. Arzt.
Gynäkologie vgl. Medizin.
Gynäkomanie vgl. Erotomanie.
Gynäkophobie vgl. Misanthropie.
Gynandrie vgl. Hermaphroditismus.
Gynandrismus vgl. Hermaphroditismus.
Gynandromorphismus vgl. Hermaphroditismus.
Gynanthropie vgl. Hermaphroditismus.
Gynanthropismus vgl. Hermaphroditismus.
Gynatresia vgl. Gynatresie.
GYNATRESIE, Gynatresia*; *der Gebärmutter oder des Zervixkanals:* Atresia uteri, Imperforatio uteri, Hysteratresie, Atresia cervicalis, Gebärmutterverschluß; *der Scheide:* Atresia vaginalis, Atresia vaginae, Imperforatio vaginalis, Imperforatio vaginae, Kolpatresie, Scheidenverschluß; *des Hymens:* Atresia hymenalis, Imperforatio hymenalis, Hymenalatresie, Hymen imperforatus; *der Schamlippen:* Synechia vulvae, Vulva clausa, Vulva connivens.
Gyniatrie vgl. Medizin.
Gynophobie vgl. Misanthropie.

H

Haarausfall vgl. Atrichie.
Haarbalg vgl. Pili.
Haarbalgabszeß vgl. Abszeß.
Haarbalgentzündung vgl. Follikulitis.
Haarbalggeschwulst vgl. Atherom.
Haarbrüchigkeit vgl. Trichoptilose.
Haare vgl. Pili.
Haarentfernungsmittel vgl. Epilatorium.
Haarfollikel vgl. Pili.
Haargefäß vgl. Blutgefäß.
Haargefäßerweiterung vgl. Ektasie.
Haarlosigkeit vgl. Atrichie.
Haarschaft vgl. Pili.

Haarspitze vgl. Pili.
Haartaschenentzündung vgl. Follikulitis.
Haarwurzel vgl. Pili.
Haarzunge vgl. Lingua nigra.
Haarzwiebel vgl. Pili.
Hackenfuß vgl. Fußdeformität.
Hadernkrankheit vgl. Milzbrand.
Haemangioma vgl. Hämangiom.
Haemarthrosis vgl. Hämorrhagie.
Haematuresis vgl. Hämaturie.
Haematocele vgl. Hämorrhagie.
Haematoma vgl. Hämorrhagie.
Haematoma auriculare vgl. Hämorrhagie.
Haematoma auris vgl. Hämorrhagie.
Haematoma epidurale vgl. Hämorrhagie.
Haematoma extradurale vgl. Hämorrhagie.
Haematoma intradurale vgl. Hämorrhagie.
Haematoma subdurale vgl. Hämorrhagie.
Haematorrhagia uterina essentialis vgl. Hämorrhagie.
Haematuria vgl. Hämaturie.
Haemopericardium vgl. Hämorrhagie.
Haemoperitonaeum vgl. Hämorrhagie.
Haemophilia vgl. hämorrhagische Diathese.
Haemorrhagia vgl. Hämorrhagie.
Haemorrhagia alveolaris vgl. Hämorrhagie.
Haemorrhagia analis vgl. Hämorrhagie.
Haemorrhagia arterialis vgl. Hämorrhagie.
Haemorrhagia auricularis vgl. Hämorrhagie.
Haemorrhagia buccalis vgl. Hämorrhagie.
Haemorrhagia cardiaca vgl. Hämorrhagie.
Haemorrhagia cerebralis vgl. Hämorrhagie.
Haemorrhagia cerebri vgl. Hämorrhagie.
Haemorrhagia dentalis vgl. Hämorrhagie.
Haemorrhagia dentaria vgl. Hämorrhagie.
Haemorrhagia endopericardiaca vgl. Hämorrhagie.
Haemorrhagia endoperitonaealis vgl. Hämorrhagie.
Haemorrhagia endothoracica vgl. Hämorrhagie.
Haemorrhagia gastrica vgl. Hämorrhagie.
Haemorrhagia gingivalis vgl. Hämorrhagie.
Haemorrhagia hepatica vgl. Hämorrhagie.
Haemorrhagia interna vgl. Hämorrhagie.
Haemorrhagia intestinalis vgl. Hämorrhagie.
Haemorrhagia intraarticularis vgl. Hämorrhagie.
Haemorrhagia intraocularis vgl. Hämorrhagie.
Haemorrhagia medullaris vgl. Hämorrhagie.
Haemorrhagia nasalis vgl. Hämorrhagie.
Haemorrhagia occulta vgl. Hämorrhagie.
Haemorrhagia oralis vgl. Hämorrhagie.
Haemorrhagia petechialis vgl. Hämorrhagie.
Haemorrhagia pulmonaria vgl. Hämorrhagie.
Haemorrhagia pulmonaris vgl. Hämorrhagie.
Haemorrhagia renalis vgl. Hämorrhagie.
Haemorrhagia spinalis vgl. Hämorrhagie.
Haemorrhagia splenica vgl. Hämorrhagie.
Haemorrhagia uterina extramenstrualis vgl. Hämorrhagie.
Haemorrhagia vaginalis vgl. Hämorrhagie.
Haemorrhagia venosa vgl. Hämorrhagie.
Haemorrhagia vesicalis vgl. Hämorrhagie.
Haemuresis vgl. Hämaturie.
Hafte vgl. Junktur.
Hagelkorn vgl. Blepharadenitis.
Hakenwurmkrankheit vgl. Ankylostomiase.

Hakenzahn vgl. Dens.
Halbseitenlähmung vgl. Paralyse.
Halitose vgl. Foetor ex ore.
Halitosis vgl. Foetor ex ore.
Hallucinatio gustatoria vgl. Dysgeusie.
Hallucinatio olfactoria vgl. Dysosmie.
Hallux vgl. Digitus.
Halluzinogen vgl. Psychopharmakon.
Halluzinogenikum vgl. Psychopharmakon.
Hals vgl. Collum.
Halsbries vgl. Thymus.
Halsentzündung vgl. Angina.
Hals-Nasen-Ohren-Arzt vgl. Arzt.
Hals-Nasen-Ohren-Heilkunde vgl. Medizin.
Halsschlagader vgl. Karotis.
Häm- vgl. Blut.
Hämalops vgl. Hämorrhagie.
HÄMANGIOM, Haemangioma*, Blutgefäßgeschwulst, Blutschwamm • *großflächig, blaurot, als Muttermal der Haut:* **Naevus flammeus,** Naevus vasculosus, Feuermal, Gefäßmal.
Hämarthros vgl. Hämorrhagie.
Hämarthrose vgl. Hämorrhagie.
Hämat- vgl. Blut.
Hämatemesis vgl. Vomitus.
Hämathidrose, Hämathidrosis vgl. Transpiration.
Hämatidrose, Hämatidrosis vgl. Transpiration.
Hämato- vgl. Blut.
Hämatoglobin vgl. Hämoglobin.
Hämatogramm vgl. Blutstatus.
Hämatologe vgl. Arzt.
Hämatologie vgl. Medizin.
Hämatom vgl. Hämorrhagie.
Hämatomyelie vgl. Hämorrhagie.
Hämatonose vgl. Hämopathie.
Hämatoperikard vgl. Hämorrhagie.
Hämatoperitonäum vgl. Hämorrhagie.
Hämatoperitoneum vgl. Hämorrhagie.
Hämatophilie vgl. hämorrhagische Diathese.
Hämatophobie vgl. Chromatophobie.
Hämatopneumothorax vgl. Hämorrhagie.
HÄMATOPOESE, Hämopoese, Hämatose, Blutbildung.
Hämatorrhachis vgl. Hämorrhagie.
Hämatorrhö vgl. Hämorrhagie.
Hämatose vgl. Hämatopoese.
Hämatothorax vgl. Hämorrhagie.
Hämatozele vgl. Hämorrhagie.
Hämatozephalus vgl. Hämorrhagie.
Hämatozyten vgl. Blutkörperchen.
Hämaturese vgl. Hämaturie.
HÄMATURIE, Haematuria*, Hämaturese, Heamaturesis*, Hämurese *(ungew.)*, Haemuresis* *(ungew.)*, Blutharnen, Harnblutung. – Vgl. aber die Artikel *Urämie* und *Urikämie.*
Hämhidrose, Hämhidrosis vgl. Transpiration.
Hämidrose, Hämidrosis vgl. Transpiration.
Hämo- vgl. Blut.
Hämoblastose vgl. Hämopathie.
Hämochrom vgl. Hämoglobin.
HÄMOGLOBIN, Hb *(übliche Abk.)*, Hämochrom, Hämatoglobin *(ungew.)*, Blutfarbstoff, roter Blutfarbstoff.
Hämogramm vgl. Blutstatus.
Hämolymphadenose vgl. Hämopathie.
Hämolysin vgl. Antikörper.
Hämolysoid vgl. Antikörper.
hämolytische Anämie vgl. Anämie.
HÄMOPATHIE, Hämatonose, Sanguinopathie *(ungew.)*, Blutkrankheit, Blutleiden; *bösartige Formen:* Hämoblastose, Hämolymphadenose, Hämomyelose.
Hämoperikard vgl. Hämorrhagie.
Hämoperitonäum vgl. Hämorrhagie.
Hämoperitoneum vgl. Hämorrhagie.
Hämophilie vgl. hämorrhagische Diathese.
Hämophobie vgl. Chromatophobie.
Hämophthalmie vgl. Hämorrhagie.
Hämophthalmus vgl. Hämorrhagie.
Hämopneumothorax vgl. Hämorrhagie.
Hämopoese vgl. Hämatopoese.
Hämoptoe vgl. Hämoptyse.
HÄMOPTYSE, Hämoptysis, Hämoptoe, Sputum cruentum, Blutspucken, Bluthusten, blutiger Auswurf.
Hämoptysis vgl. Hämoptyse.
HÄMORRHAGIE, Haemorrhagia*, Extravasation, Blutung; *stark:* Hämatorrhö, Hämorrhö *(selten)*, Blutsturz; *unsichtbar, im Körperinneren:* Haemorrhagia interna,

Haemorrhagia occulta, innere Blutung • **1)** *im Bereich einzelner Körperteile oder Organe:* **a)** *aus einer Arterie:* **Arteriorrhagie,** Haemorrhagia arterialis, Arterienblutung, Schlagaderblutung. **b)** *aus einer Vene:* **Phleborrhagie,** Haemorrhagia venosa, Venenblutung. **c)** *aus einem Haargefäß:* **Haemorrhagia capillaris,** Kapillarblutung. **d)** *ins Gehirn:* **Enzephalorrhagie,** Encephalorrhagia*, Haemorrhagia cerebri, Haemorrhagia cerebralis, Hirnblutung, Gehirnblutung. **e)** *aus dem Auge:* **Ophthalmorrhagie,** Ophthalmorrhagia*, Ophthalmorrhö, Augenblutung. **f)** *aus der Nase:* **Epistaxis,** Rhinorrhagie, Rhinorrhagia*, Haemorrhagia nasalis, Nasenbluten. **g)** *aus dem Gehörgang:* **Otorrhagie,** Otorrhagia*, Haemorrhagia auricularis *(ungew.)*, Othämorrhö *(ungew.)*, Othämatorrhö *(ungew.)*, Ohrbluten, Ohrenbluten. **h)** *aus dem Mund:* **Stomatorrhagie,** Stomatorrhagia*, Haemorrhagia buccalis *(selten)*, Haemorrhagia oralis *(selten)*, Mundblutung. **i)** *aus den Zähnen bzw. Zahnfächern (bes. nach einer Extraktion):* **Odontorrhagie,** Odontorrhagia*, Haemorrhagia dentalis, Haemorrhagia dentaria *(ungew.)*, Haemorrhagia alveolaris *(ungew.)*, Zahnblutung. **k)** *aus dem Zahnfleisch:* **Ulorrhagie,** Ulorrhagia*, Gingivorrhagie *(ungew.)*, Haemorrhagia gingivalis, Zahnfleischbluten. **l)** *ins Herz:* **Kardiorrhagie,** Cardiorrhagia*, Haemorrhagia cardiaca, Herzblutung. **m)** *aus der Lunge bzw. ins Lungengewebe hinein:* **Pneumorrhagie,** Pneumorrhagia*, Haemorrhagia pulmonaria, Haemorrhagia pulmonaris, Lungenblutung; Apoplexia pulmonalis. **n)** *ins Rückenmark:* **Hämatomyelie,** Apoplexia spinalis, Myelorrhagie, Myelorrhagia*, Haemorrhagia medullaris, Haemorrhagia spinalis, Rückenmarksblutung; *im Bereich der Rückenmarkshäute:* Hämatorrhachis, Apoplexia meningealis *(ungew.)*. **o)** *aus den Magenwänden:* **Gastrorrhagie,** Gastrorrhagia*, Haemorrhagia gastrica, Stomachorrhagie *(ungew.)*, Magenblutung. **p)** *aus den Darmwänden:* **Enterorrhagie,** Enterorrhagia*, Haemorrhagia intestinalis, Darmblutung; *hinsichtlich blutiger Kotausscheidung:* Meläna, Melaena*, Blutstuhl, Teerstuhl, Schwarzdurchfall, Schwarzruhr. **q)** *aus der Leber:* **Hepatorrhagie,** Hepatorrhagia*, Haemorrhagia hepatica, Leberblutung. **r)** *aus der Milz:* **Splenorrhagie,** Splenorrhagia*, Haemorrhagia splenica, Milzblutung. **s)** *aus den Nieren:* **Nephrorrhagie,** Nephrorrhagia*, Haemorrhagia renalis, Nierenblutung. **t)** *aus dem After:* **Proktorrhagie,** Proktorrhagia*, Haemorrhagia analis, Afterbluten. **u)** *aus der Harnblase:* **Zystorrhagie,** Cystorrhagia*, Haemorrhagia vesicalis, Blasenblutung. **v)** *krankhaft aus der Gebärmutter:* **Metrorrhagie,** Metrorrhagia*, Hysterorrhagie *(selten)*, Haemorrhagia uterina essentialis, Haemorrhagia uterina extramenstrualis *(ungew.)*, Gebärmutterblutung; Metropathia haemorrhagica. Vgl. aber: *Menstruation.* **w)** *krankhaft aus der Scheide:* **Kolporrhagie,** Colporrhagia*, Haemorrhagia vaginalis, Scheidenblutung. **2)** *mit Ansammlung von Blut bes. in den Weichteilen:* **Hämatom,** Haematoma*, Bluterguß, Erguß *(volkst. Kurzf.)*, Blutbeule, Blutgeschwulst; *in einer Körperhöhle oder einem künstlichen Hohlraum:* Hämatozele, Haematocele*, Effusio haemorrhagica *(selten)*, Effusio sanguinis *(veraltet)*, Effusio sanguinea *(veraltet)*, Blutbruch. **a)** *unter der Haut oder Schleimhaut:* **α)** *flächenhaft ausgebreitet:* **Ekchymose,** Ecchymosis*, Suffusion, Suffusio*, Sugillation, Sugillatio*, Blutunterlaufung. **β)** *punktförmig:* **Petechien** *(Mehrz.)*, Petechiae* *(selten)*, Haemorrhagia petechialis, Purpura. **b)** *im Bereich des Schädels bzw. Gehirns:* **α)** *zwischen Schädelinnenfläche und harter Hirnhaut:* **Haematoma extradurale,** Haematoma epidurale, extradurales Hämatom, epidurales Hämatom. *β) unter die harte Hirnhaut:* **Haematoma intradurale,** Haematoma subdurale, intradurales Hämatom, subdurales Hämatom. *γ) in die Hirnkammern:* **Hämatozephalus.** *δ) zwischen Schädelknochen und Knochenhaut bei Neugeborenen:* **Zephalhämatom,** Kephalhämatom, Cephalhaematoma*, Kopfblutgeschwulst, subperiostales Hämatom; *zwischen Kopfschwarte und Knochenhaut:* Caput succedaneum, Kopfgeschwulst. **c)** *ins Auge:* **Hämalops,** Hämophthalmus, Hämophthalmie *(selten),* Ophthalmorrhagie, Haemorrhagia intraocularis, Blutauge; *in die vordere Augenkammer:* Hyphäma, Hyphaema*. **d)** *in die Ohrmuschel:* **Othämatom,** Othaematoma*, Haematoma auris, Haematoma auriculare, Ohrblutgeschwulst. **e)** *in ein Gelenk:* **Hämarthrose,** Haemarthrosis*, Haemorrhagia intraarticularis, Hämarthros, traumatischer Blutgelenkerguß, Blutergelenk. **f)** *in die Brusthöhle:* **Hämatothorax,** Hämothorax, Haemorrhagia endothoracica, Blutbrust; *mit Luftansammlung verbunden:* Hämatopneumothorax, Hämopneumothorax. **g)** *in den Herzbeutel:* **Hämoperikard,** Haemopericardium*, Hämatoperikard, Haemorrhagia endopericardiaca *(ungew.).* **h)** *in die Bauchhöhle:* **Hämoperitonäum,** Haemoperitonaeum*, Hämoperitoneum, Hämatoperitonäum, Hämatoperitoneum, Haemorrhagia endoperitonaealis *(ungew).*

HÄMORRHAGISCHE DIATHESE, Diathesis haemorrhagica*, hämorrhagische Idiosynkrasie, Idiosyncrasia haemorrhagica *(selten),* abnorme Blutungsbereitschaft, Blutungskrankheit, Blutungsübel • *erblich, auf Grund mangelnder Gerinnungsfähigkeit des Blutes:* **Hämophilie,** Haemophilia*, Hämatophilie, Bluterkrankheit.

hämorrhagische Idiosynkrasie vgl. hämorrhagische Diathese.

Hämorrhö vgl. Hämorrhagie.

Hämorrhoide vgl. Ektasie.

HÄMOSTATIKUM, Hämostyptikum, Styptikum, Antihämorrhagikum *(ungew.),* Anthämorrhagikum *(ungew.),* blutstillendes Mittel.

Hämostyptikum vgl. Hämostatikum.

Hämotherapie vgl. Umstimmungstherapie.

Hämothorax vgl. Hämorrhagie.

Hämozyten vgl. Blutkörperchen.

Hämurese vgl. Hämaturie.

Hand vgl. Membra corporis.

Handfläche vgl. Palma manus.

Handgicht vgl. Arthritis urica.

Handteller vgl. Palma manus.

Hängebrust vgl. Mastoptose.

Hängebusen vgl. Mastoptose.

Hansen-Krankheit vgl. Lepra.

Harn vgl. Exkret.

Harnausscheidung vgl. Exkretion.

Harnblase vgl. Harnorgane.

Harnblasenentzündung vgl. Zystitis.

Harnblutung vgl. Hämaturie.

Harnen vgl. Exkretion.

Harnflasche vgl. Urinal.

Harnleiter vgl. Harnorgane.

Harnleiterstein vgl. Urolith.

HARNORGANE, Organa uropoetica • **1)** *Niere:* vgl. hierüber den Artikel *Eingeweide.* **2) Pelvis renalis,** Pyel[o]- *(nur in Zus.),* Nierenbecken. **3) Ureter,** Harnleiter. **4) Vesica urinaria,** Vesica urinalis *(älter),* Cystis, Harnblase, Blase *(volkst.).* **5) Urethra,** Harnröhre; *männliche:* Urethra masculina, Urethra virilis *(älter); weibliche:* Urethra feminina, Urethra muliebris *(älter).* – Vgl. auch den Artikel *Genitalien.*

Harnröhre vgl. Harnorgane.

Harnröhrenausfluß vgl. Urethrorrhö.

Harnröhrenfluß vgl. Urethrorrhö.

Harnröhrenkrampf vgl. Urethralgie.

Harnröhrenneuralgie vgl. Urethralgie.

Harnröhrenschmerz vgl. Urethralgie.

Harnröhrenspalte vgl. Fissura urethrae.

Harnröhrenspiegelung vgl. Endoskopie.

Harnröhrenstein vgl. Urolith.

Harnstein vgl. Urolith.

harntreibendes Mittel vgl. Diuretikum.

Harnvergiftung vgl. Urämie.

Harnverhaltung vgl. Ischurie.
harte Hirnhaut vgl. Meninx.
harter Gaumen vgl. Palatum.
harter Puls vgl. Puls.
harte Rückenmarkshaut vgl. Meninx.
harter Schanker vgl. Geschlechtskrankheiten.
Hartspann vgl. Myosklerose.
Hasenpest vgl. Tularämie.
Hasenscharte vgl. Prosoposchisis.
Hauptast der Luftröhre vgl. Trachea.
Hauptschlagader vgl. Blutgefäß.
Haut vgl. Organa sensuum.
Hautabschürfung vgl. Verletzung.
Hautarzt vgl. Arzt.
Hautausdünstung vgl. Transpiration.
Hautausschlag vgl. Exanthem.
Hautblase vgl. Effloreszenz.
Hautbläschen vgl. Effloreszenz.
Hautblüte vgl. Effloreszenz.
Hautborke vgl. Effloreszenz.
Hautentzündung vgl. Dermatose.
Hauterkrankung vgl. Dermatose.
Hautfinnen vgl. Akne.
Hautfleck vgl. Effloreszenz.
Hautflechte vgl. Dermatomykose.
Hautgeschwulst vgl. Effloreszenz.
Hauthorn vgl. Hyperkeratose.
Hautjucken vgl. Pruritus.
Hautkarzinom vgl. Hautkrebs.
Hautknochen vgl. Belegknochen.
Hautknoten vgl. Effloreszenz.
Hautknötchen vgl. Effloreszenz.
Hautkrankheit vgl. Dermatose.
HAUTKREBS, Hautkarzinom, Epitheliom, Epithelioma malignum*, Carcinoma cutaneum, Carcinoma cutis, Carcinoma epitheliale • *von den Basalzellen ausgehend:* **Basaliom**, Basalioma*, Carcinoma basocellulare, Basalzellenkarzinom, Basalzellenkrebs • *von den Stachelzellen ausgehend:* **Spinaliom**, Spinalioma*, Carcinoma spinocellulare, Kankroid *(veraltet)*, Stachelzellenkarzinom, Stachelzellenkrebs. – Vgl. auch: *Krebs*.
Hautkruste vgl. Effloreszenz.
Hautleiden vgl. Dermatose.
Haut mal vgl. Epilepsie.
Haut-Muskel-Entzündung vgl. Dermatomyositis.
Hautnerven vgl. Organa sensuum.
Hautpilzerkrankung vgl. Dermatomykose.
Hautpilzkrankheit vgl. Dermatomykose.
Hautreizmittel vgl. Epispastikum.
Hautriß vgl. Effloreszenz.
hautrötendes Mittel vgl. Epispastikum.
Hautschorf vgl. Effloreszenz.
Hautschrift vgl. Dermographismus.
Hautschrunde vgl. Effloreszenz.
Hautschuppe vgl. Effloreszenz.
Hautschwiele vgl. Hyperkeratose.
Hautwassersucht vgl. Ödem.
Hautwolf vgl. Intertrigo.
Haverhill-Epidemie vgl. Rattenbißkrankheit.
Haverhill-Fieber vgl. Rattenbißkrankheit.
Hb vgl. Hämoglobin.
HEBAMME, Geburtshelferin, Obstetrix, Sage-femme *(geh., veraltet)*, Midwife *(ungew.)*.
Hebemuskel vgl. Muskel.
Heber vgl. Muskel.
Heberden-Asthma vgl. Angina pectoris.
Heberden-Krankheit vgl. Angina pectoris.
Hebetomie vgl. Symphyseotomie.
Hebetudo auris vgl. Dysakusis.
Hebetudo visus vgl. Asthenopie.
Hebosteotomie vgl. Symphyseotomie.
Hebotomie vgl. Symphyseotomie.
HECHTMAULSCHNITT, Fischmaulschnitt, Froschmaulschnitt, Steigbügelschnitt, Nagelrandschnitt.
Heilanstalt vgl. Klinik.
Heilfieber vgl. Thermotherapie.
Heilgymnastik vgl. Kinesiotherapie.
Heilkunde vgl. Medizin.
Heilkundiger vgl. Arzt.
Heilkunst vgl. Medizin.
Heilmittel vgl. Medikament.
Heilpraktiker vgl. Arzt.
Heilschlaf vgl. Hibernation.
Heilstätte vgl. Klinik.
Heil- und Pflegeanstalt vgl. Klinik.
Heiserkeit vgl. Raucedo.
heiße Kompresse vgl. Umschlag.
Heißhunger vgl. Akorie.
Heißkaustik vgl. Kauterisation.

Heißluftbad vgl. Sudarium.
Helcoma vgl. Abszeß.
Heliation vgl. Phototherapie.
Heliosis vgl. Hyperthermie.
Heliotherapie vgl. Phototherapie.
Helkoma vgl. Abszeß.
Helminthagogum vgl. Anthelminthikum.
Helminthiase vgl. Helminthiasis.
HELMINTHIASIS, Helminthiase, Helminthose, Helminthismus *(ungew.)*, Wurmerkrankung, Wurmkrankheit, Würmer *(volkst.)* • *durch Spulwürmer:* **Askaridiasis**, Askaridiase, Ascaridiasis*, Askariasis, Askariase, Ascariasis*, Askaridose, Ascaridosis*, Spulwurmkrankheit, Spulwürmer *(volkst.)* • *durch Madenwürmer:* **Oxyuriasis**, Oxyuriase, Oxyurie *(ungew.)*, Oxyuriose *(ungew.)*, Enterobiasis *(selten)*, Enterobiase *(selten)*, Madenwurmkrankheit, Madenwürmer *(volkst.)* • *durch Bandwürmer:* **Täniase**, Taeniasis*, Zestodiase *(ungew.)*, Cestodiasis* *(ungew.)*, Bandwurmkrankheit, Bandwurmleiden, Bandwurm *(volkst.)* • *durch Fadenwürmer:* **Trichinose**, Trichiniasis, Trichiniase, Nematodiasis *(ungew.)*, Nematose *(ungew.)*, Trichinelliasis *(ungew.)*, Trichinellose *(ungew.)*, Fadenwurmkrankheit • *durch Hakenwürmer:* Vgl. hierüber den Artikel *Ankylostomiase.*
Helminthismus vgl. Helminthiasis.
Helminthizid vgl. Anthelminthikum.
Helminthizidum vgl. Anthelminthikum.
Helminthose vgl. Helminthiasis.
Helodes vgl. Malaria.
Helopyra vgl. Malaria.
Hemeralopia, Hemeralopie vgl. Sehstörung.
Hemihyper[h]idrose, Hemihyper[h]idrosis vgl. Transpiration.
Hemikranie vgl. Zephalalgie.
Hemimelia vgl. Dysmelie.
Hemimelie vgl. Dysmelie.
Hemiparese vgl. Paralyse.
Hemiplegia, Hemiplegie vgl. Paralyse.
Hepar vgl. Eingeweide.
Hepar adiposum vgl. Adipositas.
Hepar mobile vgl. Enteroptose.
Hepatitis vgl. Hepatopathie.
Hepatitis chronica interstitialis vgl. Hepatopathie.
Hepat[o]- vgl. Eingeweide.
Hepatogramm vgl. Röntgenogramm.
Hepatographie vgl. Röntgenographie.
Hepatolienogramm vgl. Röntgenogramm.
Hepatolienographie vgl. Röntgenographie.
Hepatologe vgl. Arzt.
Hepatologie vgl. Medizin.
Hepatopathia vgl. Hepatopathie.
HEPATOPATHIE, Hepatopathia*, Leberkrankheit, Lebererkrankung, Leberleiden • *entzündlich:* **Hepatitis**, Leberentzündung • *chronisch, degenerativ:* **Hepatose**, Hepatosis*, Leberparenchymschädigung; *mit Bindegewebsvermehrung und Schrumpfungsvorgängen:* Leberzirrhose, Cirrhosis hepatis*, Hepatitis chronica interstitialis, Schrumpfleber.
Hepatoptose vgl. Enteroptose.
Hepatorrhagia vgl. Hämorrhagie.
Hepatorrhagie vgl. Hämorrhagie.
Hepatose vgl. Hepatopathie.
Hepatosis vgl. Hepatopathie.
Hepatosplenogramm vgl. Röntgenogramm.
Hepatosplenographie vgl. Röntgenographie.
herabgesetzte Geschmacksempfindung vgl. Dysgeusie.
herabziehender Muskel vgl. Muskel.
Herd vgl. Abszeß.
herdförmige Lungenentzündung vgl. Pneumonie.
Heredopathia vgl. Morbus.
Heredopathie vgl. Morbus.
Hermaphrodismus vgl. Hermaphroditismus.
Hermaphrodismus falsus vgl. Hermaphroditismus.
Hermaphrodismus spurius vgl. Hermaphroditismus.
HERMAPHRODITISMUS, Hermaphrodismus, Intersexualität, Zwittertum, Zwitterbildung, Zwittrigkeit, Doppelgeschlechtlichkeit • *unechter:* **Pseudohermaphroditismus**, Pseudohermaphrodismus, Hermaphroditis-

mus spurius, Hermaphrodismus spurius, Scheinzwittertum, Scheinzwittrigkeit, Hermaphroditismus falsus *(selten)*, Hermaphrodismus falsus *(selten)* • **a)** *unechter bei Frauen:* **Androgynie,** Androgynismus, Pseudohermaphroditismus femininus *(veraltet)*, Pseudohermaphrodismus femininus *(veraltet)*, Maskulinismus, Maskulinisation *(selten)*, Maskulinisierung, Virilismus, Virilisation, Virilisierung, Viraginität, Androphanie *(ungew.)*, Gynandrie *(ungew., fälschl.)*, Gynandrismus *(ungew., fälschl.)*, Gynandromorphismus *(ungew., fälschl.)*, Gynanthropie *(ungew., fälschl.)*, Gynanthropismus *(ungew., fälschl.)*, weiblicher Pseudohermaphroditismus, weiblicher Pseudohermaphrodismus, Vermännlichung, Mannweibheit *(ungew.)*, Mannweibtum. **b)** *unechter bei Männern:* **Gynandrie,** Gynandrismus, Gynandromorphismus, Gynanthropie *(selten)*, Gynanthropismus, Pseudohermaphroditismus masculinus, Pseudohermaphrodismus masculinus, Effemination, Feminismus, Fenimisation *(selten)*, Feminisierung *(selten)*, Feminilismus *(ungew.)*, Androgynie *(ungew., fälschl.)*, Androgynismus *(ungew., fälschl.)*, männlicher Pseudohermaphroditismus, männlicher Pseudohermaphrodismus, Verweiblichung.

Hermaphroditismus falsus vgl. Hermaphroditismus.

Hermaphroditismus spurius vgl. Hermaphroditismus.

Hernia vgl. Hernie.

HERNIA ABDOMINALIS, Hernia ventralis, Laparozele, Laterozele *(ungew.)*. Bauchbruch, Bauchwandbruch; *bes. ausgedehnt:* Eventration, Eventratio* • *im Bereich des Oberbauchs:* **Hernia lineae albae,** Hernia epigastrica, Oberbauchbruch • *im Bereich des Nabels:* **Omphalozele,** Hernia umbilicalis, Nabelbruch; *in der Umgebung des Nabels:* Hernia paraumbilicalis, Paromphalozele *(selten)*.

Hernia adiposa vgl. Lipozele.

Hernia cerebri vgl. Zephalozele.

Hernia corneae vgl. Keratozele.

Hernia cruralis vgl. Hernia femoralis.

Hernia diaphragmatica vgl. Diaphragmatozele.

Hernia duodenalis vgl. Hernia retroperitonaealis.

Hernia duodenojejunalis vgl. Hernia retroperitonaealis.

Hernia epigastrica vgl. Hernia abdominalis.

Hernia epiploica vgl. Epiplozele.

HERNIA FEMORALIS, Hernia cruralis, Merozele *(selten)*, Schenkelbruch; *im Bereich des Foramen obturatum:* Hernia obturatoria; *im Bereich der Faszia lata:* Hernia pectinea, Hernia pectinealis, Cloquet-Hernie; *im Bereich seitlich der Schenkelgefäße:* Cooper-Hernie, Astley-Cooper-Hernie *(selten)*, Hesselbach-Hernie.

Hernia glutaealis vgl. Hernia ischiadica.

Hernia hiatalis vgl. Diaphragmatozele.

Hernia hiatus oesophagei vgl. Diaphragmatozele.

HERNIA INGUINALIS, Leistenbruch; *mit Schwellung in der Leiste:* Bubonozele • **a)** *mit Ausdehnung bis in den Hodensack hinein:* **Hernia scrotalis,** Oscheozele, Hodensackbruch. **b)** *mit Ausdehnung bis in die großen Schamlippen:* **Hernia labialis.**

HERNIA IN RECTO, Hernia rectalis, Rektozele, Proktozele *(selten)*, Mastdarmbruch. – Vgl. aber die Artikel *Rektozele* und *Enteroptose*.

Hernia intestinalis vgl. Enterozele.

HERNIA ISCHIADICA, Hernia glutaealis, Ischiozele.

Hernia labialis vgl. Hernia inguinalis.

Hernia lenticularis vgl. Phakozele.

Hernia lentis vgl. Phakozele.

Hernia lineae albae vgl. Hernia abdominalis.

Hernia obturatoria vgl. Hernia femoralis.

Hernia omentalis vgl. Epiplozele.

Hernia paraumbilicalis vgl. Hernia abdominalis.

Hernia pectinea vgl. Hernia femoralis.
Hernia pectinealis vgl. Hernia femoralis.
Hernia phrenica vgl. Diaphragmatozele.
Hernia recessus duodenojejunalis vgl. Hernia retroperitonaealis.
Hernia rectalis vgl. Hernia in recto.
HERNIA RETROPERITONAEALIS, Hernia retroperitonealis *(Nf.)*, Hernia duodenojejunalis, Hernia duodenalis, Hernia recessus duodenojejunalis, Treitz-Hernie.
Hernia retroperitonealis vgl. Hernia retroperitonaealis.
Hernia retrouterina vgl. Rektozele.
Hernia retrovaginalis vgl. Rektozele.
Hernia scrotalis vgl. Hernia inguinalis.
Hernia umbilicalis vgl. Hernia abdominalis.
Hernia ventralis vgl. Hernia abdominalis.
HERNIE, Hernia*, -zele *(nur in Zus.)*, Eingeweidebruch, Bruch • *durch eine natürliche Körperöffnung nach außen (von Organen oder Organteilen):* **Prolaps,** Prolapsus*, Procidentia *(ungew.)*, Protrusion, Protrusio*; Ptose, Ptosis*, -ptose *(nur in Zus.)*, Deszensus, Descensus*, Senkung.
Heroinismus vgl. Opiumismus.
Heroinomanie vgl. Opiumismus.
Heroinsucht vgl. Opiumismus.
Heroinvergiftung vgl. Opiumismus.
HERPES *(übliche Kurzbez.)*, Herpes simplex*, Herpes catarrhalis, Herpes febrilis *(selten)*, Reizbläschen, Fieberbläschen.
Herpes catarrhalis vgl. Herpes.
Herpes febrilis vgl. Herpes.
Herpes simplex vgl. Herpes.
Herpes tonsurans maculosus vgl. Pityriasis rosea.
HERPES ZOSTER, Zoster *(übliche Kurzbez.)*, Zona *(selten)*, Ganglionitis posterior acuta, Zona ignea *(ungew.)*, Gürtelrose, Gürtelflechte, Gürtelausschlag, Feuergürtel *(veraltet)*, Flechtengürtel *(veraltet)*, Gürtelwurm *(veraltet)*.
Herter-Infantilismus vgl. Zöliakie.
Herter-Krankheit vgl. Zöliakie.
Herz vgl. Cor.
Herzangst vgl. Angina pectoris.
Herzasthma vgl. Dyspnoe.
Herzbeklemmung vgl. Angina pectoris.
Herzbeutel vgl. Perikard.
Herzbeutelentzündung vgl. Karditis.
Herzblock vgl. Arrhythmie.
Herzblutung vgl. Hämorrhagie.
Herzbräune vgl. Angina pectoris.
Herzentzündung vgl. Karditis.
Herzerweiterung vgl. Ektasie.
Herzfehler vgl. Vitium cordis.
Herzflimmern vgl. Arrhythmie.
Herzhypertrophie vgl. Kardiomegalie.
HERZINFARKT, Koronarinfarkt, Myokardinfarkt, Herzmuskelinfarkt.
Herzinnenhaut vgl. Endokard.
Herzinnenhautentzündung vgl. Karditis.
Herzirregularität vgl. Arrhythmie.
Herzjagen vgl. Puls.
Herzkammer vgl. Cor.
Herzklappenfehler vgl. Vitium cordis.
Herzklappeninsuffizienz vgl. Vitium cordis.
Herzklopfen vgl. Palpitatio cordis.
Herzmittel vgl. Stimulans.
Herzmuskel vgl. Myokard.
Herzmuskelentzündung vgl. Karditis.
Herzmuskelinfarkt vgl. Herzinfarkt.
Herzneurose vgl. Kardiothymie.
Herzrhythmusstörung vgl. Arrhythmie.
Herzschrittmacher vgl. Schrittmacher.
Herzsenkung vgl. Kardioptose.
Herzstärkungsmittel vgl. Stimulans.
Herzspezialist vgl. Arzt.
Herzstromkurve vgl. Elektrokardiogramm.
Herztrias vgl. Kardiothymie.
Herzverfettung vgl. Adipositas.
Herzvergrößerung vgl. Kardiomegalie.
Herzvorhof vgl. Cor.
Hesselbach-Hernie vgl. Hernia femoralis.
Heterochronie vgl. Heterogenese.
HETEROGENESE, Heterogenesis, Heterogenie *(ungew.)*, abnormes Zellwachstum, gestörtes Zellwachstum • **a)** *hinsichtlich der Zellbeschaffenheit:* **Heteroplasie,** Alloplasie, atypisches Zellwachstum. **b)** *hinsichtlich*

des Wachstumszeitpunktes: **Heterochronie,** Aberratio temporis. **c)** *hinsichtlich der Quantität der Zellen:* **Heterometrie;** *zu viel:* Hyperplasie, Hypertrophia numerica, Hypergenese, Hypergenesis; *zu wenig:* Hypoplasie, Atrophia numerica. **d)** *hinsichtlich des Wachstumsortes:* **Heterotopie,** Aberratio loci.
Heterogenesis vgl. Heterogenese.
Heterogenie vgl. Heterogenese.
Heterohämolysin vgl. Antikörper.
Heterointoxikation vgl. Intoxikation.
Heterolysin vgl. Antikörper.
Heterometrie vgl. Heterogenese.
Heteroplasie vgl. Heterogenese.
Heteroplastik vgl. Transplantation.
Heterosmie vgl. Dysosmie.
Heterotopie vgl. Heterogenese.
Heterotoxis vgl. Intoxikation.
Heterotransplantation vgl. Transplantation.
Heubner-Herter-Krankheit vgl. Zöliakie.
Heukrätze vgl. Akariase.
Hexenmilch vgl. Kolostrum.
Hexenschuß vgl. Lumbago.
Hexuronsäure vgl. Vitamin C.
Hiatushernie vgl. Diaphragmatozele.
Hiation vgl. Gähnen.
HIBERNATION, künstlicher Winterschlaf, Winterschlaf, kontrollierte Hypothermie, Heilschlaf, medikamentöser Heilschlaf.
Hidr- vgl. Exkret.
HIDRADENITIS, Hidroadenitis *(seltener)*, Hidrosadenitis *(seltener)*, Schweißdrüsenentzündung; *eitrig:* Hidradenitis suppurativa, Schweißdrüsenabszeß, Periporitis, Pustulose, Pustulosis*, Porenschwären.
Hidradenitis suppurativa vgl. Hidradenitis.
Hidro- vgl. Exkret.
Hidroadenitis vgl. Hidradenitis.
Hidros- vgl. Exkret.
Hidrosadenitis vgl. Hidradenitis.
Hidrose vgl. Transpiration.
Hidrotikum vgl. Diaphoretikum.
Himbeerkrankheit vgl. Frambösie.
Himbeerseuche vgl. Frambösie.
Hinfälligkeit vgl. Kachexie.
Hinken vgl. Dysbasie.
hintere Kleinhirn-Seitenstrang-Bahn vgl. Tractus spinocerebellaris anterior.
hinterer Backenzahn vgl. Dens.
Hinterhauptslage vgl. Kindslage.
Hinterhirn vgl. Cerebrum.
Hintern vgl. Nates.
Hinterteil vgl. Nates.
HIPPOCAMPUS, Pes hippocampi major, Cornu ammonis, Ammonshorn.
Hirci vgl. Pili.
Hirn vgl. Cerebrum.
Hirnanhang vgl. Hypophyse.
Hirnanhangsdrüse vgl. Hypophyse.
Hirnblutung vgl. Hämorrhagie.
Hirnbruch vgl. Zephalozele.
Hirnhaut vgl. Meninx.
Hirnhautbruch vgl. Zephalozele.
Hirnhautentzündung vgl. Meningitis.
Hirnhauttumor vgl. Meningiom.
Hirnkontusion vgl. Conquassatio cerebri.
Hirnmantel vgl. Cortex cerebri.
Hirnprellung vgl. Conquassatio cerebri.
Hirnquetschung vgl. Conquassatio cerebri.
Hirn-Rückenmarks-Entzündung vgl. Myelopathie.
Hirnsand vgl. Azervulus.
Hirnschlag vgl. Apoplexia cerebri.
Hirsuties vgl. Hypertrichose.
Hirsutismus vgl. Hypertrichose.
Hist- vgl. Gewebe.
Histio- vgl. Gewebe.
Histo- vgl. Gewebe.
HISTOPLASMOSE, Histoplasmosis*, Zytomykose, Cytomycosis reticuloendothelialis, Darling-Krankheit.
Histoplasmosis vgl. Histoplasmose.
Hitzschlag vgl. Hyperthermie.
hochgradiger Schwachsinn vgl. Oligophrenie.
Hochkopf vgl. Dyszephalie.
Hochköpfigkeit vgl. Dyszephalie.
Hochschädel vgl. Dyszephalie.
hochsitzender Hoden vgl. Anorchie.
Hoden vgl. Genitalien.
Hodenentzündung vgl. Orchitis.

Hodenhochstand vgl. Anorchie.
Hodensack vgl. Genitalien.
Hodensackbruch vgl. Hernia inguinalis.
Hodgkin vgl. Lymphogranulomatose.
Hodgkin-Granulom vgl. Lymphogranulomatose.
Hodgkin-Krankheit vgl. Lymphogranulomatose.
Höhenangst vgl. Topophobie.
Höhenschielen vgl. Strabismus.
Höhenschwindel vgl. Topophobie.
Höhenkrankheit vgl. Kinetose.
Höhepunkt vgl. Orgasmus.
hohes Fieber vgl. Fieber.
Höhle vgl. Cavum.
Hohlfuß vgl. Fußdeformität.
Hohlgeschwür vgl. Cavum.
Hohlhand vgl. Palma manus.
Hohlnagel vgl. Koilonychie.
Hohlraum vgl. Cavum.
Hohl-Spitz-Fuß vgl. Fußdeformität.
Höhlung vgl. Cavum.
Holoenzym vgl. Enzym.
Holoferment vgl. Enzym.
Homoerotik vgl. Homosexualität.
Homoioplastik vgl. Transplantation.
Homoiotransplantation vgl. Transplantation.
Homöopath vgl. Arzt.
Homöopathie vgl. Medizin.
Homöoplastik vgl. Transplantation.
Homöotransplantation vgl. Transplantation.
Homophilie vgl. Homosexualität.
Homoplastik vgl. Transplantation.
HOMOSEXUALITÄT, Homophilie, Inversion, Homoerotik, Konträrsexualität *(selten)*, gleichgeschlechtliche Liebe; widernatürliche Unzucht • **a)** *zwischen Männern:* **Uranismus,** Kommaskulation *(selten)*, Commasculatio* *(selten)*, männliche Homosexualität; *speziell mit Jünglingen bzw. Knaben:* Ephebophilie, Päderastie, Knabenliebe *(geh.)*, Pädophilie *(fälschlich)*. **b)** *zwischen Frauen:* **lesbische Liebe,** Lesbianismus, Amor lesbicus, Tribadie, Tribadismus, Sapphismus, sapphische Liebe, weibliche Homosexualität. – Vgl. auch den Artikel *Perversität.*
Homotransplantation vgl. Transplantation.
Hordeolum vgl. Blepharadenitis.
Hordeolum internum vgl. Blepharadenitis.
Hormon vgl. Sekret.
Hörnerv vgl. Organa sensuum.
Horngeschwulst vgl. Hyperkeratose.
Hornhautbruch vgl. Keratozele.
Hornhautfleck vgl. Nubekula.
Hornhautkegel vgl. Keratomegalie.
Hornhautnarbe vgl. Nubekula.
Hornhauttrübung vgl. Nubekula.
Hornhautvergrößerung vgl. Keratomegalie.
Hörorgan vgl. Organa sensuum.
Horripilatio vgl. Cutis anserina.
Hörrohr vgl. Stethoskop.
Hörstörung vgl. Dysakusis.
Hosenpissen vgl. Enurese.
Hospital vgl. Klinik.
Hospital-fever vgl. Fleckfieber.
Hospitalfieber vgl. Fleckfieber.
Hospitalgangrän vgl. Gasödemkrankheit.
Hüftschmerz vgl. Koxalgie.
Hüftweh vgl. Koxalgie.
Hühnerauge vgl. Hyperkeratose.
Hühnermilbenkrätze vgl. Akariase.
humoraler Abwehrstoff vgl. Antikörper.
humoraler Antikörper vgl. Antikörper.
Humpeln vgl. Dysbasie.
Hundswut vgl. Tollwut.
Hundszahn vgl. Dens.
Hungertyphus vgl. Fleckfieber.
Hunter-Addison-Anämie vgl. perniziöse Anämie.
Hunter-Addison-Krankheit vgl. perniziöse Anämie.
Hustenmittel vgl. Expektorans.
hustenstillendes Mittel vgl. Expektorans.
Hyaloplasma vgl. Protoplasma.
Hydarthros vgl. Hydarthrose.
HYDARTHROSE, Hydarthrosis*, Hydarthros, Hydrarthrose *(ungew.)*, Hydrarthros *(ungew.)*, Hydrops articuli, Hydrops articularis, Gelenkwassersucht, seröser Gelenkerguß.
Hydarthrosis vgl. Hydarthrose.

Hydragogum vgl. Abführmittel.
Hydrargyrie vgl. Hydrargyrose.
Hydrargyrismus vgl. Hydrargyrose.
HYDRARGYROSE, Hydrargyrosis*, Hydrargyrie *(selten)*, Hydrargyrismus *(selten)*, Merkurialismus, Quecksilbervergiftung. – Vgl. auch den Artikel *Intoxikation.*
Hydrargyrosis vgl. Hydrargyrose.
Hydrarthros vgl. Hydarthrose.
Hydrarthrose vgl. Hydarthrose.
Hydrenzephalie vgl. Dyszephalie.
Hydrenzephalus vgl. Dyszephalie.
Hydriatrie vgl. Hydrotherapie.
Hydrocephalus vgl. Dyszephalie.
Hydroderma vgl. Ödem.
Hydromeningozele vgl. Zephalozele.
Hydropathie vgl. Hydrotherapie.
Hydroperitonäum vgl. Aszites.
Hydroperitoneum vgl. Aszites.
1**HYDROPHOBIE,** Wasserangst, Wasserscheu; *bes. vor größeren Wasserflächen:* Thalassophobie; *bes. vor fließendem Wasser:* Potamophobie. – Vgl. auch den Artikel *Phobie.*
2**Hydrophobie** vgl. Tollwut.
Hydrophthalmie vgl. Hydrophthalmus.
HYDROPHTHALMUS, Hydrophthalmie *(ungew.)*, Glaucoma infantile, Buphthalmus, Buphthalmie, Ochsenauge, Augenwassersucht. – Vgl. auch die Artikel *Keratomegalie* und *Exophthalmus.*
Hydropikum vgl. Diuretikum.
Hydrops vgl. Ödem.
Hydrops abdominis vgl. Aszites.
Hydrops anasarca vgl. Ödem.
Hydrops articularis vgl. Hydarthrose.
Hydrops articuli vgl. Hydarthrose.
Hydropsia vgl. Ödem.
Hydropsie vgl. Ödem.
HYDROTHERAPIE, Hydriatrie, Hydropathie, Wasserheilverfahren, Wasserheilkunde, Wasserkur; *auf die Anwendung warmen Wassers beschränkt:* Hydrothermotherapie, Warmwasserbehandlung; *auf die Anwendung von Wasserdampf beschränkt:* Vapotherapie, Dampfkur; *auf die Anwendung von Bädern beschränkt:* Balneotherapie, Bäderbehandlung, Badekur, Bäderkur; *speziell auf die Anwendung von Wasser aus Mineralquellen bezogen:* Krenotherapie.
Hydrothermotherapie vgl. Hydrotherapie.
Hydrothorax vgl. Pleuraerguß.
Hydrozephalie vgl. Dyszephalie.
Hydrozephalus vgl. Dyszephalie.
HYMEN, Hymen femininus *(veraltet)*, Claustrum virginale, Jungfernhäutchen.
Hymenalatresie vgl. Gynatresie.
Hymen femininus vgl. Hymen.
Hymen imperforatus vgl. Gynatresie.
Hypacidämie vgl. Alkaliämie.
Hypacusis vgl. Dysakusis.
Hypaesthesia sexualis vgl. Impotenz.
Hypakusis vgl. Dysakusis.
Hyperacusis vgl. Dysakusis.
Hyperaemia vgl. Hyperämie.
Hyperakusie vgl. Dysakusis.
Hyperakusis vgl. Dysakusis.
HYPERÄMIE, Hyperaemia*, Hyperämisierung, Fluxion, Fluxio*, Kongestion, Congestio*, vermehrte Durchblutung, Blutandrang, Blutwallung, Blutfülle • *im ersten Stadium einer Entzündung:* **Anschoppung,** Engouement • *auf die Gesamtblutmenge im Körper bezogen:* **Polyämie,** Polyaemia*, Plethora. – Vgl. im Ggs. dazu *Ischämie.*
Hyperämisierung vgl. Hyperämie.
Hyperaphrodisie vgl. Erotomanie.
Hyperchromämie vgl. Anämie.
hyperchrome Anämie vgl. Anämie.
Hyperdacryosis vgl. Epiphora.
Hyperdactylia vgl. Polymelie.
Hyperdakryose vgl. Epiphora.
Hyperdaktylie vgl. Polymelie.
Hyperemesis vgl. Vomitus.
Hypererethismus vgl. Erethismus.
Hyperergie vgl. Idiosynkrasie.
Hypererosie vgl. Erotomanie.
Hypererythrocytosis vgl. Polyzythämie.
Hypererythrozytose vgl. Polyzythämie.
Hyperfunktion vgl. Dysfunktion.
Hypergenese vgl. Heterogenese.
Hypergenesis vgl. Heterogenese.
Hypergenitalismus vgl. Hypersomie.

Hypergeusästhesie vgl. Dysgeusie.
Hypergeusia vgl. Dysgeusie.
Hypergeusie vgl. Dysgeusie.
Hyperglukosurie vgl. Glykosurie.
Hyperglykosurie vgl. Glykosurie.
Hyperhedonie vgl. Erotomanie.
Hyperhidrose, Hyperhidrosis vgl. Transpiration.
Hyperidrose, Hyperidrosis vgl. Transpiration.
HYPERKERATOSE, Hyperkeratosis*, Keratose, Keratosis*, übermäßige Hautverhornung • *örtlich begrenzt und umschrieben:* **a)** *allg., geschwulstartig auftretend:* **Keratom,** Keratoma*, Horngeschwulst; *bes. im Gesicht und an der Ohrmuschel in Form eines hornartigen Auswuchses auftretend:* Cornu cutaneum, Cornu humanum *(ungew.)*, Hauthorn. **b)** *infolge Überbeanspruchung auftretend:* **Callositas*,** Kallosität *(eingedeutscht, selten)*, Kallus *(ungew.)*, Callus cutaneus *(ungew.)*, Callus epidermicus *(ungew.)*, Tylom, Tyloma*, Tylose *(selten)*, Tylosis* *(selten)*, Tylositas *(selten)*, Klavus, Clavus*, Hautschwiele, Schwiele; *ausgedehnt:* Tylose, Tylosis*, Tylositas, Schwielenbildung; *bes. an Druckstellen im Bereich des Fußes bzw. der Zehen auftretend:* Clavus pedis, Klavus *(übliche Kurzbez.)*, Hühnerauge, Leichdorn.
Hyperkeratosis vgl. Hyperkeratose.
Hyperkeratosis linguae vgl. Lingua nigra.
Hyperkeratosis lingualis vgl. Lingua nigra.
Hyperleucocytosis vgl. Leukozytose.
Hyperleukozytose vgl. Leukozytose.
Hypermastie: 1) vgl. Hypersomie. **2)** vgl. Polymastie.
Hypermazie vgl. Polymastie.
Hypermelie vgl. Polymelie.
Hypermenorrhö vgl. Menstruation.
Hypermetropia, Hypermetropie vgl. Ametropie.
Hypermnesia vgl. Dysmnesia.
Hypermnesie vgl. Dysmnesie.
Hyperonychie vgl. Onychauxis.
Hyperonychose vgl. Onychauxis.
Hyperonychosis vgl. Onychauxis.
Hyperopie vgl. Ametropie.
Hyperorexie vgl. Akorie.
Hyperosmia vgl. Dysosmie.
Hyperosmie vgl. Dysosmie.
Hyperosphresie vgl. Dysosmie.
Hyperphorie vgl. Strabismus.
Hyperplasie vgl. Heterogenese.
Hyperpnoe vgl. Dyspnoe.
Hyperptyalismus vgl. Ptyalismus.
Hyperpyrexie vgl. Fieber.
Hyperreaktivität vgl. Idiosynkrasie.
Hypersalivation vgl. Ptyalismus.
Hypersensibilität vgl. Idiosynkrasie.
Hypersensitivität vgl. Idiosynkrasie.
Hypersexualismus vgl. Erotomanie.
Hypersialose vgl. Ptyalismus.
HYPERSOMIE, Makrosomie, Makrosomatie *(ungew.)* [krankhafter] Großwuchs; Somatomegalie *(selten)*, Gigantismus, Gigantosomie, Makromelie, Riesenwuchs • *in Verbindung mit einer Überentwicklung der Geschlechtsorgane:* Makrogenitosomie, Macrogenitosomia* • *auf einzelne Körperteile beschränkt:* **1)** *der gipfelnden Körperteile:* **Akromegalie,** Acromegalia*, Pachyakrie, Marie-Krankheit. **a)** *der Hände:* **Makrocheirie,** Makrochirie; Megalocheirie, Megalochirie, Cheiromegalie, Chiromegalie. **b)** *der Füße:* **Makropodie,** Megalopodie, Pachypodie *(ungew.)*. **c)** *der Finger oder Zehen:* **Makrodaktylie,** Megalodaktylie, Daktylomegalie, Pachyakrie, Akropachie *(selten)*, Pachydaktylie. **d)** *der Nase:* **Makrorhinie,** Rhinomegalie *(ungew.)*. **e)** *der Ohren:* **Makrotie,** Pachyotie, Megalotie *(ungew.)*. **2)** *des Kopfes:* vgl. hierüber den Artikel *Dyszephalie.* **3)** *der Geschlechtsorgane und Geschlechtsmerkmale:* **Hypergenitalismus,** Hypertrophia genitalis • *der weiblichen Brust:* **Makromastie,** Makromazie *(ungew.)*, Hypermastie, Atombusen *(volkst., salopp)*. – Vgl. auch den Artikel *Hyposomie.*
Hyperspadie vgl. Fissura urethrae.
Hypersteatose vgl. Adipositas.
Hypersteatosis vgl. Adipositas.

Hypersuszeptibilität vgl. Idiosynkrasie.

Hyperthelie vgl. Polymastie.

[1]**HYPERTHERMIE,** Wärmestauung, Überhitzung • *klinisches Erscheinungsbild:* **a) Heliosis,** Thermoplegie, Hitzschlag. **b) Insolation,** Ictus solis*, Heliosis, Sonnenstich. – Vgl. auch: *Dermatitis calorica.*

[2]**Hyperthermie** vgl. Fieber.

Hyperthermiebehandlung vgl. Thermotherapie.

HYPERTHYREOIDIE, Hyperthyreoidismus, Hyperthyreose, Hyperthyreoidose, Hyperthyroidie, Hyperthyroidismus, Hyperthyroidose; Thyreotoxikose, Thyrotoxikose, Thyreoidismus, Thyroidismus, Basedowoid, Schilddrüsenüberfunktion • *bei voll ausgeprägtem Krankheitsbild:* **Basedow-Krankheit,** Morbus Basedow, Basedow *(Fachjargon)*, Struma basedowiana, Graves-Krankheit, Flajani-Krankheit *(ungew.)*, Marsh-Krankheit *(ungew.)*, Glotzaugenkrankheit. – Vgl. auch: *Exophthalmus.*

Hyperthyreoidismus vgl. Hyperthyreoidie.

Hyperthyreoidose vgl. Hyperthyreoidie.

Hyperthyreose vgl. Hyperthyreoidie.

Hyperthyroidie vgl. Hyperthyreoidie.

Hyperthyroidismus vgl. Hyperthyreoidie.

Hyperthyroidose vgl. Hyperthyreoidie.

Hypertrichiasis vgl. Hypertrichose.

Hypertrichie vgl. Hypertrichose.

HYPERTRICHOSE, Hypertrichosis, Polytrichie, Polytrichose, Polytrichosis, Hypertrichie *(ungew.)*, Pilose, Pilosis, Hirsuties, Trichauxis, Hypertrichiasis *(ungew.)*, Trichose *(ungew.)*, Trichosis *(ungew.)*, übermäßiger Haarwuchs, Überbehaarung, *bes. bei Frauen:* Hirsutismus.

Hypertrichosis vgl. Hypertrichose.

Hypertrophia cardiaca vgl. Kardiomegalie.

Hypertrophia genitalis vgl. Hypersomie.

Hypertrophia numerica vgl. Heterogenese.

Hyperurikämie vgl. Urikämie.

Hyphaema vgl. Hämorrhagie.

Hyphäma vgl. Hämorrhagie.

Hyphämie vgl. Anämie.

Hyphidrose, Hyphidrosis vgl. Transpiration.

Hypn- vgl. Bewußtseinsstörung.

Hypnagogum vgl. Psychopharmakon.

Hypno- vgl. Bewußtseinsstörung.

Hypnogenikum vgl. Psychopharmakon.

Hypnolepsie vgl. Bewußtseinsstörung.

Hypnose vgl. Bewußtseinsstörung.

Hypnosie vgl. Bewußtseinsstörung.

Hypnotikum vgl. Psychopharmakon.

HYPOCHONDRIE, Nosophobie, Pathophobie, Krankheitsangst, Krankheitswahn, Krankheitseinbildung, unbegründete Krankheitsbefürchtung; *bes. auf Krebskrankheiten bezogen:* Karzinophobie, Kankrophobie, Kanzerophobie, Krebsangst; *auf Geschlechtskrankheiten, bes. auf Syphilis, bezogen:* Venerophobie, Syphilophobie, Syphilidophobie, Syphilomanie, Syphilidomanie, Syphilimanie *(ungew.)*, Syphiliphobie *(ungew.)*, Luiphobie • *bes. auf Krankheitserreger bezogen:* **Bakteriophobie,** Bazillophobie, Mikrobiophobie; *bes. auf Milben bezogen:* Akarophobie, Akaromanie • *auf Gifte oder Vergiftungen bezogen:* **Toxikophobie,** Toxophobie, Toxiphobie *(ungew.)*, Iophobie. – Vgl. auch: *Phobie.*

Hypochondrium vgl. Abdomen.

Hypochromämie vgl. Anämie.

hypochrome Anämie vgl. Anämie.

Hypochyma vgl. Katarakt.

Hypodaktylie vgl. Dysmelie.

Hypofunktion vgl. Dysfunktion.

Hypogastrium vgl. Abdomen.

Hypogenitalismus vgl. Hyposomie.

Hypogeusästhesie vgl. Dysgeusie.

Hypogeusia vgl. Dysgeusie.

Hypogeusie vgl. Dysgeusie.

Hypohämie vgl. Anämie.

Hypohidrose vgl. Transpiration.

Hypokortizismus vgl. Addison-Krankheit.

Hypoleucaemia vgl. Leukopenie.
Hypoleucia vgl. Leukopenie.
Hypoleucocytosis vgl. Leukopenie.
Hypoleukämie vgl. Leukopenie.
Hypoleukie vgl. Leukopenie.
Hypoleukozytose vgl. Leukopenie.
Hypomastie vgl. Hyposomie.
Hypomelancholie vgl. Melancholie.
Hypomenorrhö vgl. Menstruation.
Hypomnesia vgl. Dysmnesie.
Hypomnesie vgl. Dysmnesie.
Hypomnesis vgl. Dysmnesie.
Hypoosmie vgl. Dysosmie.
Hypopharynx vgl. Pharynx.
Hypophorie vgl. Strabismus.
HYPOPHYSE, Hypophysis*, Hypophysis cerebri *(veraltet)*, Glandula pituitaria *(veraltet)*, Corpus pituitarium *(ungew., veraltet)*, unterer Hirnanhang, Hirnanhang, Gehirnanhang, Hirnanhangsdrüse, Gehirnanhangsdrüse • *vorderer Teil:* **Lobus anterior,** Adenohypophyse, Hypophysenvorderlappen, Lobus glandularis *(älter)*, Lobus anterior hypophyseos *(veraltet)* Prähypophyse *(ungew.)*, Praehypophysis *(ungew.)* • *hinterer Teil:* **Lobus posterior,** Neurohypophyse, Hypophysenhinterlappen, Lobus nervosus *(älter)*, Lobus posterior hypophyseos *(veraltet)*, Posthypophyse *(ungew.)*, Posthypophysis *(ungew.)*.
Hypophysenhinterlappen vgl. Hypophyse.
Hypophysenvorderlappen vgl. Hypophyse.
Hypophysis vgl. Hypophyse.
Hypophysis cerebri vgl. Hypophyse.
Hypoplasie vgl. Heterogenese.
Hypopnoe vgl. Dyspnoe.
Hypoptyalismus vgl. Oligosialie.
Hyposalivation vgl. Oligosialie.
Hyposialie vgl. Oligosialie.
Hyposialose vgl. Oligosialie.
Hyposmia vgl. Dysosmie.
Hyposmie vgl. Dysosmie.
HYPOSOMIE, Mikrosomie, Mikrosomatie, Mikrosoma *(selten)*, [krankhafter] Kleinwuchs, Minderwuchs, Kümmerwuchs; Nanismus, Nanosomie, Nanosoma *(selten)*, Mikroplasie, Zwergwuchs; *mit ausgeprägter Unterentwicklung und Kleinheit der Gliedmaßen:* Mikromelie, Nanomelie • *auf einzelne Körperteile beschränkt:* **1)** *der gipfelnden Körperteile:* **Akromikrie,** Acromicria*, Mikroakrie *(ungew.)*. **a)** *der Hände:* **Mikrocheirie,** Mikrochirie. **b)** *der Füße:* **Mikropodie. c)** *der Finger oder Zehen:* **Mikrodaktylie,** Kleinfingrigkeit; Brachydaktylie, Kurzfingrigkeit; *bes. einzelner Finger- oder Zehenglieder:* Brachyphalangie. **d)** *der Nase:* **Mikrorhinie. e)** *der Ohren:* **Mikrotie. f)** *des Kinns bzw. Unterkiefers:* **Brachygnathie,** Mikrognathie, Mikrogenie, Opisthogenie, Opisthognathie, Opisthognathismus *(ungew.)*, Endognathie *(ungew.)*, Petrognathie *(selten)*, Vogelgesicht. **2)** *des Kopfes:* vgl. hierüber den Artikel *Dyszephalie.* **3)** *der Geschlechtsorgane und Geschlechtsmerkmale:* **Hypogenitalismus;** *bes. in Verbindung mit Hochwuchs und Fettsucht:* Eunuchoidismus; Dystrophia adiposogenitalis • *der weiblichen Brust:* **Mikromastie,** Mikromazie *(ungew.)*, Hypomastie. – Vgl. auch den Artikel *Hypersomie..*
Hypospadia vgl. Fissura urethrae.
Hypospaied vgl. Fissura urethrae.
Hyposphresie vgl. Dysosmie
hypostatische Albuminurie vgl. funktionelle Albuminurie.
Hypotaxe vgl. Bewußtseinsstörung.
Hypotaxie vgl. Bewußtseinsstörung.
Hypotaxis vgl. Bewußtseinsstörung.
Hypothermie vgl. Fieber.
Hypothymie vgl. Melancholie.
Hypothyreoidismus vgl. Hypothyreose.
Hypothyreoidie vgl. Hypothyreose.
HYPOTHYREOSE, Hypothyreosis*, Hypothyreoidie, Hypothyreoidismus, Hypothyroidismus, Schilddrüsenunterfunktion, Unterfunktion der Schilddrüse. – Vgl. auch: *Myxödem.*
Hypothyreosis vgl. Hypothyreose.
Hypothyroidismus vgl. Hypothyreose.
Hypotrophia vgl. Dystrophie.
Hypotrophie vgl. Dystrophie.
Hypovitaminose vgl. Avitaminose.
HYPOXÄMIE, Hypoxyhämie *(sel-*

ten), verminderter Blutsauerstoffgehalt, Sauerstoffmangel im Blut; *stark vermindert:* Anoxämie, Anoxyhämie • *dadurch bedingter Sauerstoffmangel in den Geweben:* **Hypoxie,** Hypoxydose; *verstärkt*: Anoxie.

Hypoxie vgl. Hypoxämie.
Hypoxydose vgl. Hypoxämie.
Hypoxyhämie vgl. Hypoxämie.
Hypsiphobie vgl. Topophobie.
Hypsizephalie vgl. Dyszephalie.
Hypsizephalus vgl. Dyszephalie.
Hypsophobie vgl. Topophobie.
Hypsozephalie vgl. Dyszephalie.
Hypsozephalus vgl. Dyszephalie.
Hysteratresie vgl. Gynatresie.
hysterisches Lachen vgl. Gelasma.
Hyster[o]- vgl. Genitalien.
Hysteromanie vgl. Erotomanie.
Hysteroptose vgl. Enteroptose.
Hysterorrhagie vgl. Hämorrhagie.
Hysteroskopie vgl. Endoskopie.

I

-iater vgl. Arzt.
-iatrie vgl. Medizin.
Iatrik vgl. Medizin.
Ichthyismus vgl. Lebensmittelvergiftung.
ICHTHYOSE, Ichthyosis*, Ichthyosis vulgaris, Ichthyosis simplex, Xerosis cutis, Xeroderma, Xerodermie, Fischschuppenkrankheit, Fischhaut, Schlangenhaut, Krokodilhaut *(selten)*.
Ichthyosis vgl. Ichthyose.
Ichthyosis simplex vgl. Ichthyose.
Ichthyosis vulgaris vgl. Ichthyose.
Ichthyotoxismus vgl. Lebensmittelvergiftung.
Ictus apoplecticus vgl. Apoplexia cerebri.
Ictus solis vgl. Hyperthermie.
Idiokrasie vgl. Idiosynkrasie.
idiopathische hypochrome Anämie vgl. Anämie.
idiopathische Steatorrhö vgl. Zöliakie.
Idiosyncrasia haemorrhagica vgl. hämorrhagische Diathese.
IDIOSYNKRASIE, Idiokrasie, Hypersuszeptibilität, Supersuszeptibilität, Supersensitivität *(selten)*, Supersensibilität *(selten)*, Superreaktivität *(selten)*, Hypersensitivität *(selten)*, Hypersensibilität, Hyperreaktivität, Atopie, Überempfindlichkeit, Überempfindlichkeitsreaktion, krankhafte Überempfindlichkeit • *im Sinne einer Antigen-Antikörper-Reaktion nach vorausgehender Sensibilisierung des Organismus:* **Allergie,** Allergia*, allergische Reaktion, Hyperergie • *nach vorausgehender Sensibilisierung als Reaktion auf die wiederholte Zufuhr körperfremder Eiweißstoffe:* **Anaphylaxie,** Anaphylaxis *(ungew.)*, Paraphylaxie *(ungew.)*, Proteinhypersuszeptibilität, Proteinsupersuszeptibilität, Serumkrankheit; *schwere, oft tödliche Form:* anaphylaktischer Schock. – Vgl. auch: *Allergose.*
Idiotia vgl. Oligophrenie.
Idiotia cretinoidea vgl. Oligophrenie.
Idiotie vgl. Oligophrenie.
Idiotismus vgl. Oligophrenie.
Ignipunktur vgl. Kauterisation.
Ileitis vgl. Enteritis.
Ileotyphus vgl. Typhus abdominalis.
Ileum vgl. Eingeweide.
Ileus vgl. Obstipation.
Imbecillitas vgl. Oligophrenie.
Imbezillität vgl. Oligophrenie.
immunisierender Blutstoff vgl. Antikörper.
Immunisin vgl. Antikörper.
Immunkörper vgl. Antikörper.
Impaludismus vgl. Malaria.
Imperforatio ani vgl. Atresia ani.
Imperforatio hymenalis vgl. Gynatresie.
Imperforatio uteri vgl. Gynatresie.
Imperforatio vaginae vgl. Gynatresie.
Imperforatio vaginalis vgl. Gynatresie.

IMPETIGO, Impetigo contagiosa*, Eitergrind, Eiterflechte, Grindflechte • *Sonderform mit Geschwürsbildung:* Ekthym, Ecthyma*, ulzerierende Impetigo. – Vgl. auch: *Dermatose.*

Impetigo contagiosa vgl. Impetigo.

IMPFUNG, Schutzimpfung, Vakzination; *wiederholt:* Revakzination, Zweitimpfung, Auffrischungsimpfung • *unmittelbar mit lebenden oder abgetöteten Keimen:* **aktive Schutzimpfung,** aktive Immunisierung, Inokulation • *mit tierischem Immunserum:* **passive Schutzimpfung,** passive Immunisierung, Serumprophylaxe.

Implantation vgl. Transplantation.

Impotentia vgl. Impotenz.

Impotentia coeundi vgl. Impotenz.

IMPOTENZ, Impotentia*, Impotentia coeundi, Mannesschwäche, Beischlafsunfähigkeit • *auf seiten der Frau:* **Frigidität,** Gefühlskälte, Anaphrodisie, sexuelle Anästhesie *(selten)*, Anaesthesia sexualis* *(selten)*, sexuelle Hypästhesie *(selten)*, Hypaesthesia sexualis* *(ungew.)*, Anerosie *(ungew.)*; *bes. i. S. einer Unfähigkeit zum Orgasmus:* Anorgasmie. – Vgl. auch den Artikel *Libido.*

Imprägnation vgl. Befruchtung.

Impressio: 1) vgl. Foramen. **2)** vgl. Verletzung.

Impression: 1) vgl. Foramen. **2)** vgl. Verletzung.

Impulsion vgl. Anankasmus.

Inanition vgl. Kachexie.

Inappetenz vgl. Anorexie.

Inchacao vgl. Beriberi.

Incisio vgl. Operation.

Incisura vgl. Foramen.

Incretum vgl. Sekret.

Index vgl. Digitus.

Indigestion vgl. Dyspepsie.

Indigitatio, Indigitation vgl. Invagination.

Induratio muscularis vgl. Myosklerose.

Infantilismus coeliacus vgl. Zöliakie.

Infantilismus intestinalis vgl. Zöliakie.

Infekt vgl. Morbus.

Infektion vgl. Morbus.

Infektionskrankheit vgl. Morbus.

INFEKTIÖSE MONONUKLEOSE, Mononucleosis infectiosa*, Febris glandularis, Drüsenfieber, Pfeiffer-Drüsenfieber, lymphämoides Drüsenfieber *(ungew.)*, Pfeiffer-Krankheit *(selten)*, Angina monocytogenes, Angina monocytica *(seltener)*, Monozytenangina, lymphatische Angina, Angina lymphatica*, Lymphoidzellenangina, Lymphoblastosis acuta benigna *(selten)*, Lymphadenosis acuta *(selten)*, Adenitis acuta [epidemica] infectiosa *(ungew.)*, Leucaemia acuta benigna, akute benigne Leukämie, Reticulitis monocythaemica *(ungew.)*, Studentenkrankheit, Studentenfieber.

infektiöse Zellulitis vgl. Phlegmone.

INFIRMITÄT, Gebrechlichkeit; *durch Krankheit:* Morbosität, Kränklichkeit, Siechtum.

Inflammatio intestinalis vgl. Enteritis.

Inflammatio[n] vgl. Entzündung.

Infraktion vgl. Verletzung.

Infusion vgl. Applikation.

INGUEN, Bubon[o]- *(nur in Zus., selten)*, Leiste.

Inhalation vgl. Applikation.

Inhibin vgl. Antikörper.

Injektion vgl. Applikation.

Injizierung vgl. Applikation.

inkompletter Antikörper vgl. Antikörper.

Inkoordination vgl. Ataxie.

Inkret vgl. Sekret.

Inkubation vgl. Latenzzeit.

Inkubationsstadium vgl. Latenzzeit.

INKUBATOR, Couveuse, Brutschrank, Wärmebett.

Inkubus vgl. Oneirodynie.

Innenmeniskus vgl. Discus articularis.

Innenohr vgl. Organa sensuum.

Innenohrentzündung vgl. Otitis.

Innere vgl. Medizin.

innere Blutung vgl. Hämorrhagie.

innere Brustdrüse vgl. Thymus.

innere Medizin vgl. Medizin.

Inokulation vgl. Impfung.

Inseminatio vgl. Befruchtung.

Inseminatio artificialis vgl. Befruchtung.

Insemination vgl. Befruchtung.

Insolation vgl. Hyperthermie.
Insomnia vgl. Insomnie.
INSOMNIE, Insomnia*, Asomnie, Pervigilium, Agrypnie, Anhypnie *(selten)*, Ahypnie *(selten)*, Anhypnose *(ungew.)*, Anhypnosis *(ungew.)*, Ahypnose *(ungew.)*, Ahypnosis *(ungew.)*, Schlaflosigkeit.
Instabilitas oculorum vgl. Nystagmus.
Instillation vgl. Applikation.
Insufficientia vgl. Dysfunktion.
Insufficientia aortica vgl. Vitium cordis.
Insufficientia mitralica vgl. Vitium cordis.
Insufficientia tricuspidalica vgl. Vitium cordis.
Insufficientia valvularis vgl. Vitium cordis.
Insuffizienz vgl. Dysfunktion.
Insufflation vgl. Applikation.
INSULT, Insultus, Anfall, Attacke, Raptus *(ungew.)*, Ausbruch.
Insultus vgl. Insult.
Insultus apoplecticus vgl. Apoplexia cerebri.
Interferenzdissoziation vgl. Arrhythmie.
Intermediärkörper vgl. Antikörper.
intermittierende Albuminurie vgl. funktionelle Albuminurie.
intermittierende Dysbasie vgl. Claudicatio intermittens.
intermittierende Muskelparese vgl. Claudicatio intermittens.
intermittierender Puls vgl. Puls.
intermittierendes Hinken vgl. Claudicatio intermittens.
interne Medizin vgl. Medizin.
Internist vgl. Arzt.
Interruptio vgl. Abort.
Interruptio graviditatis vgl. Abort.
Intersexualität vgl. Hermaphroditismus.
INTERTRIGO, Intertrigo simplex, Dermatitis intertriginosa *(ungew.)*, Erythema intertrigo *(selten)*, Hautwolf, Wolf, Wundsein. – Über andere Hauterkrankungen vgl. den Artikel *Dermatose.*
Intertrigo simplex vgl. Intertrigo.
Intervertebralscheibe vgl. Discus articularis.
intestinales Bauchfellblatt vgl. Peritonäum.
Intestinum vgl. Eingeweide.
Intestinum caecum vgl. Eingeweide.
Intestinum colon vgl. Eingeweide.
Intestinum crassum vgl. Eingeweide.
Intestinum duodenum vgl. Eingeweide.
Intestinum ileum vgl. Eingeweide.
Intestinum jejunum vgl. Eingeweide.
Intestinum rectum vgl. Eingeweide.
Intestinum tenue vgl. Eingeweide.
Intoxation vgl. Intoxikation.
Intoxicatio vgl. Intoxikation.
Intoxicatio alimentaria vgl. Lebensmittelvergiftung.
Intoxicatio intestinalis vgl. Intoxikation.
Intoxicatio paludica vgl. Malaria.
Intoxicatio saturnina vgl. Saturnismus.
Intoxicatio septica vgl. Sepsis.
INTOXIKATION, Intoxicatio*, Intoxation *(ungew.)*, Toxikose, Toxicosis*, Toxikonose, Toxonose, Toxipathie, Toxikation *(ungew.)*, Toxis *(ungew.)*, Venenation *(ungew.)*, Vergiftung, Vergiftungskrankheit • *durch körpereigene giftige Stoffwechselprodukte:* **Autointoxikation,** Intoxicatio intestinalis, endogene Toxikose, Nosotoxikose, Selbstvergiftung • *durch Giftstoffe, die von außen in den Organismus eingebracht werden:* **exogene Toxikose,** Heterointoxikation *(selten)*, Heterotoxis *(ungew.)*. – Vgl. auch die Artikel: *Lebensmittelvergiftung, Sepsis, Gestose, Saturnismus, Hydrargyrose, Arsenismus, Bromismus, Argyrismus, Bismutismus, Atropinismus, Barbiturismus, Kokainismus, Opiumismus, Nikotinismus, Koffeinismus.*
intradurales Hämatom vgl. Hämorrhagie.
Intrauterinpessar vgl. Präservativ.
Introitus vaginae vgl. Genitalien.
Intussusceptio vgl. Invagination.
Intussuszeption vgl. Invagination.
Inunktion vgl. Applikation.
Invaginatio vgl. Invagination.

INVAGINATION, Invaginatio*, Intussuszeption, Intussusceptio*, Indigitation *(ungew.)*, Indigitatio*, Einscheidung, Darmeinstülpung, Einstülpung.
Inversion vgl. Homosexualität.
Inzision vgl. Operation.
Inzisiv vgl. Dens.
Inzisur vgl. Foramen.
Io- vgl. Gift.
Iophobie vgl. Hypochondrie.
Ipsation vgl. Narzißmus.
Ipsismus vgl. Narzißmus.
Irrenanstalt vgl. Klinik.
Irrenhaus vgl. Klinik.
Irrigation vgl. Klistier.
Irritans vgl. Epispastikum.
Ischaemia vgl. Ischämie.
ISCHÄMIE, Ischaemia*, Spanämie *(ungew.)*, Anaemia localis *(selten)*, verminderte Durchblutung, Blutleere, örtliche Blutleere. – Vgl. im Ggs. dazu: *Hyperämie.*
Ischiagra vgl. Koxalgie.
Ischialgia vgl. Koxalgie.
Ischialgie vgl. Koxalgie.
Ischias vgl. Koxalgie.
Ischiatitis vgl. Koxalgie.
Ischiodynie vgl. Koxalgie.
Ischiozele vgl. Hernia ischiadica.
Ischuria vgl. Ischurie.
ISCHURIE, Ischuria*, Retentio urinae, Uroschese *(ungew.)*, Uroschesis *(ungew.)*, Harnverhaltung; *leichteren Grades mit Störungen der Harnentleerung:* Dysurie, Dysuria*, erschwerte Harnentleerung. – Vgl. auch den Artikel *Obstipation.*
Isohämolysin vgl. Antikörper.
Isolysin vgl. Antikörper.
Isoplastik vgl. Transplantation.
Isotransplantation vgl. Transplantation.
italienischer Aussatz vgl. Pellagra.
-itis vgl. Entzündung.

J

Jahre vgl. Klimakterium.
Jail-fever vgl. Fleckfieber.
japanische Dysenterie vgl. Bakterienruhr.
Jecur vgl. Eingeweide.
Jejunitis vgl. Enteritis.
Jejunum vgl. Eingeweide.
Jerichobeule vgl. Leishmaniosis furunculosa.
Jochbein vgl. Os zygomaticum.
Jucken vgl. Pruritus.
Juckflechte vgl. Ekzem.
Juckpöckchen vgl. Strophulus.
Juckreiz vgl. Pruritus.
JUGULUM, Fossa jugularis, Drosselgrube, Kehle.
Junctura vgl. Junktur.
Junctura cartilaginea vgl. Junktur.
Junctura fibrosa vgl. Junktur.
Junctura ossium vgl. Junktur.
Junctura synovialis vgl. Junktur.
Jungfernhäutchen vgl. Hymen.
JUNKTUR, Junctura*, Junctura ossium, Knochenverbindung • **I.** *stabile, unbewegliche Form:* **Synarthrose,** Synarthrosis*, Junctura fibrosa, feste Knochenverbindung, unechtes Gelenk, Hafte. **1)** *bindegewebig:* **Syndesmose,** Syndesmosis*, bindegewebige Knochenverbindung, Bänderfuge • *Sonderformen:* **a)** *bes. am Schädel:* Sutur, Sutura*, Knochennaht. **b)** *bes. zwischen den Zähnen und den Knochenfächern des Kiefers:* Gomphose, Gomphosis*, Einzapfung, Einkeilung. **2)** *knorpelig:* **Synchondrose,** Synchondrosis*, Junctura cartilaginea, Symphyse, Symphysis*, knorpelige Knochenverbindung, Knorpelfuge, Knorpelhafte; *Sonderform:* Amphiarthrose, Amphiarthrosis*, straffes Gelenk, Wackelgelenk. **3)** *knöchern:* **Synostose,** Synostosis*, Knochenhafte. **II.** *mehr oder weniger bewegliche Form:* **Articulatio*,** Artikulation *(eindeutschend, selten)*, Arti-

culus *(älter)*, Arthro- *(nur in Zus.)*, Arthr- *(nur in Zus.)*, Diarthrose, Diarthrosis*, Junctura synovialis, Synovialgelenk, echtes Gelenk, Gelenk • *Formen:* **1)** *in allen drei Ebenen frei beweglich:* **Articulatio sphaeroidea***, Articulatio spheroidea *(neuere Form)*, Articulus sphaeroideus *(älter)*, Arthrodia, Kugelgelenk, Sphäroidgelenk, frei bewegliches Gelenk, freies Gelenk • *Sonderformen mit Beweglichkeit in zwei Ebenen:* **a)** Articulatio cotylica*, Enarthrose, Enarthrosis, Nußgelenk, Pfannengelenk. **b)** Articulatio ellipsoidea, Articulatio condylaris, Ellipsoidgelenk, Eigelenk. **2)** *mit zwei sattelförmigen Gelenkflächen, die je zwei Hauptbewegungen in zwei Ebenen erlauben:* **Articulatio sellaris***, Articulus sellaris *(älter)*, Sattelgelenk. **3)** *mit Beweglichkeit in einer Ebene nach Art einer Tür:* **Ginglymus,** Scharniergelenk, Winkelgelenk; *Sonderform, bei der die Führungslinie schräg zur Bewegungsachse verläuft:* Articulatio cochlearis, Schraubengelenk. **4)** *einachsige Drehbewegungen eines scheiben- oder zapfenförmigen Gelenkkopfes in einer ausgehöhlten Gelenkpfanne erlaubend:* **Articulatio trochoidea***, Articulus trochoideus, Radgelenk, Drehgelenk, Zapfengelenk. **5)** *mit ebenen Gelenkflächen, die sich aufeinander bewegen (verschieben) können:* **Articulatio plana***, Articulus planus, Arthrodia *(ungew.)*, Plangelenk, flaches Gelenk.

juvenile Albuminurie vgl. funktionelle Albuminurie.

K

KACHEXIE, Cachexia*, Marasmus, Konsum[p]tion, Consum[p]tio*, Inanition, Phthise, Phthisis*, Abzehrung, Auszehrung, Kräfteverfall, Hinfälligkeit • *im Alter:* **Marasmus senilis***, Altersschwäche. – Vgl. auch: *Dystrophie, Erschöpfung, Kollaps.*

Kaffeinismus vgl. Koffeinismus.

Kaffernpocken vgl. Variola.

Kahler-Krankheit vgl. Krebs.

Kahlheit vgl. Atrichie.

Kahlkopf vgl. Atrichie.

Kahlköpfigkeit vgl. Atrichie.

Kahnbein vgl. Ossa tarsi.

Kahnkopf vgl. Dyszephalie.

Kahnköpfigkeit vgl. Dyszephalie.

Kahnschädel vgl. Dyszephalie.

Kakanthrax vgl. Milzbrand.

Kakke vgl. Beriberi.

Kakostomie vgl. Foetor ex ore.

Kalabarbeule vgl. Filariose.

Kalkablagerung vgl. Kalzifikation.

Kalkaneus vgl. Ossa tarsi

Kalkinfiltration vgl. Kalzifikation.

Kalklunge vgl. Pneumokoniose.

Kalkstaublunge vgl. Pneumokoniose.

Kallosität vgl. Hyperkeratose.

Kallus vgl. Hyperkeratose.

Kalmans vgl. Psychopharmakon.

Kalmativum vgl. Psychopharmakon.

Kältebehandlung vgl. Kryotherapie.

kaltes Fieber vgl. Malaria.

Kaltkaustik vgl. Kauterisation.

Kaltverschorfung vgl. Kauterisation.

KALZIFIKATION, Kalzifizierung, Calcificatio*, Kalzinose, Calcinosis*, Degeneratio calcaria *(ungew)*., Kalkinfiltration, Kalkablagerung, Verkalkung.

Kalzifizierung vgl. Kalzifikation.

Kalzinose vgl. Kalzifikation.

Kamerunbeule vgl. Filariose.

Kammer vgl. Cor.

Kammerflimmern vgl. Arrhythmie.

Kanal vgl. Ductus.

Kanälchen vgl. Ductus.

Kaninchenfieber vgl. Tularämie.

Kaninus vgl. Dens.

Kankro- vgl. Krebs.

Kankroid vgl. Hautkrebs.

Kankrologe vgl. Arzt.
Kankrologie vgl. Medizin.
Kankrophobie vgl. Hypochondrie.
Kanzerologe vgl. Arzt.
Kanzerologie vgl. Medizin.
Kanzerophobie vgl. Hypochondrie.
Kapillarblutung vgl. Hämorrhagie.
Kapillare vgl. Blutgefäß.
Kapillarektasie vgl. Ektasie.
Kapillitium vgl. Pili.
Kapistration vgl. Phimose.
Karbunkel vgl. Abszeß.
Kardia: 1) vgl. Eingeweide. **2)** vgl. Cor.
Kardiakum vgl. Stimulans.
kardiale Dyspnoe vgl. Dyspnoe.
Kardialgie vgl. Gastralgie.
Kardiasthenie vgl. Kardiothymie.
Kardiektasie vgl. Ektasie.
Kardiektasis vgl. Ektasie.
Kardio- vgl. Cor.
Kardioangiogramm vgl. Röntgenogramm.
Kardioangiographie vgl. Röntgenographie.
Kardiogramm: 1) vgl. Elektrokardiogramm. **2)** vgl. Röntgenogramm.
Kardiographie vgl. Röntgenographie.
Kardiokinetikum vgl. Stimulans.
Kardiologe vgl. Arzt.
Kardiologie vgl. Medizin.
KARDIOMEGALIE, Cardiomegalia*, Hypertrophia cardiaca, Cor bilaterale, Herzhypertrophie, Herzvergrößerung, Sportherz, Sportlerherz, Kugelherz, Schwerarbeiterherz; *abnorm vergrößert:* Cor bovinum, Cor taurinum, Bukardie, Ochsenherz, Riesenherz.
Kardioneurose vgl. Kardiothymie.
Kardiopalmie vgl. Palpitatio cordis.
Kardiopalmus vgl. Palpitatio cordis.
KARDIOPTOSE, Kardioptosie *(ungew.)*, Bathykardie, Rummo-Krankheit, Herzsenkung • *bei abnormer Beweglichkeit des Herzens:* **Cor mobile,** Wanderherz; *tief herabhängend:* Cor pendulum, Cor asthenicum, pendelndes Herz, Tropfenherz.
Kardioptosie vgl. Kardioptose.
Kardiorrhagie vgl. Hämorrhagie.
Kardiospasmus vgl. Gastralgie.
KARDIOTHYMIE, Cor nervosum, Neurosis cardiaca, Kardioneurose, Neurasthenia cardiaca, nervöses Herz, nervöse Herzbeschwerden, funktionelle Herzbeschwerden, Herzneurose; *unter dem Bild einer Stenokardie:* Pseudoangina pectoris, Angina pectoris vasomotoria, Angina pectoris vasomotorica, Angina pectoris spastica, Angina pectoris functionalis, Angina pectoris nervosa, Angina pectoris spuria, Angina pectoris falsa, funktionelle Angina pectoris, funktionelle Stenokardie; *charakteristisch ausgeprägt mit Herzklopfen, Herzstichen und Atemnot:* Phrenokardie, Kardiasthenie, Neurasthenia cardiovascularis, Herztrias. – Vgl. auch: *Angina pectoris.*
Kardiotonikum vgl. Stimulans.
KARDITIS, Carditis*, Herzentzündung; *des gesamten Herzens:* Pankarditis, Pancarditis* • *der inneren Haut:* **Endokarditis,** Endocarditis*, Carditis interna, Herzinnenhautentzündung • *der äußeren Umhüllung:* **Perikarditis,** Pericarditis*, Herzbeutelentzündung • *der mittleren Herzwandschicht:* **Myokarditis,** Myocarditis, Herzmuskelentzündung. – Vgl. auch den Artikel: *Kardiopathie.*
Karenz vgl. Abstinenz.
Karezza vgl. Koitus.
KARIES *(übliche Kurzbez.)*, Caries dentium*, Caries dentalis *(ungew.)*, Zahnkaries, Zahnfäule.
Karotide vgl. Karotis.
KAROTIS *(übliche Kurzbez.)*, Karotide *(eindeutschend, selten)*, Arteria carotis*, Kopfschlagader, Halsschlagader.
Karphologie vgl. Floccilegium.
Karyoplasma vgl. Protoplasma.
Karzinologe vgl. Arzt.
Karzinologie vgl. Medizin.
Karzinom vgl. Krebs.
Karzinophobie vgl. Hypochondrie.
Käse vgl. Smegma.
Käseschmiere vgl. Vernix.
Kastration vgl. Sterilisation.
Katabolie vgl. Metabolismus.
Katabolismus vgl. Metabolismus.

Katadidymus vgl. Monstrosität.
Katamenien vgl. Menstruation.
Katamnese vgl. Anamnese.
Kataplasma vgl. Umschlag.
kataplektische Hemmung vgl. Kataplexie.
KATAPLEXIE, Cataplexia*, Kataplexis *(ungew.)*, Cataplexis* *(ungew.)*, kataplektische Hemmung, Schrecklähmung, Schreckstarre, affektiver Tonusverlust • *bes. bei heftigem Lachen:* **Gelolepsie**, Gelolepsia*, Gelotolepsie *(ungew.)*, Geloplegie, Lachschlag. – Vgl. aber: *Gelasma.*
Kataplexis vgl. Kataplexie.
KATARAKT, Cataracta*, grauer Star, Hypochyma *(ungew.)*, Linsentrübung; *altersbedingt:* Cataracta senilis, Phakosklerose, Altersstar.
katarrhalische Pneumonie vgl. Pneumonie.
Kathartikum vgl. Abführmittel.
Kathisophobie vgl. Akathisie.
Kaustik vgl. Kauterisation.
KAUTERISATION, Kaustik, Ausbrennung, Verschorfung, Verätzung; *mittels hoher Temperaturen:* Thermokauterisation, Thermokaustik, Thermokoagulation, Ignipunktur, Heißkaustik, [chirurgische] Verkochung; *bes. mittels Gleichstroms:* Galvanokaustik, Galvanokauterisation, Galvanokoagulation; *bes. mittels hochfrequenter Wechselströme:* Elektrokauterisation, Elektrokaustik, Elektrokoagulation, Elektropunktur, elektrische Verkochung; *mit Hilfe der Kältetechnik, bes. mittels Kohlensäureschnee und Aceton:* Kryokauterisation, Kryokaustik, Kaltkaustik, Kaltverschorfung. – Vgl. auch den Artikel *Operation.*
Kautschukhaut vgl. Cutis hyperelastica.
Kavaliersschnupfen vgl. Geschlechtskrankheiten.
Kaverne vgl. Cavum.
Kavität vgl. Cavum.
Kehldeckel vgl. Larynx.
Kehle vgl. Jugulum.
Kehlkopf vgl. Larynx.
Kehlkopfspiegelung vgl. Endoskopie.
Keilbeine vgl. Ossa tarsi.
Keilbeinhöhle vgl. Organa sensuum.
Keilbeinhöhlenentzündung vgl. Sinusitis.
Keilkopf vgl. Dyszephalie.
Keilköpfigkeit vgl. Dyszephalie.
Keilschädel vgl. Dyszephalie.
keimtötendes Mittel vgl. Chemotherapeutikum.
Keimzelle vgl. Gamet.
Keimzellengeschwulst vgl. Dysgerminom.
Kelonychie vgl. Koilonychie.
Kephalhämatom vgl. Hämorrhagie.
Kephaloklasie vgl. Embryotomie.
Kephalon vgl. Dyszephalie.
Kephalothlasie vgl. Embryotomie.
Kephalothrypsie vgl. Embryotomie.
Kephalotomie vgl. Embryotomie.
Kephalotripsie vgl. Embryotomie.
Kephalozele vgl. Zephalozele.
Keratoglobus vgl. Keratomegalie.
Keratokonus vgl. Keratomegalie.
Keratom vgl. Hyperkeratose.
Keratoma vgl. Hyperkeratose.
KERATOMEGALIE, Megalokornea, Hornhautvergrößerung • *mit kugeliger Vorwölbung der Hornhaut:* **Keratoglobus**, Cornea globosa, Cornea globulosa *(ungew.)*, Staphyloma pellucidum globulosum • *mit kegelförmiger Vorwölbung der Hornhaut:* **Keratokonus**, Cornea conica, Cornea conicalis *(ungew.)*, Staphyloma pellucidum conicum, Hornhautkegel. – Vgl. auch: *Buphthalmie.*
Keratose vgl. Hyperkeratose.
Keratosis vgl. Hyperkeratose.
KERATOZELE, Descemetozele, Hernia corneae, Hornhautbruch.
Kernplasma vgl. Protoplasma.
Keuchhusten vgl. Pertussis.
KIEFER, Gnatho- *(nur in Zus.)*, Gnath- *(nur in Zus.); oberer Teil:* Maxilla, Oberkiefer; *unterer Teil:* Mandibula, Maxilla inferior *(veraltet)*, Unterkiefer.
Kieferchirurg vgl. Arzt.
Kieferchirurgie vgl. Medizin.
Kiefer-Gaumen-Spalte vgl. Prosoposchisis.

Kieferhöhle vgl. Organa sensuum.
Kieferhöhlenentzündung vgl. Sinusitis.
Kieferhöhlenkatarrh vgl. Sinusitis.
Kieferspalte vgl. Prosoposchisis.
Kieferstarre vgl. Tetanus.
Kielkopf vgl. Dyszephalie.
Kielköpfigkeit vgl. Dyszephalie.
Kielschädel vgl. Dyszephalie.
Kindbett vgl. Puerperium.
Kinderarzt vgl. Arzt.
Kinderhaß vgl. Misanthropie.
Kinderheilkunde vgl. Medizin.
Kinderscheu vgl. Misanthropie.
kindliche Akrodynie vgl. Feer-Krankheit.

KINDSLAGE, Geburtslage, Situs, Positio *(selten)* • **1)** *Längsachse der Frucht und der Gebärmutter entsprechen einander:* **Längslage,** Geradlage. **a)** *mit dem Kopf zum Geburtskanal:* **Kopflage,** Schädellage; Hinterhauptslage, Flexionslage; Deflexionslage, Vorderhauptslage, Stirnlage, Gesichtslage. **b)** *mit dem Becken zum Geburtskanal:* **Beckenendlage,** Beckenlage; *mit vorangehendem Steiß:* Steißlage; *mit Voranliegen des Steißes und eines oder beider Füße:* Steiß-Fuß-Lage; *mit Voranliegen eines oder beider Füße:* Fußlage; *mit Voranliegen eines oder beider Knie:* Knielage. **2)** *Die Längsachse der Frucht liegt quer zur Längsachse der Gebärmutter:* **Querlage,** Schräglage; *mit voranliegender Schulter:* Schulterlage.

Kinesiatrie vgl. Kinesiotherapie.
Kinesiatrik vgl. Kinesiotherapie.
Kinesie vgl. Kinetose.

KINESIOTHERAPIE, Kinesitherapie, Kinesiatrie *(ungew.)*, Kinesiatrik *(ungew.)*, Kinetotherapie *(ungew.)* • **a)** *aktiv:* **Heilgymnastik,** Übungstherapie, Bewegungstherapie, Bewegungsbehandlung, Lingismus *(ungew.)*. **b)** *passiv:* **Massage,** Massieren, Massotherapie; Tapotement, Klopfung, Klatschung; Friktion, Reibung, Einreibung, Abreibung; *punktförmig:* Gelotripsie; Knetung, Walkung; Vibration, Durchschüttelung, Durchrüttelung; Perkussion, Schüttelung; Streichen. – Vgl. auch den Artikel *Physiotherapie*.

Kinesitherapie vgl. Kinesiotherapie.

KINETOSE, Kinesie *(ungew.)*, Bewegungskrankheit, Reisekrankheit, Fahrkrankheit *(selten)*; Nausea marina, Nausea navalis, Seekrankheit; Höhenkrankheit, Luftkrankheit, Flugzeugkrankheit; Autokrankheit. – Vgl. auch: *Kinetose.*

Kinetotherapie vgl. Kinesiotherapie.
Kinn vgl. Mentum.
Kinnflechte vgl. Follikulitis.
Kirsozele vgl. Varikozele.
Kitzler vgl. Genitalien.
Klapsmühle vgl. Klinik.
klassisches Fleckfieber vgl. Fleckfieber.
Klatschung vgl. Kinesiotherapie.
Klaudikation vgl. Dysbasie.
Klaustrophobie vgl. Topophobie.
Klavikel vgl. Clavicula.
Klavikula vgl. Clavicula.
Klavus vgl. Hyperkeratose.
Kleid- vgl. Clavicula.
Kleidagra vgl. Arthritis urica.
Kleiderläuse vgl. Pedikulose.
Kleido- vgl. Clavicula.
kleine Grube vgl. Foramen.
kleiner Backenzahn vgl. Dens.
kleiner Finger vgl. Digitus.
kleiner Gang vgl. Ductus.
kleiner Kanal vgl. Ductus.
kleiner Krampfanfall vgl. Epilepsie.
kleiner Onkel vgl. Digitus.
kleiner Puls vgl. Puls.
kleiner Verbindungsgang vgl. Ductus.
kleine Schamlippen vgl. Genitalien.
kleines Mesenterium vgl. Peritonäum.
kleines Netz vgl. Peritonäum.
kleine Zehe vgl. Digitus.
Kleinfinger vgl. Digitus.
Kleinfingrigkeit vgl. Hyposomie.
Kleinhirn vgl. Cerebrum.
Kleinhirnrinde vgl. Cortex cerebri.
Kleinköpfigkeit vgl. Dyszephalie.
Kleinsporenflechte vgl. Mikrosporie.
Kleinwuchs vgl. Hyposomie.
Kleinzehe vgl. Digitus.
Kleis- vgl. Clavicula.
Kleisagra vgl. Arthritis urica.
Kleptomanie vgl. Anankasmus.
Kleptophobie vgl. Anankasmus.

KLIMAKTERIUM, Climacterium*, Klimax *(seltener)*, Climax* *(seltener)*, Wechseljahre, Jahre *(volkst., verhüllende Kurzbez.)*, kritische Jahre *(volkst.); vom Aufhören der Regelblutungen her gesehen:* Menopause.
klimatischer Bubo vgl. Geschlechtskrankheiten.
Klimatotherapeutik vgl. Aerotherapie.
Klimatotherapie vgl. Aerotherapie.
Klimax: 1) vgl. Klimakterium. **2)** vgl. Orgasmus.
KLINIK, Krankenhaus, Krankenanstalt, Hospital, Spital *(volkst., veraltend); für Soldaten:* Lazarett, Militärhospital; *für ambulante Krankenbehandlung:* Poliklinik, *kleinere:* Ambulatorium, Ambulanz; *fahrbar:* Klinomobil, Ambulanz; *für nicht [mehr] Krankenhausbedürftige:* Sanatorium, Heilstätte, Genesungsheim; *für Geisteskrankheiten:* psychiatrische Klinik, Heil- und Pflegeanstalt, Heilanstalt *(volkst.)*, Irrenhaus *(abwertend)*, Irrenanstalt *(abwertend)*, Klapsmühle *(salopp, abwertend)*, Nervenanstalt *(volkst.)*.
Klinomobil vgl. Klinik.
KLISTIER, Klysma, Enema *(selten)*, Irrigation, Einlauf *(volkst.)*, Darmeinlauf *(selten)*, Darmspülung.
Klithrophobie vgl. Topophobie.
Klitoris vgl. Genitalien.
klonischer Augenlidkrampf vgl. Blepharospasmus.
Klopfung vgl. Kinesiotherapie.
Kloß im Hals vgl. Globussyndrom.
Klumpfuß vgl. Fußdeformität.
Klysma vgl. Klistier.
Knabenliebe vgl. Homosexualität.
Knetung vgl. Kinesiotherapie.
Knickbein vgl. Genu valgum.
Knickfuß vgl. Fußdeformität.
Knick-Hacken-Fuß vgl. Fußdeformität.
Knidose vgl. Urtikaria.
Knie vgl. Genu.
Kniebeuge vgl. Genu.
Kniegelenk vgl. Genu.
Kniegelenkentzündung vgl. Gonarthritis.
Kniegelenkrheumatismus vgl. Arthritis urica.
Kniegicht vgl. Arthritis urica.
Kniekehle vgl. Genu.
Knielage vgl. Kindslage.
Kniescheibe vgl. Genu.
Knisterrasseln vgl. Rasselgeräusch.
Knöchelchen vgl. [1]Os.
Knochen vgl. [1]Os.
Knochenbruch vgl. Verletzung.
Knochenentzündung vgl. Ostitis.
Knochenfreßzelle vgl. Osteoklast.
Knochengerüst vgl. [1]Os.
Knochengeschwulst vgl. Osteoblastom.
Knochengewebe vgl. Gewebe.
Knochenhafte vgl. Junktur.
Knochenhaut vgl. Periost.
Knochenhautentzündung vgl. Ostitis.
Knochen-Knorpel-Entzündung vgl. Ostitis.
Knochenmarkentzündung vgl. Ostitis.
Knochenmarkkrebs vgl. Krebs.
Knochennaht vgl. Junktur.
Knochenriß vgl. Verletzung.
Knochenschmerz[en] vgl. Ostealgie.
Knochensequesterentfernung vgl. Sequestrotomie.
Knochenverbindung vgl. Junktur.
knöcherne Gelenksteife vgl. Ankylose.
knöcherner Gaumen vgl. Palatum.
Knollen vgl. Effloreszenz.
Knollennase vgl. Rosazea.
Knorpel vgl. Gewebe.
Knorpelfuge vgl. Junktur.
Knorpelgewebe vgl. Gewebe.
Knorpelhafte vgl. Junktur.
knorpelige Knochenverbindung vgl. Junktur.
Knötchen vgl. Effloreszenz.
Knoten vgl. Effloreszenz.
Kodeinismus vgl. Opiumismus.
Kodeinomanie vgl. Opiumismus.
Kodeinsucht vgl. Opiumismus.
Kodeinvergiftung vgl. Opiumismus.
Koenzym vgl. Enzym.
Koferment vgl. Enzym.
KOFFEINISMUS, Kaffeinismus *(ungew.)*, Teinismus *(ungew.)*, Theinismus *(ungew.)*, Koffeinvergiftung, Koffeinsucht, Teinvergiftung, Theinvergiftung. – Vgl. auch den Artikel *Intoxikation.*
Koffeinsucht vgl. Koffeinismus.
Koffeinvergiftung vgl. Koffeinismus.

Kohabitation vgl. Koitus.
Kohlenlunge vgl. Pneumokoniose.
Kohlenstaublunge vgl. Pneumokoniose.
Koilonychie, Coilonychia*, Kelonychie *(ungew.)* Spoon-nail *(selten)*, Hohlnagel, Löffelnagel. – Vgl. auch den Artikel *Onychopathie*.
KOITUS, Coitus*, Kohabitation, Cohabitatio*, Kopulation *(selten)*, Copulatio*, Kongressus *(selten)*, Congressus*, Konkubitus *(selten)*, Concubitus* *(selten)*, Beischlaf, Geschlechtsverkehr, Verkehr, Begattung, Beiwohnung *(gehoben)*, Beilager *(dichterisch)* • *Form der Ausübung:* **a)** *von hinten:* **Coitus a tergo**, Coitus à la vache. **b)** *ohne regelrechten Orgasmus bzw. ohne Ejakulation in die Scheide:* **Coitus incompletus**, Coitus interruptus, Coitus vestibularis, Coitus hispanicus. **c)** *verzögert:* **Coitus prolongatus. d)** *verhalten und ohne Ejakulation:* **Coitus reservatus**, Karezza, Carezza. **e)** *mit oral-genitalem Kontakt:* **Coitus per os**, Coitus oralis, Fellatio, Fellare *(selten)*, Coitus in ore *(ungew.)*, Penilingus; Kunnilingus, Cunnilingus; Neunundsechzig (69), Soixante-neuf. **f)** *zwischen den Oberschenkeln der Frau:* **Coitus inter femora. g)** *abnorm durch den After:* **Coitus per anum**, Copulatio analis, Coitus per rectum.
KOKAINISMUS, Kokainomanie, Kokainvergiftung, Kokainsucht. – Vgl. auch den Artikel *Intoxikation*.
Kokainomanie vgl. Kokainismus.
Kokainsucht vgl. Kokainismus.
Kokainvergiftung vgl. Kokainismus.
Kokzyg- vgl. Os coccygis.
Kokzygo- vgl. Os coccygis.
Koleoptose vgl. Prolapsus vaginae.
Koleozele: 1) vgl. Prolapsus vaginae. **2)** vgl. Rektozele.
Kolitis vgl. Enteritis.
Kollapstemperatur vgl. Fieber.
Kollonema vgl. Myxom.
Kollum vgl. Collum.
Kollumkarzinom vgl. Gebärmutterkrebs.
Koloenteritis vgl. Enteritis.
Kolon vgl. Eingeweide.
Koloptose vgl. Enteroptose.
Kolostralmilch vgl. Kolostrum.
KOLOSTRUM, Colostrum*, Kolostralmilch, Hexenmilch, Biestmilch, Vormilch.
Kolpaporrhexis vgl. Kolporrhexis.
Kolpatresie vgl. Gynatresie.
Kolpismus vgl. Vaginismus.
KOLPITIS, Colpitis*, Vaginitis, Elytritis, Scheidenentzündung, Scheidenkatarrh.
Kolpo- vgl. Genitalien.
Kolpoptose vgl. Prolapsus vaginae.
Kolporrhagie vgl. Hämorrhagie.
KOLPORRHEXIS, Kolpaporrhexis, Laceratio vaginae *(ungew.)*, Scheidenriß, Scheidenruptur.
Kolposkopie vgl. Endoskopie.
Kolpospasmus vgl. Vaginismus.
Kolpozele: 1) vgl. Prolapsus vaginae. **2)** vgl. Rektozele.
Koma vgl. Bewußtseinsstörung.
Kombustion vgl. Verletzung.
KOMEDO (*Mehrz.*: Komedonen), Comedo* (*Mehrz.*: Comedones), Mitesser; *gehäuft:* A c n e p u n c t a t a.
Komedonen vgl. Komedo.
Kommaskulation vgl. Homosexualität.
Kommotio, Kommotion vgl. Verletzung.
Komplement vgl. Antikörper.
Komplex vgl. Symptom.
Kompresse vgl. Umschlag.
Kompression vgl. Verletzung.
Kompressor vgl. Muskel.
Komprette vgl. Medikament.
Konarium vgl. Corpus pineale.
Kondylom vgl. Verruca.
Kondylus vgl. Condylus.
Kondom vgl. Präservativ.
Kongelation vgl. Congelatio.
kongenitale Leukäthiopie vgl. Achromie.
kongenitale Schreibschwäche vgl. Aphasie.
kongenitale Wortblindheit vgl. Aphasie.
Kongestion vgl. Hyperämie.
Kongressus vgl. Koitus.
Koniose vgl. Pneumokoniose.
Konkubitus vgl. Koitus.
Konkupiszenz vgl. Libido.
Konkussion vgl. Verletzung.
Konquassation vgl. Verletzung.

Konstipation vgl. Obstipation..
Konstriktor vgl. Muskel.
Konsum[p]tion vgl. Kachexie.
Kontinenz vgl. Abstinenz.
Kontorsion vgl. Verletzung.
Konträrsexualität vgl.Homosexualität.
Kontraveneum vgl. Antidot.
kontrollierte Hypothermie vgl. Hibernation.
Kontusion vgl. Verletzung.
Konvergenzschielen vgl. Strabismus.
Konzeption vgl. Befruchtung.
Koordinationsstörung vgl. Ataxie.
Kopfblutgeschwulst vgl. Hämorrhagie.
Kopfbruch vgl. Zephalozele.
Kopfgeschwulst vgl. Hämorrhagie.
Kopfgrind vgl. Favus.
Kopfgrippe vgl. Encephalitis epidemica.
Kopfhaare vgl. Pili.
Kopflage vgl. Kindslage.
Kopfläuse vgl. Pedikulose.
Kopfpilzerkrankung vgl. Mikrosporie.
Kopfschlagader vgl. Karotis.
Kopfschmerz[en] vgl. Zephalalgie.
Köpfung vgl. Embryotomie.
Kopiopie vgl. Asthenopie.
Kopr- vgl. Exkret.
Kopragogum vgl. Abführmittel.
Kopremesis vgl. Vomitus.
Kopro- vgl. Exkret.
Koprolagnie vgl. Perversität.
Koprolalie vgl. Anankasmus.
Koprolalomanie vgl. Anankasmus.
Koprolith vgl. Enterolith.
Koprom vgl. Enterolith.
Koprophagie vgl. Pikazismus.
Koprophemie vgl. Anankasmus.
Koprophilie vgl. Perversität.
Koprophrasie vgl. Anankasmus.
Koprostase vgl. Obstipation.
Kopula vgl. Antikörper.
Kopulation vgl. Koitus.
Korium vgl. Organa sensuum.
Körnerkrankheit vgl. Trachom.
Koronarinfarkt vgl. Herzinfarkt.
Körperausscheidung vgl. Exkret.
Körperhöhle vgl. Cavum.
körperliche Mißbildung vgl. Monstrosität.
Korpulenz vgl. Adipositas.
Korpuskarzinom vgl. Gebärmutterkrebs.
Koryza vgl. Rhinitis.
Kot vgl. Exkret.
Koterbrechen vgl. Vomitus.
Kotessen vgl. Pikazismus.
Kotgeschwulst vgl. Enterolith.
Kotschinchinadiarrhö vgl. Sprue.
Kotschinchinadurchfall vgl. Sprue.
Kotstauung vgl. Obstipation.
Kotstein vgl. Enterolith.
KOXALGIE, Coxalgia*, Koxodynie, Hüftschmerz • *auf Grund einer Neuralgie oder Neuritis im Bereich des Nervus ischiadicus:* **Ischias**, Ischialgie, Ischialgia*, Ischiagra *(veraltet)*, Ischiodynie *(ungew.)*, Neuralgia ischiadica, Neuritis ischiadica *(selten)*, Ischiatitis *(ungew.)*, Malum Cotunnii *(veraltet)*, Cotugno-Krankheit *(veraltet)*, Malum Cotugnii *(veraltet)*, Hüftweh.
Koxodynie vgl. Koxalgie.
Kräfteverfall vgl. Kachexie.
kräftigendes Mittel vgl. Stimulans.
Kräftigungsmittel vgl. Stimulans.
Krallennagel vgl. Onychauxis.
Krampfader vgl. Ektasie.
Krampfaderbruch vgl. Varikozele.
krampfhaftes Lachen cgl. Gelasma.
krampflösendes Mittel vgl. Spasmolytikum.
krampfstillendes Mittel vgl. Spasmolytikum.
Kranioklasis vgl. Embryotomie.
Kranioklasma vgl. Embryotomie.
Kranioklastie vgl. Embryotomie.
Kraniosklerose vgl. Dyszephalie.
Kraniostenose vgl. Dyszephalie.
Kraniostose vgl. Dyszephalie.
Kraniosynostose vgl. Dyszephalie.
Kraniotomie vgl. Embryotomie.
Kraniotripsie vgl. Embryotomie.
Krankenanstalt vgl. Klinik.
Krankengeschichte vgl. Anamnese.
Krankenhaus vgl. Klinik.
Krankenkost vgl. Diät.
krankhafte Ausbuchtung vgl. Ektasie.
krankhafte Erregbarkeit vgl. Erethismus.
krankhafte Erweiterung vgl. Ektasie.
krankhafte Feinhörigkeit vgl. Dysakusis.

krankhafte Geschwätzigkeit vgl. Logorrhö.
krankhafte Reizbarkeit vgl. Erethismus.
krankhafter Großwuchs vgl. Hypersomie.
krankhafter Kleinwuchs vgl. Hyposomie.
krankhafte Todesangst vgl. Phobie.
krankhafte Überempfindlichkeit vgl. Idiosynkrasie.
krankhafte Vermehrung der Harnsäure im Blut vgl. Urikämie.
krankhafte Vermehrung der roten Blutkörperchen vgl. Polyzythämie.
krankhafte Vermehrung der weißen Blutkörperchen vgl. Leukozytose.
krankhafte Verminderung der weißen Blutkörperchen vgl. Leukopenie.
krankhaft gesteigertes Geruchsvermögen vgl. Dysosmie.
krankhaft verfeinerter Geschmackssinn vgl. Dysgeusie.
Krankheit vgl. Morbus.
Krankheitsangst vgl. Hypochondrie.
Krankheitseinbildung vgl. Hypochondrie.
Krankheitsentstehung vgl. Pathogenese.
Krankheitsunterscheidung vgl. Differentialdiagnose.
Krankheitsursache vgl. Pathogenese.
Krankheitsvorgeschichte vgl. Anamnese.
Krankheitszeichenlehre vgl. Symptomatologie.
Krankheitswahn vgl. Hypochondrie.
Krankheitszeichen vgl. Symptom.
Kränklichkeit vgl. Infirmität.
Krätze vgl. Akariase.
KREBS *(volkst.)*, Krebserkrankung, Krebsgeschwulst, maligner Tumor, Tumor malignus, maligne Geschwulst, malignes Gewächs, bösartiger Tumor, bösartige Geschwulst, bösartiges Gewächs, Cancer *(selten)*, Kankro- *(nur in Zus., selten)*, Malignom, Malignoma*, Karzinom *(ungenau)* • *vom Deckgewebe ausgehend:* **Karzinom**, Carcinoma*, Ca. *(übliche Abk.)*, Epitheliom *(ungew.)*, Epithelioma* • *vom Bindegewebe ausgehend:* **Sarkom**, Sarcoma*; *bindegewebsreich:* Fibrosarkom, Fibrosarcoma*; *muskelgewebsreich:* Myosarkom, Myosarcoma*; *reich an Fettgeweben:* Liposarkom, Liposarcoma*; *vom Schleimgewebe ausgehend:* Myxosarkom, Myxosarcoma*; *vom Knochengewebe ausgehend oder knochenbildend:* Osteosarkom; Osteosarcoma*; *vom Knorpelgewebe ausgehend:* Chondrosarkom, Chondrosarcoma* • *vom Knochenmark ausgehend:* **Myelom**, Myeloma*, Plasmozytom, Plasmocytoma*, Kahler-Krankheit, Osteomyelom *(ungew.)*, Osteomyeloma*, Bozzolo-Krankheit, Knochenmarkskrebs • *von Retikulumzellen ausgehend:* **Retikulosarkom**, Reticulosarcoma*, Retikuloendotheliom, Reticuloendothelioma*, Retothelosarkom *(ungew.)*, Retothelosarcoma*, Retikulumzellensarkom, Retothelsarkom • *von den melaninproduzierenden Zellen ausgehend:* **Melanom**, Melanoma*, Melanosarkom, Melanosarcoma*, Chromatophorom, Chromatophoroma*, Carcinoma nigrum. – Vgl. auch: *Adenokarzinom, Bronchialkrebs, Brustkrebs, Gebärmutterkrebs, Hautkrebs.*
Krebsangst vgl. Hypochondrie.
Krebsarzt vgl. Arzt.
Krebserkrankung vgl. Krebs.
Krebsgeschwulst vgl. Krebs.
Kreißende vgl. Gravida.
Kreishaarschwund vgl. Atrichie.
Kremaster vgl. Muskel.
Krenotherapie vgl. Hydrotherapie.
Krepitation vgl. Rasselgeräusch.
Kretinismus vgl. Oligophrenie.
kretinoide Idotie vgl. Oligophrenie.
Kribbelkrankheit vgl. Ergotismus.
Kriegsfieber vgl. Fleckfieber.
Kriegstyphus vgl. Fleckfieber.
Krise vgl. Deferveszenz.
Krisis vgl. Deferveszenz.
kritische Deferveszenz vgl. Deferveszenz.
kritische Jahre vgl. Klimakterium.
kritischer Fieberabfall vgl. Deferveszenz.
kritisches Dreitagefieberexanthem vgl. Exanthema subitum.

kritische Tage vgl. Menstruation.
Krokodilhaut vgl. Ichthyose.
Krone vgl. Dens.
Kropf vgl. Struma.
Krozidismus vgl. Floccilegium.
Krummdarm vgl. Eingeweide.
Krummdarmentzündung vgl. Enteritis.
kruppöse Pneumonie vgl. Pneumonie.
Kruste vgl. Effloreszenz.
Krymotherapie vgl. Kryotherapie.
Krymotherapeutik vgl. Kryotherapie.
Kryokaustik vgl. Kauterisation.
Kryokauterisation vgl. Kauterisation.
KRYOTHERAPIE, Krymotherapie *(selten)*, Krymotherapeutik *(selten)*, Frigotherapie, Psychrotherapie *(ungew.)*, Kältebehandlung, Gefrierbehandlung. – Vgl. auch den Artikel *Physiotherapie*.
Krypte vgl. Foramen.
kryptogenetische Anämie vgl. perniziöse Anämie.
Kryptorchidie vgl. Anorchie.
Kryptorchidismus vgl. Anorchie.
Kryptorchismus vgl. Anorchie.
kubanische Krätze vgl. Variola.
Kuboid vgl. Ossa tarsi.
Kugelgelenk vgl. Junktur.
Kugelherz vgl. Kardiomegalie.
Kugelzellen vgl. Blutkörperchen.
Kuldoskopie vgl. Endoskopie.
Kümmerwuchs vgl. Hyposomie.
Kunnilingus vgl. Koitus.
künstliche Befruchtung vgl. Befruchtung.
künstlicher After vgl. Anus.
künstlicher Schrittmacher vgl. Schrittmacher.
künstlicher Winterschlaf vgl. Hibernation.
künstliches Glied vgl. Prothese.
künstliche Zähne vgl. Prothese.
Kupferfinnen vgl. Rosazea.
Kupido vgl. Libido.
KÜRETTAGE, Curettage, Kürette *(Fachjargon)*, Curettement *(ungew)*, Abrasio uteri, Abrasio *(übliche Kurzbez.)*, Abrasion *(selten)*, Evidement, Ausschabung, Auskratzung, Gebärmutterausschabung,Gebärmutterauskratzung.
Kürette vgl. Kürettage.
Kurzatmigkeit vgl. Dyspnoe.
Kurzfingrigkeit vgl. Hyposomie.
Kurzkopf vgl. Dyszephalie.
Kurzköpfigkeit vgl. Dyszephalie.
Kurzschädel vgl. Dyszephalie.
Kurzsichtigkeit vgl. Ametropie.
Kutis vgl. Organa sensuum.
Kyem vgl. Gamet.
Kyese vgl. Gravidität.
Kyesis vgl. Gravidität.
Kymogramm vgl. Röntgenogramm.
Kymographie vgl. Röntgenographie.
Kynorexie vgl. Akorie.
Kyphoscoliosis vgl. Wirbelsäulenverkrümmung.
Kyphose, Kyphosis vgl. Wirbelsäulenverkrümmung.
Kyphoskoliose vgl. Wirbelsäulenverkrümmung.
Kystom vgl. Zystadenom.

L

L. vgl. Geschlechtskrankheiten.
Labia vgl. Genitalien.
Labia majora pudendi vgl. Genitalien.
Labia minora pudendi vgl. Genitalien.
Labien vgl. Genitalien.
Labium fissum vgl. Prosoposchisis.
Labium leporinum vgl. Prosoposchisis.
Labium majus pudendi vgl. Genitalien.
Labium minus pudendi vgl. Genitalien.
Labores vgl. Dolor.
Labyrinth vgl. Organa sensuum.
Labyrinthitis vgl. Otitis.
Labyrinthus vgl. Organa sensuum.
Laceratio vgl. Verletzung.
Laceratio vaginae vgl. Kolporrhexis.
Lachkrampf vgl. Gelasma.
Lachschlag vgl. Kataplexie.
Lachzwang vgl. Gelasma.
LACRIMA, Dakry- *(nur in Zus.)*, Dakryo- *(nur in Zus.)*, Träne.

Lacuna vgl. Foramen.
Laesio vgl. Verletzung.
Lagerfieber vgl. Fleckfieber.
Lagertyphus vgl. Fleckfieber.
Lahmen vgl. Dysbasie.
Lähmung vgl. Paralyse.
Lageanomalie vgl. Dystopie.
Laktagogum vgl. Galaktagogum.
Laktoflavin vgl. Vitamin B_2.
Lakune vgl. Foramen.
Lamina fibrocartilaginea interpubica vgl. Discus articularis.
Laminagramm vgl. Röntgenogramm.
Laminagraphie vgl. Röntgenographie.
Lamina visceralis pericardii vgl. Perikard.
Laminogramm vgl. Röntgenogramm.
Laminographie vgl. Röntgenographie.
Langkopf vgl. Dyszephalie.
Langköpfigkeit vgl. Dyszephalie.
langsamer Puls vgl. Puls.
Langschädel vgl. Dyszephalie.
Längslage vgl. Kindslage.
Lanugo vgl. Pili.
Laparo- vgl. Abdomen.
Laparoskopie vgl. Endoskopie.
Laparozele vgl. Hernia abdominalis
Lappenbronchen vgl. Trachea.
Lappenpneumonie vgl. Pneumonie.
Lapsus capillorum vgl. Atrichie.
Laryng- vgl. Larynx.
LARYNGISMUS, Laryngospasmus, Spasmus glottidis, Stimmritzenkrampf. – Vgl. auch: *Pharyngismus.*
Laryngo- vgl. Larynx.
Laryngologe vgl. Arzt.
Laryngologie vgl. Medizin.
Laryngopharynx vgl. Pharynx.
Laryngoskopie vgl. Endoskopie.
Laryngospasmus vgl. Laryngismus.
LARYNX, Laryngo- *(nur in Zus.)*, Laryng- *(nur in Abl. und Zus.)*, Kehlkopf • *den Eingang verschließender knorpeliger Teil:* **Epiglottis,** Kehldekkel • *der Stimmbildung dienender Teil:* **Glottis,** Stimmapparat. **a) Ligamenta vocalia** *(Mehrz.)*, Chordae vocales *(Mehrz.; älter)*, Stimmbänder. **b) Rima glottidis,** Glottis *(veraltet)*, Stimmritze. – Vgl. auch den Artikel *Apparatus respiratorius.*
Läsion vgl. Verletzung.
latentes Schielen vgl. Strabismus.
Latenzstadium vgl. Latenzzeit.
LATENZZEIT, Latenzstadium, Eklipse; *bes. auf Infektionskrankheiten bezogen:* Inkubationszeit, Inkubationsstadium, Inkubation.
Laterozele vgl. Hernia abdominalis.
Lauftrieb vgl. Dromomanie.
Läuse vgl. Pedikulose.
Läusebefall vgl. Pedikulose.
Läusefleckfieber vgl. Fleckfieber.
Läusesucht vgl. Pedikulose.
Läusetyphus vgl. Fleckfieber.
Laxans vgl. Abführmittel.
Laxativ, Laxativum vgl. Abführmittel.
Lazarett vgl. Klinik.
Lazeration vgl. Verletzung.
LEBENSMITTELVERGIFTUNG, Nahrungsmittelvergiftung, Intoxicatio alimentaria, Sitotoxismus *(selten)*, Sitiotoxismus *(selten)*, Bromatoxismus *(ungew.)*, Bromatotoxismus *(ungew.)* • *bakteriell, bes. durch den Genuß verdorbenen Fleisches oder verdorbener Wurst:* **Botulismus,** Allantiasis, Wurstvergiftung, Fleischvergiftung • *durch den Genuß von [verdorbenem] Fisch:* **Ichthyismus,** Ichthyotoxismus *(ungew.)*, Fischvergiftung • *durch Pilze:* **Myzetismus,** Pilzvergiftung • *durch den Genuß bestimmter Bohnenarten oder deren Blütenstaub:* **Fabismus,** Favismus, Bohnenvergiftung. – Vgl. auch den Artikel *Intoxikation.*
Leber vgl. Eingeweide.
Leberblutung vgl. Hämorrhagie.
Leberentzündung vgl. Hepatopathie.
Lebererkrankung vgl. Hepatopathie.
Leberfleck vgl. Naevus pigmentosus.
Leberkrankheit vgl. Hepatopathie.
Leberleiden vgl. Hepatopathie.
Leberparenchymschädigung vgl. Hepatopathie.
Lebersenkung vgl. Enteroptose.
Leberspezialist vgl. Arzt.
Lebert-Anämie vgl. perniziöse Anämie.
Leberverfettung vgl. Adipositas.
Leberzirrhose vgl. Hepatopathie.
Lederer-Anämie vgl. Anämie.
Lederer-Brill-Anämie vgl. Anämie.

Lederhaut vgl. Organa sensuum.
Leerdarm vgl. Eingeweide.
Leerdarmentzündung vgl. Enteritis.
Legasthenie vgl. Aphasie.
Leib vgl. Abdomen.
LEIBESFRUCHT, Frucht, Embryo *(gew. bis z. Ende des 4. Monats)*, Fetus *(gew. ab 5. Monat)* • *unmittelbar nach der Befruchtung:* **Zygote** • *im embryonalen Frühstadium:* **Morula,** Maulbeerkeim *(ungew.)*; Blastula, Blastozyste *(bei Säugetieren allg.)*, Blasenkeim.
Leibschmerzen vgl. Enteralgie.
Leichenflecke vgl. Livores.
Leichenöffnung vgl. Obduktion.
Leichenschändung vgl. Perversität.
Leichenschau vgl. Obduktion.
Leichenzergliederung vgl. Obduktion.
Leiden vgl. Morbus.
Leioderma vgl. Lioderma.
Leiodermie vgl. Lioderma.
Leichdorn vgl. Hyperkeratose.
leichte Kost vgl. Diät.
Leipophemie vgl. Battarismus.
Leipophonie vgl. Battarismus.
LEISHMANIOSIS FURUNCULOSA, Leishmaniosis tropica *(selten)*, Leishmaniasis dermica *(ungew.)*, Leishmaniasis cutanea *(ungew.)*, Leishmaniasis dermalis *(ungew)*, Orientbeule, Aleppobeule, Jerichobeule, Bagdadbeule, Sartenbeule, Bassorabeule *(selten)*, Biskrabeule *(selten)*, Bombaybeule *(ungew.)*, Delhibeule *(ungew.)*, Nilbeule *(ungew.)*, Dattelbeule *(ungew.)*.
Leishmaniosis tropica vgl. Leishmaniosis furunculosa.
Leishmaniasis dermalis vgl. Leishmaniosis furunculosa.
Leishmaniasis dermica vgl. Leishmaniosis furunculosa.
Leishmaniasis cutanea vgl. Leishmaniosis furunculosa.
Leiste vgl. Inguen.
Leistenbruch vgl. Hernia inguinalis.
Leistengegend vgl. Abdomen.
Leistenhoden vgl. Anorchie.
Lemmom vgl. Neurinom.
Lendengegend vgl. Abdomen.
Lendenschmerz vgl. Lumbago.
Lendenweh vgl. Lumbago.
Lenitivum vgl. Abführmittel.
Lentigo vgl. Naevus pigmentosus.
Leontiasis vgl. Dyszephalie.
Leontiasis cranii vgl. Dyszephalie.
LEPRA, Aussatz, Elephantiasis graecorum, Hansen-Krankheit.
Lepra alphoides vgl. Psoriasis.
Lepra italiana vgl. Pellagra.
Lepra lombardica vgl. Pellagra.
Leptomeningitis vgl. Meningitis.
Leptomeningitis externa vgl. Meningitis.
Leptomeningitis interna vgl. Meningitis.
Leptomeninx vgl. Meninx.
Leptozephalie vgl. Dyszephalie.
Leptozephalus vgl. Dyszephalie.
Lesbianismus vgl. Homosexualität.
lesbische Liebe vgl. Homosexualität.
Leseschwäche vgl. Aphasie.
Lesestörung vgl. Aphasie.
lethargische Enzephalitis vgl. Encephalitis epidemica.
lethargisches Syndrom vgl. Encephalitis epidemica.
Leucaemia vgl. Leukämie.
Leucaemia acuta benigna vgl. infektiöse Mononukleose.
Leucocraurosis vgl. Craurosis vulvae.
Leucocytopenia vgl. Leukopenie.
Leucocytosis vgl. Leukozytose.
Leucoderma vgl. Achromie.
Leucodermia vgl. Achromie.
Leucoma corneae vgl. Nubekula.
Leucoma unguium vgl. Leukonychie.
Leuconychia vgl. Leukonychie.
Leucopathia vgl. Achromie.
Leucopathia universalis vgl. Achromie.
Leucopenia vgl. Leukopenie.
Leucopenia maligna vgl. Agranulozytose.
Leucopenia perniciosa vgl. Agranulozytose.
Leucoplacia vulvae vgl. Craurosis vulvae.
Leucoplacia vulvaris vgl. Craurosis vulvae.
Leucoplasia vulvae vgl. Craurosis vulvae.
Leucoplasia vulvaris vgl. Craurosis vulvae.

Leucotrichosis vgl. Canities.

LEUKÄMIE, Leucaemia*, Weißblütigkeit *(selten)*, Leukozythämie *(ungew.)*, Blutkrebs *(ungew.)*.

Leukäthiopie vgl. Achromie.

Leukoblasten vgl. Blutkörperchen.

Leukoderm vgl. Achromie.

Leukoderma vgl. Achromie.

Leukodermie vgl. Achromie.

Leukokraurose vgl. Craurosis vulvae.

Leukom vgl. Nubekula.

LEUKONYCHIE, Leuconychia*, Leucoma unguium, Onychopacitas *(ungew.)*, Weißfleckigkeit der Nägel. – Vgl. auch den Artikel *Onychopathie*.

Leukopathie vgl. Achromie.

LEUKOPENIE, Leucopenia*, Leukozytopenie, Leucocytopenia*, Hypoleukozytose, Hypoleucocytosis*, Hypoleukie *(selten)*, Hypoleucia* *(selten)*, Hypoleukämie *(ungew.)*, Hypoleucaemia* *(ungew.)*, Oligoleukozytose *(selten)*, Oligoleucocytosis *(selten)*, Oligoleukozythämie *(ungew.)*, Oligoleucocythaemia* *(ungew.)*, krankhafte Verminderung der weißen Blutkörperchen. – Vgl. aber: *Leukozytose*.

Leukorrhagie vgl. Fluor.

Leukorrhö vgl. Fluor.

LEUKOTOMIE, Lobotomie, Frontotomie, Defrontalisation *(selten)*, operative Stirnlappenmarkdurchtrennung.

Leukotrichose vgl. Canities.

Leukozyten vgl. Blutkörperchen.

Leukozythämie vgl. Leukämie.

Leukozytopenie vgl. Leukopenie.

LEUKOZYTOSE, Leucocytosis*, Hyperleukozytose; Hyperleucocytosis*, krankhafte Vermehrung der weißen Blutkörperchen. – Vgl. aber: *Leukopenie*.

Levator vgl. Muskel..

Libertinage vgl. Abusus.

LIBIDO, Libido sexualis*, Nisus sexualis, Konkupiszenz *(veraltet)*, Kupido *(veraltet)*, Appetenz *(selten)*, Geschlechtstrieb, Geschlechtsverlangen, Sexualtrieb, Sexuallust, [sexuelles] Verlangen, [sexuelle] Begierde, Liebesverlangen, Lust. – Vgl. auch die Artikel *Erotomanie*, *Impotenz*, *Koitus* und *Perversität*.

Libido sexualis vgl. Libido.

Lichen albus vgl. Sklerodermie.

Lichen sclerosus vgl. Sklerodermie.

Lichen tropicus vgl. Miliaria.

Lichen urticatus vgl. Strophulus.

Lichtbehandlung vgl. Phototherapie.

Lichtheilverfahren vgl. Phototherapie.

Lid vgl. Palpebra.

Lidentzündung vgl. Blepharitis.

Lidkrampf vgl. Blepharospasmus.

Lidranddrüsenentzündung vgl. Blepharadenitis.

Lidrandentzündung vgl. Blepharitis.

Lidspaltenverengerung vgl. Blepharophimose.

Lidsperrer vgl. Elevateur.

Lidtic vgl. Blepharospasmus.

LIEBESSPIEL, Petting, Necking; Vorspiel, präkoitales Liebesspiel; Nachspiel, postkoitales Liebesspiel.

Liebessucht vgl. Erotomanie.

Liebesverlangen vgl. Libido.

Liebeszwang vgl. Erotomanie.

Lien vgl. Eingeweide.

Lien mobilis vgl. Enteroptose.

Lienogramm vgl. Röntgenogramm.

Lienographie vgl. Röntgenographie.

Lienohepatogramm vgl. Röntgenogramm.

Lienohepatographie vgl. Röntgenographie.

Ligamenta vocalia vgl. Larynx.

Lilakrankheit vgl. Dermatomyositis.

Limnämie vgl. Malaria.

Lingismus vgl. Kinesiotherapie.

Lingua vgl. Organa sensuum.

Lingua bifida vgl. Glossoschisis.

LINGUA NIGRA, Melanoglossie, Nigrities linguae, Glossophytie *(ungew.)*, Glossophytia* *(ungew.)*, Anthracosis linguae *(ungew.)*, Anthracosis lingualis *(ungew.)*, Hyperkeratosis linguae *(selten)*, Hyperkeratosis lingualis *(selten)*, Melanotrichia linguae, Melanotrichia lingualis *(selten)*, Lingua villosa nigra *(selten)*, schwarze Haarzunge, Haarzunge.

Lingua villosa nigra vgl. Lingua nigra.

Liniment vgl. Medikament.

Linimentum vgl. Medikament.

linke Herzkammer vgl. Cor.
linker Herzvorhof vgl. Cor.
linker Vorhof vgl. Cor.
Linsenbruch vgl. Phakozele.
Linsenfleck vgl. Naevus pigmentosus.
Linsenmal vgl. Naevus pigmentosus.
Linsentrübung vgl. Katarakt.
Linsenvorfall vgl. Phakozele.
LIODERMA, Liodermie, Leioderma *(ungew.)*, Leiodermie *(ungew.)*, Glossy skin, Glanzhaut.
Liodermie vgl. Lioderma.
LIPOM, Lipoma*, Adipom *(selten)*, Adipoma*, Fettgeschwulst, Fettgewebsgeschwulst • *Mischform mit Drüsengewebe:* Adenolipom, Adenolipoma* • *Mischform mit Bindegewebe:* Fibrolipom, Fibrolipoma* • *Mischform mit Schleimgewebe:* Myxolipom, Myxolipoma*.
Lipomatose vgl. Adipositas.
Lipomatosis vgl. Adipositas.
Lipomatosis circumscripta vgl. Adipositas.
Lipomatosis cordis vgl. Adipositas.
Lipomatosis symmetrica diffusa vgl. Adipositas.
Lipomatosis universalis vgl. Adipositas.
Liposarcoma vgl. Krebs.
Liposarkom vgl. Krebs.
LIPOZELE, Adipozele, Steatozele, Hernia adiposa*, Fettbruch, Fettgewebsbruch.
Lippen-Kiefer-Gaumen-Spalte vgl. Prosoposchisis.
Lippen-Kiefer-Spalte vgl. Prosoposchisis.
Lippenspalte vgl. Prosoposchisis.
Liquidum vgl. Medikament.
Liquor vgl. Medikament.
Lithämie vgl. Urikämie.
Lithokelyphopädion vgl. Lithopädion.
Lithoklast vgl. Lithotripter.
LITHOPÄDION, Lithokelyphopädion, Osteopädion, Steinkind, Steinmole.
LITHOTRIPTER, Lithotriptor, Lithoklast, Steinzertrümmerer.
Lithotriptor vgl. Lithotripter.
LIVORES *(Mehrz.)*, Livor mortis, Totenflecke, Leichenflecke.
Livor mortis vgl. Livores.
Loaiasis vgl. Filariose.
Loa-Infektion vgl. Filariose.
Loa-Loa vgl. Filariose.
lobäre Pneumonie vgl. Pneumonie.
Lobärpneumonie vgl. Pneumonie.
Lobotomie vgl. Leukotomie.
lobuläre Pneumonie vgl. Pneumonie.
LOBULUS AURICULAE, Auricula *(älter)*, Ohrläppchen.
Lobus anterior vgl. Hypophyse.
Lobus anterior hypophyseos vgl. Hypophyse.
Lobus glandularis vgl. Hypophyse.
Lobus nervosus vgl. Hypophyse.
Lobus posterior vgl. Hypophyse.
Lobus posterior hypophyseos vgl. Hypophyse.
Loch vgl. Foramen.
Lochia vgl. Lochien.
LOCHIEN, Lochia*, Wochenfluß; *verstärkt:* Lochiorrhö, Lochiorrhagie.
Lochiorrhagie vgl. Lochien.
Lochiorrhö vgl. Lochien.
Loempe vgl. Beriberi.
Löffelhand vgl. Syndaktylie.
Löffelnagel vgl. Koilonychie.
Logasthenie vgl. Aphasie.
-loge vgl. Arzt.
-logie vgl. Medizin.
LOGORRHÖ, Loquacitas, Loquazität *(eindeutschend, selten)*, Polyphrasie, krankhafte Geschwätzigkeit, Redseligkeit, Rededrang.
lokale Erfrierung vgl. Congelatio.
lombardischer Aussatz vgl. Pellagra.
Loquacitas vgl. Logorrhö.
Loquatziät vgl. Logorrhö.
Lordoscoliosis vgl. Wirbelsäulenverkrümmung.
Lordose, Lordosis vgl. Wirbelsäulenverkrümmung.
Lordoskoliose vgl. Wirbelsäulenverkrümmung.
lordotische Albuminurie vgl. funktionelle Albuminurie.
Loxophthalmus vgl. Strabismus.
Lücke vgl. Foramen.
Lues vgl. Geschlechtskrankheiten.
Lues venerea vgl. Geschlechtskrankheiten.

Luftbehandlung vgl. Aerotherapie.
Luftembolie vgl. Embolie.
Lufthunger vgl. Dyspnoe.
Luftkrankheit vgl. Kinetose.
Luftröhre vgl. Trachea.
Luftröhrenast vgl. Trachea.
Luftröhrenspiegelung vgl. Endoskopie.
Luftscheu vgl. Phobie.
Luiphobie vgl. Hypochondrie.
Lukotherapie vgl. Phototherapie.
LUMBAGO, Lumbalgie *(selten)*, Lumbodynie *(selten)*, Myalgia lumbaris *(selten)*, Myalgia lumbalis *(selten)*, Hexenschuß *(volkst.)*, Lendenweh *(volkst.)*, Lendenschmerz.
Lumbalgie vgl. Lumbago.
Lumbodynie vgl. Lumbago.
Lunatismus vgl. Somnambulismus.
Lunge vgl. Pulmo.
Lungenalveolen vgl. Alveoli pulmonis.
Lungenbläschen vgl. Alveoli pulmonis.
Lungenblutung vgl. Hämorrhagie.
Lungenembolie vgl. Embolie.
Lungenentzündung vgl. Pneumonie.
Lungenfacharzt vgl. Arzt.
Lungenkarzinom vgl. Bronchialkrebs.
Lungenkrebs vgl. Bronchialkrebs.
Lungenschwindsucht vgl. Lungentuberkulose.
Lungenspezialist vgl. Arzt.
Lungenstein vgl. Pneumolith.
LUNGENTUBERKULOSE, Tuberkulose *(übliche Kurzbez.)*, Tuberculosis pulmonum, Tuberculosis pulmonaris, Phthisis pulmonum, Phthisis pulmonalis, Phthise *(Kurzbez.)*, Morbus Koch, Lungenschwindsucht, Schwindsucht *(volkst. Kurzbez.)*, Tb *(übliche Abk.)*, Tbc *(übliche Abk.)*, Tbk *(seltene Abk.)*, Motten *(ugs., salopp)*.
Lust vgl. Libido.
Lustseuche vgl. Geschlechtskrankheiten.
Luxatio, Luxation vgl. Verletzung.
Lykorexie vgl. Akorie.
Lymphadenoma multiplum vgl. Lymphogranulomatose.
Lymphadenosis acuta vgl. infektiöse Mononukleose.
lymphämoides Drüsenfieber vgl. infektiöse Mononukleose.
lymphatische Anämie vgl. Lymphogranulomatose.
lymphatische Angina vgl. infektiöse Mononukleose.
Lymphoblasten vgl. Blutkörperchen.
Lymphoblastosis acuta benigna vgl. infektiöse Mononukleose.
Lymphogranuloma inguinale vgl. Geschlechtskrankheiten.
LYMPHOGRANULOMATOSE, Lymphogranulomatosis*, Granuloma malignum, malignes Granulom, Hodkin-Granulom, Hodgkin-Krankheit, Hodgkin *(Medizinerjargon)*, Lymphoma malignum *(ungew.)*, malignes Lymphom *(ungew.)*, Lymphomatosis granulomatosa *(ungew.)*, Lymphadenoma multiplum *(ungew.)*, multiples Lymphadenom *(ungew.)*, Granulomatosis maligna *(selten)*, maligne Granulomatose *(selten)*, Anämia lymphatica, lymphatische Anämie, Sternberg-Krankheit *(selten)*.
Lymphogranulomatosis vgl. Lymphogranulomatose.
Lymphogranulomatosis benigna vgl. Besnier-Boeck-Schaumann-Krankheit.
Lymphogranuloma venereum vgl. Geschlechtskrankheiten.
Lymphoidzellenangina vgl. infektiöse Mononukleose.
Lymphoma malignum vgl. Lymphogranulomatose.
Lymphomatosis granulomatosa vgl. Lymphogranulomatose.
Lymphomatosis inguinalis suppurativa subacuta vgl. Geschlechtskrankheiten.
Lymphopathia venerea vgl. Geschlechtskrankheiten.
Lymphozyten vgl. Blutkörperchen.
Lypemanie vgl. Melancholie.
Lyse vgl. Deferveszenz.
Lysin vgl. Antikörper.
Lysis vgl. Deferveszenz.
Lysozym vgl. Antikörper.
Lyssa vgl. Tollwut.
lytische Deferveszenz vgl. Deferveszenz.

Macrogenitosomia vgl. Hypersomie.
Macroglossia vgl. Makroglossie.
Macula vgl. Effloreszenz.
Macula corneae vgl. Nubekula.
Macula matris vgl. Nävus.
Madarose vgl. Blepharitis.
Madarosis vgl. Blepharitis.
Madelung-Fetthals vgl. Adipositas.
Madelung-Syndrom vgl. Adipositas.
Madenwürmer vgl. Helminthiasis.
Madenwurmkrankheit vgl. Helminthiasis.
Magen vgl. Eingeweide.
Magenausgang vgl. Eingeweide.
Magenblutung vgl. Hämorrhagie.
Magen-Darm-Entzündung vgl. Gastritis.
Magendrüsenentzündung vgl. Gastritis.
Mageneingang vgl. Eingeweide.
Magenerweiterung vgl. Ektasie.
Magengekröse vgl. Peritonäum.
Magengrube vgl. Abdomen.
Magenkatarrh vgl. Gastritis.
Magenkrampf vgl. Gastralgie.
Magenmund vgl. Eingeweide.
Magenpförtner vgl. Eingeweide.
Magenschleimhautentzündung vgl. Gastritis.
Magenschmerz[en] vgl. Gastralgie.
Magensenkung vgl. Enteroptose.
Magenspiegelung vgl. Endoskopie.
Magensteifung vgl. Gastralgie.
Mahlzahn vgl. Dens.
Maidismus vgl. Pellagra.
Maisvergiftung vgl. Pellagra.
Makroblasten vgl. Blutkörperchen.
Makrocheirie vgl. Hypersomie.
Makrochirie vgl. Hypersomie.
Makrodaktylie vgl. Hypersomie.
Makrogenitosomie vgl. Hypersomie.
MAKROGLOSSIE, Macroglossia*, Pachyglossie, Glossozele, Prolapsus linguae, Zungenvergrößerung, Riesenzunge.
Makromastie vgl. Hypersomie.
Makromazie vgl. Hypersomie.
Makromelie vgl. Hypersomie.
Makropodie vgl. Hypersomie.
Makrorhinie vgl. Hypersomie.
Makrosomatie vgl. Hypersomie.
Makrosomie vgl. Hypersomie.
Makrostoma vgl. Prosoposchisis.
Makrostomie vgl. Prosoposchisis.
Makrotie vgl. Hypersomie.
Makrozephalie vgl. Dyszephalie.
Makrozephalus vgl. Dyszephalie.
Makrozyten vgl. Blutkörperchen.
Makula vgl. Nubekula.
Mala vgl. Bucca.
Malacia vgl. Malazie.
MALARIA, Paludismus, Paludosis *(ungew.)*, Impaludismus *(ungew.)*, Intoxicatio paludica *(ungew.)*, Febris palustris *(selten)*, Febris paludica *(ungew.)*, Febris paludosa *(ungew.)*, Febris limnaemica *(ungew.)*, Sumpffieber, Febris algida *(ungew.)*, kaltes Fieber, Helodes *(veraltet)*, Helopyra *(veraltet)*, Limnämie *(ungew.)*, Wechselfieber • *besondere Verlaufsformen, je nach der Erregerart unterschieden in:* **a)** *durch das Plasmodium vivax hervorgerufen; mit Fieberanfällen, die jeden dritten Tag wiederkehren:* **Malaria tertiana,** Febris tertiana, Tertiana *(übliche Kurzbez.)*, Malaria vivax *(ungew.)*, Dreitagefieber. **b)** *durch das Plasmodium immaculatum hervorgerufen; mit atypischem Fieberverlauf:* **Malaria tropica,** Febris tropica, Tropika *(übliche Kurzbez.)*, perniziöse Malaria, Tropenfieber; *Komplikation mit Hämolyse, mit Ausscheidung dunklen Harns:* Schwarzwasserfieber, Malaria haemolytica, Febris biliosa. **c)** *durch das Plasmodium malariae hervorgerufen; mit fieberfreiem Intervall von drei Tagen:* **Malaria quartana,** Febris quartana, Quartana *(übliche Kurzbez.)*, Viertagefieber.
Malaria haemolytica vgl. Malaria.
Malaria quartana vgl. Malaria.
Malaria tertiana vgl. Malaria.
Malaria tropica vgl. Malaria.
Malaria vivax vgl. Malaria.
MALAZIE, Malacia*, Mollities, Erweichung.

Mal della rosa vgl. Pellagra.
Mal del sole vgl. Pellagra.
Mal de pinto vgl. Pinta.
Maliasmus vgl. Malleus.
maligne Geschwulst vgl. Krebs.
maligne Granulomatose vgl. Lymphogranulomatose.
maligne Kleinkindkrämpfe vgl. Epilepsia nutans.
maligne Leukopenie vgl. Agranulozytose.
maligne Neutropenie vgl. Agranulozytose.
maligner Tumor vgl. Krebs.
malignes Adenom vgl. Adenokarzinom.
malignes Emphysem vgl. Gasödemkrankheit.
malignes Gewächs vgl. Krebs.
malignes Granulom vgl. Lymphogranulomatose.
malignes Lymphom vgl. Lymphogranulomatose.
malignes Ödem vgl. Gasödemkrankheit.
Malignoma vgl. Krebs.
Malignom vgl. Krebs.
MALLEUS, Maliasmus *(selten)*, Equinie, *(ungew.)*, Rotz.
Malposition vgl. Dystopie.
Maltafieber vgl. Brucellose.
Malum vgl. Morbus.
Malum Cotugnii vgl. Koxalgie.
Malum Cotunnii vgl. Koxalgie.
Mamilla vgl. Mamille.
MAMILLE, Mamilla*, Papilla mammae, Papille *(Kurzf.)*, Thel[o]- *(nur in Abl. und Zus.)*, Brustwarze. – Vgl. auch: *Mamma.*
Mamillitis vgl. Mastitis.
MAMMA, Glandula mammaria, Brust, weibliche Brust, Brustdrüse, Busen *(volkst.)*. – Vgl. auch: *Mamille.*
Mammae accessoriae vgl. Polymastie.
Mammae supernumerariae vgl. Polymastie.
Mammakarzinom vgl. Brustkrebs.
Mamma pendulans vgl. Mastoptose.
Mammitis vgl. Mastitis.
Mandel vgl. Tonsille.
Mandelentzündung vgl. Angina.
Mandibula vgl. Kiefer.
Männerhaß vgl. Misanthropie.
Männerheilkunde vgl. Medizin.
Männerscheu vgl. Misanthropie.
Mannesschwäche vgl. Impotenz.
männliche Homosexualität vgl. Homosexualität.
männliche Kastration vgl. Sterilisation.
männliche Keimzelle vgl. Gamet.
männlicher Pseudohermaphrodismus vgl. Hermaphroditismus.
männlicher Pseudohermaphroditismus vgl. Hermaphroditismus.
männliches Glied vgl. Genitalien.
Mannstollheit vgl. Erotomanie.
Mannweibheit vgl. Hermaphroditismus.
Mannweibtum vgl. Hermaphroditismus.
Manus vgl. Membra corporis.
Manustupration vgl. Narzißmus.
Marasmus vgl. Kachexie.
Marasmus senilis vgl. Kachexie.
Marfan-Syndrom vgl. Arachnodaktylie.
Marie-Krankheit vgl. Hypersomie.
Markhirn vgl. Cerebrum.
Marsh-Krankheit vgl. Hyperthyreoidie.
MASERN, Morbilli (*Mehrz.*), Morbillen *(selten)*, Rotsucht *(veraltet, volkst.)*.
Maskulinisation vgl. Hermaphroditismus.
Maskulinisierung vgl. Hermaphroditismus.
Maskulinismus vgl. Hermaphroditismus.
Masochismus vgl. Perversität.
Massage vgl. Kinesiotherapie.
Massenerkrankung vgl. Morbus.
Massieren vgl. Kinesiotherapie.
Maßlosigkeit vgl. Abusus.
Massotherapie vgl. Kinesiotherapie.
Mastdarm vgl. Eingeweide.
Mastdarmbruch vgl. Hernia in recto.
Mastdarm-Scheiden-Bruch vgl. Rektozele.
Mastdarmschmerz vgl. Enteralgie.
Mastdarmspiegelung vgl. Endoskopie.
Mastdarmtenesmus vgl. Enteralgie.
Mastdarmvorfall vgl. Enteroptose.

MASTITIS, Mammitis, Brustdrüsenentzündung, Brustentzündung • *der Brustwarze:* **Thelitis,** Mamillitis, Brustwarzenentzündung.

MASTOPTOSE, Mastoptosis, Mamma pendulans, Hängebrust, Hängebusen *(volkst.).*

Mastoptosis vgl. Mastoptose.

Masturbation vgl. Narzißmus.

Matrixitis vgl. Onychopathie.

Maulbeerkeim vgl. Leibesfrucht.

MAUL- UND KLAUENSEUCHE, Aphthae epizooticae *(Mehrz.),* Aphthae contagiosae *(Mehrz.),* Stomatitis epizootica, Stomatitis epidemica, Stomatitis aphthobullosa *(ungew.),* Aphthosis epizootica *(ungew.),* Aphthenseuche, Eczema epizooticum. – Vgl. auch den Artikel *Stomatitis.*

Maxille vgl. Kiefer.

Maxilla inferior vgl. Kiefer.

Meatus vgl. Ductus.

Meckerstimme vgl. Bronchophonie.

Mediastinoskopie vgl. Endoskopie.

MEDIKAMENT, Pharmakon *(selten),* Remedium, Präparat, Droge, Therapeutikum *(selten),* Heilmittel, Mittel *(volkst.),* Medizin *(volkst.),* Arzneimittel, Arznei *(volkst.); aus harmlosen, unwirksamen Bestandteilen:* Placebo, Plazebo, Scheinmedikament • **a)** *zur oralen Verabreichung* • *in fester Form:* **Tablette,** Arzneitäfelchen *(ungew.),* Pille, Pilula*, Arzneikügelchen *(ungew.),* Comprette ⓦ, Komprette *(eindeutschend),* Pastille, Pastillus; *mit einem Zuckerüberzug:* Dragée; *pulverisiert:* Pulver, Pulvis* • *in flüssiger Form:* **Liquor,** Liquidum *(ungew.),* Tropfen *(Mehrz., volkst.).* **b)** *zur rektalen Verabreichung:* **Suppositorium,** Ovulum *(seltener),* Zäpfchen. **c)** *zur äußerlichen Anwendung:* **Unguentum,** Salbe, Paste, Pasta*; *zum Einreiben, flüssig:* Liniment, Linimentum.

medikamentöser Heilschlaf vgl. Hibernation.

Medikus vgl. Arzt.

[1]**MEDIZIN,** Iatrik, -iatrie *(nur in Zus.),* -logie *(nur in Zus.),* -therapie *(nur in Zus.),* Heilkunst, Heilkunde • *im Sinne der herkömmlichen Heilkunst:* **Allopathie,** Schulmedizin • *auf der Basis extremer Verdünnung der Heilmittel:* **Homöopathie** • *unter Verzicht auf Arzneimittel:* vgl. *Physiotherapie* • *Spezialgebiete:* **a)** für *konservative Behandlung von Krankheiten innerer Organe:* **interne Medizin,** *innere Medizin,* Innere *(Fachjargon); bes. für Herzkrankheiten:* Kardiologie; *bes. für Gefäßleiden:* Angiologie; *bes. für Lungenkrankheiten:* Pneumologie; *bes. für Leberkrankheiten:* Hepatologie; *bes. für Magen- und Darmkrankheiten:* Gastroenterologie; *bes. für Mastdarmkrankheiten:* Proktologie; *bes. für Nierenkrankheiten:* Nephrologie; *bes. für Blutkrankheiten:* Hämatologie. **b)** *für operative Behandlung:* **Chirurgie;** *bes. im Bereich des Zentralnervensystems:* Neurochirurgie. **c)** *für Frauenkrankheiten u. Geburtshilfe:* **Gynäkologie,** Gyniatrie *(ungew.),* Frauenheilkunde. **d)** *für typische Männerkrankheiten:* **Andrologie,** Männerheilkunde. **e)** *für Kinderkrankheiten:* **Pädiatrie,** Kinderheilkunde; *bes. für Neugeborene:* Neonatologie. **f)** *für altersbedingte Krankheiten:* **Geriatrie,** Altersheilkunde; Gerontologie. **g)** *für Erkrankungen im Bereich des Haltungs- und Bewegungsapparates:* **Orthopädie. h)** *für Erkrankungen der Harnorgane:* **Urologie. i)** *für Hautkrankheiten:* **Dermatologie. k)** *für Geschlechtskrankheiten:* **Venerologie. l)** *für Nervenkrankheiten:* **Neurologie,** Neuriatrie *(ungew.),* Nervenheilkunde. **m)** *für Geistes- und Gemütskrankheiten:* **Psychiatrie;** Psychotherapie, Seelenheilkunde. **n)** *für Augenkrankheiten:* **Ophthalmologie,** Augenheilkunde, Ophthalmiatrie *(selten),* Ophthalmiatrik *(ungew.).* **o)** *für Erkrankungen im Bereich der oberen Luftwege, des Kehlkopfes, der Nase und der Ohren:* **Otorhinolaryngologie,** Hals-Nasen-Ohren-Heilkunde; *bes. für Kehlkopfkrankheiten:* Laryngologie; *bes. für Nasenkrankheiten:* Rhinologie;

bes. für Ohrenkrankheiten: Otologie, Otiatrie, Ohrenheilkunde. **p)** *für Zahn- und Kieferkrankheiten:* **Zahnmedizin**, Odontologie, Odontiatrie; *bes. für operative Behandlung:* Kieferchirurgie, Zahnchirurgie. **q)** *für die Erkennung und die Behandlung von Tumoren:* **Onkologie;** *bes. von bösartigen:* Karzinologie, Kanzerologie *(ungew.)*, Kankrologie *(ungew.)*. **r)** *für die Anwendung von [Röntgen]-strahlen zu diagnostischen oder therapeutischen Zwecken:* **Radiologie**, Strahlen[heil]kunde; Röntgenologie. **s)** *für Vergiftungen:* **Toxikologie. t)** *für Sprachstörungen:* **Phoniatrie. u)** für Tierkrankheiten: **Veterinärmedizin**, Tierheilkunde.

[2]**Medizin** vgl. Medikament.

Mediziner vgl. Arzt.

Medulla vgl. Cerebrum.

Medulla dorsalis vgl. Medulla spinalis.

Medulla oblongata vgl. Cerebrum.

MEDULLA SPINALIS, Medulla dorsalis *(älter)*, Medulla vertebralis *(ungew.)*, Myelo- *(nur in Zus.)*, Myel- *(nur in Abl. u. Zus.)*, Rückenmark.

Medulla vertebralis vgl. Medulla spinalis.

Medullitis vgl. Myelopathie.

Medusenhaupt vgl. Ektasie.

Megaloblasten vgl. Blutkörperchen.

megaloblastische Anämie vgl. Anämie.

Megalocheirie vgl. Hypersomie.

Megalochirie vgl. Hypersomie.

Megalodaktylie vgl. Hypersomie.

Megalokornea vgl. Keratomegalie.

Megalokranie vgl. Dyszephalie.

Megalopodie vgl. Hypersomie.

Megalotie vgl. Hypersomie.

Megalozephalie vgl. Dyszephalie.

Megalozephalus vgl. Dyszephalie.

Megalozyten vgl. Blutkörperchen.

Megazephalie vgl. Dyszephalie.

Megazephalus vgl. Dyszephalie.

Mehrgebärende vgl. Gravida.

Meibom-Gerstenkorn vgl. Blepharadenitis.

Meibomianitis vgl. Blepharadenitis.

Meibomitis vgl. Blepharadenitis.

Meissner-Tastkörperchen vgl. Organa sensuum.

Mel- vgl. Bucca.

Melaena vgl. Hämorrhagie.

Meläna vgl. Hämorrhagie.

MELANCHOLIE, Athymie, Lypemanie *(ungew.)*, Hypothymie *(selten)*, Depression, Schwermut, Schwermütigkeit, Trübsinn *(volkst.)*, Niedergeschlagenheit, Bedrücktheit; *leichteren Grades:* Hypomelancholie, Subdepression; *heftige Verlaufsform:* Raptus melancholicus.

Melanidrose, Melanidrosis vgl. Transpiration.

Melanismus vgl. Melasma.

Melanoderm vgl. Melasma.

Melanoderma vgl. Melasma.

Melanodermia vgl. Melasma.

Melanodermie vgl. Melasma.

Melanoglossie vgl. Lingua nigra.

Melanom vgl. Krebs.

Melanoma vgl. Krebs.

Melanosarcoma vgl. Krebs.

Melanosarkom vgl. Krebs.

Melanose vgl. Melasma.

Melanosis vgl. Melasma.

Melanotrichia linguae vgl. Lingua nigra.

Melanotrichia lingualis vgl. Lingua nigra.

MELASMA, Nigrities cutis; Melanose, Melanosis*, Melanismus; Melanodermie, Melanodermia*, Melanoderma *(selten)*, Melanoderm *(selten)*.

Melasma addisonii vgl. Addison-Krankheit.

Melasma suprarenale vgl. Addison-Krankheit.

Melitococcosis vgl. Brucellose.

Melitokokkose vgl. Brucellose.

Meliturie vgl. Glykosurie.

Melo- vgl. Bucca.

Meloschise vgl. Prosoposchisis.

Meloschisis vgl. Prosoposchisis.

Membra vgl. Membra corporis.

MEMBRA CORPORIS*, Membra *(Kurzf.)*, Extremitates [corporis], Extremitäten, Gliedmaßen • **a)** *obere:* **Membrum superius*,** Extremitas superior corporis *(älter)*, Extremitas thoracica *(veraltet)*, obere Extremität;

Brachium, Arm, Oberarm; Antebrachium, Unterarm, Vorderarm • Manus, Hand. **b)** *untere:* **Membrum inferius,** Extremitas inferior corporis *(älter)*, Extremitas pelvina *(veraltet)*, untere Extremität; Bein; Femur, Oberschenkel; Crus, Schenkel, Unterschenkel; *muskuläre Rückseite:* Sura, Wade • Pes, Fuß.

Membrana alveodentalis vgl. Periost.

Membrana alveodentaria vgl. Periost.

MEMBRANA TYMPANI*, Myrinx, Myringo- *(nur in Zus.)*, Myring- *(nur in Abl. u. Zus.)*, Trommelfell.

Membranstethoskop vgl. Stethoskop.

Membrum vgl. Genitalien.

Membrum inferius vgl. Membra corporis.

Membrum superius vgl. Membra corporis.

Membrum virile vgl. Genitalien.

Menarche vgl. Menstruation.

Meningeom vgl. Meningiom.

Meningeoma vgl. Meningiom.

MENINGIOM, Meningioma*, Meningeom, Meningeoma*, Arachnotheliom *(selten)*, Arachnothelioma* *(selten)*, Endothelioma durale *(ungew.)*, Hirnhauttumor.

Meningioma vgl. Meningiom.

MENINGITIS, Meningitis cerebralis, Hirnhautentzündung, Gehirnhautentzündung • *auf die harte Hirnhaut beschränkt:* **Pachymeningitis**, Meningitis parietalis, Duritis *(ungew.)* • *auf die weiche Hirnhaut beschränkt:* **Leptomeningitis,** Meningitis visceralis; Piitis *(ungew.)*, Leptomeningitis interna • *auf die Spinngewebshaut beschränkt:* **Arachnitis,** Arachnoiditis, Leptomeningitis externa.- Vgl. auch: *Meningitis cerebrospinalis epidemica.*

Meningitis cerebralis vgl. Meningitis.

MENINGITIS CEREBROSPINALIS EPIDEMICA, Meningokokkenmeningitis, epidemische Genickstarre, Genickstarre *(Kurzbez.)*, übertragbare Genickstarre, epidemische Meningitis.

Meningitis parietalis vgl. Meningitis.

Meningitis visceralis vgl. Meningitis.

Meningo- vgl. Meninx.

Meningoencephalitis chronica vgl. Metasyphilis.

Meningoencephalitis syphilitica vgl. Metasyphilis.

Meningoenzephalozele vgl. Zephalozele.

Meningokokkenmeningitis vgl. Meningitis cerebrospinalis epidemica.

Meningozele vgl. Zephalozele.

MENINX, Meningo- *(nur in Zus.)*, Hirnhaut; Rückenmarkshaut • **1) Dura mater encephali*,** Dura mater *(Kurzbez.)*, Dura *(übliche Kurzbez.)*, harte Hirnhaut, Pachymeninx; Dura mater spinalis*, Spinalis *(Kurzf., Fachjargon)*, harte Rückenmarkshaut. **2) Leptomeninx,** zarte Hirnhaut; zarte Rückenmarkshaut. **a) Pia mater encephali*,** Pia mater *(Kurzbez.)*, Pia *(Kurzbez., Fachjargon)*, weiche Hirnhaut; Pia mater spinalis, weiche Rückenmarkshaut. **b) Arachnoidea encephali*,** Arachnoidea *(übliche Kurzbez.)*, Arachnoides encephali *(veraltet)*, Arachnoides *(Kurzbez., veraltet)*, Spinngewebshaut (des Gehirns), Spinnengewebshaut (des Gehirns), Spinnwebenhaut (des Gehirns); Arachnoidea spinalis, Arachnoides spinalis *(veraltet)*, Spinngewebshaut (des Rükkenmarks), Spinnengewebshaut (des Rückenmarks), Spinnwebenhaut (des Rückenmarks).

Menisci tactus [corii] vgl. Organa sensuum.

Meniscus fibularis vgl. Discus articularis.

Meniscus lateralis vgl. Discus articularis.

Meniskus medialis vgl. Discus articularis.

Meniskus vgl. Discus artucularis.

Menopause: 1) vgl. Klimakterium. **2)** vgl. Menstruation.

Menorrhagie vgl. Menstruation.

Menorrhö vgl. Menstruation.

Menostase vgl. Menstruation.

Menschenfurcht vgl. Misanthropie.

Menschenhaß vgl. Misanthropie.

Menschenscheu vgl. Misanthropie.

Menses vgl. Menstruation.

MENSTRUATION, Menstruatio*, Menses, Menorrhö, Eumenorrhö, Katamenien *(selten)*, Periode *(volkstümlich)*, Monatsblutung, Regelblutung, Regel, [kritische] Tage, Unwohlsein • *erste M.:* **Menarche** • *letzte M. in den Wechseljahren:* **Menopause** • *Störung der M.:* a) *schmerzhafte M.:* **Dysmenorrhö. b)** *mit abnorm starker und anhaltender Blutung:* **Hypermenorrhö,** Menorrhagie. **c)** *zu häufige M.:* **Polymenorrhö. d)** *zu seltene M.:* **Oligomenorrhö.** e) *vorübergehend ausbleibend:* **Amenorrhö,** Menostase. **f)** *ungenügende, verzögerte M.:* **Hypomenorrhö,** Opsomenorrhö *(selten)*.

Mentagra vgl. Follikulitis.

MENTUM, Genio- *(nur in Zus.)*, Kinn.

Merkel-Tastscheiben vgl. Organa sensuum.

Merkurialismus vgl. Hydrargyrose.

Merozele vgl. Hernia femoralis.

Meryzismus vgl. Vomitus.

Mesaortitis vgl. Aortitis.

Mesarteriitis vgl. Arteriopathie.

Mesarteritis vgl. Arteriopathie.

Mesencephalon vgl. Cerebrum.

Mesenteriolum vgl. Peritonäum.

Mesenteriolum appendicis vermiformis vgl. Peritonäum.

Mesenteriolum processus vermiformis vgl. Peritonäum.

Mesenterium vgl. Peritonäum.

Mesoappendix vgl. Peritonäum.

Mesocolon vgl. Peritonäum.

Mesogastrium: 1) vgl. Abdomen. **2)** vgl. Peritonäum.

Mesogastrium vgl. Peritonäum.

Mesokolon vgl. Peritonäum.

Mesopharynx vgl. Pharynx.

Mesophryon vgl. Glabella.

Mesosalpinx vgl. Peritonäum.

Mesostenium vgl. Peritonäum.

Metabolie vgl. Metabolismus.

METABOLISMUS, Metabolie, Stoffwechsel • **Anabolismus,** Anabolie, Aufbaustoffwechsel • **Katabolismus,** Katabolie, Abbaustoffwechsel.

Metalues vgl. Metasyphilis.

Metaplasma vgl. Protoplasma.

METASYPHILIS, Parasyphilis, Metalues, Paralues, Nachsyphilis, Spätsyphilis, quartäre Syphilis, Quartärsyphilis, quartäre Lues, Quartärlues • **a) Tabes dorsalis,** Tabes *(übliche Kurzbez.)*, Sclerosis posterior, Sclerosis medullaris posterior, Ataxia locomotrix progressiva *(ungew.)*, Rückenmarksschwindsucht, Rückenmarksdarre. **b) Paralysis progressiva,** Paralysis generalis progressiva, progressive Paralyse, fortschreitende Paralyse [der Irren], Paralyse *(übliche Kurzbez.)*, PP *(verhüllende Abk., Fachjargon)*, Dementia paralytica, Encephalitis chronica interstitialis [diffusa] *(ungew.)*, Meningoencephalitis chronica, Meningoencephalitis syphilitica, Paresis generalis *(ungew.)*, Dementia paretica *(ungew.)*, Tabes cerebralis *(ungew.)*, Periencephalomeningitis chronica diffusa *(ungew.)*, Bayle-Krankheit, Gehirnerweichung *(volkst.)*. – Vgl. auch die Synonymgruppe *Syphilis* unter dem Stichwort *Geschlechtskrankheiten.*

Metencephalon vgl. Cerebrum.

METEORISMUS, Tympanismus, Tympanie, Tympania*, Tympanites *(ungew.)*, Blähsucht, Gasbauch, Blähbauch; Flatulenz, Aufblähung. – Vgl. auch: *Flatus.*

Meteoropathie vgl. Zyklonose.

meteorotrope Krankheit vgl. Zyklonose.

Meteorotropismus vgl. Zyklonose.

Methomanie vgl. Delirium tremens.

Metop- vgl. Frons.

Metopion vgl. Glabella.

Metopo- vgl. Frons.

Metr[o]- vgl. Genitalien.

Metromanie vgl. Erotomanie.

Metropathia haemorrhagica vgl. Hämorrhagie.

Metroptose vgl. Enteroptose.

Metrorrhagia vgl. Hämorrhagie.

Metrorrhagie vgl. Hämorrhagie.

Microsporia vgl. Mikrosporie.

Microsporosis capitis vgl. Mikrosporie.

Mictio vgl. Exkretion.

Mictio involuntaria vgl. Enurese.

Midwife vgl. Hebamme.

Migräne vgl. Zephalalgie.

Mikroakrie vgl. Hyposomie.

Mikrobiophobie vgl. Hypochondrie.
Mikrobizid vgl. Chemotherapeutikum.
Mikroblasten vgl. Blutkörperchen.
Mikrobronchitis vgl. Bronchitis.
Mikrocheirie vgl. Hyposomie.
Mikrochirie vgl. Hyposomie.
Mikrodaktylie vgl. Hyposomie.
Mikrogenie vgl. Hyposomie.
Mikrognathie vgl. Hyposomie.
Mikromastie vgl. Hyposomie.
Mikromazie vgl. Hyposomie.
Mikromelie vgl. Hyposomie.
Mikroplasie vgl. Hyposomie.
Mikropodie vgl. Hyposomie.
Mikrorhinie vgl. Hyposomie.
Mikrosoma vgl. Hyposomie.
Mikrosomatie vgl. Hyposomie.
Mikrosomie vgl. Hyposomie.
MIKROSPORIE, Microsporia*, Tinea capitis, Tinea tonsurans *(ungew.)*, Gruby-Krankheit, Kopfpilzerkrankung, Pilzerkrankung der behaarten Kopfhaut, Kleinsporenflechte, Microsporosis capitis *(ungew.)*. – Vgl. auch die Artikel *Dermatomykose* und *Dermatose*.
Mikrotie vgl. Hyposomie.
Mikrozephalie vgl. Dyszephalie.
Mikrozephalus vgl. Dyszephalie.
Mikrozyten vgl. Blutkörperchen.
Miktion vgl. Exkretion.
Milbenbefall vgl. Akariase.
Milbenkrankheit vgl. Akariase.
Milchentwöhnung vgl. Ablaktation.
Milchgebiß vgl. Dens.
Milchpocken vgl. Variola.
milchtreibendes Mittel vgl. Galaktagogum.
Milchzähne vgl. Dens.
MILIARIA *(Mehrz.)*, Sudamina *(Mehrz.)*, Lichen tropicus *(ungew.)*, Febris miliaris, Schweißfrieseln, Schweißdrüsenfrieseln, Frieselausschlag, Frieselfieber, Frieseln.– Über weitere Hautkrankheiten vgl. den Artikel *Dermatose*.
Militärhospital vgl. Klinik.
Milton-Ödem vgl. Quincke-Ödem.
Milton-Riesenurtikaria vgl. Quincke-Ödem.
Milton-Urtikaria vgl. Quincke-Ödem.
Milz vgl. Eingeweide.
Milzblutung vgl. Hämorrhagie.
MILZBRAND, Anthrax *(Kurzbez.)*, Anthrax malignus*, Anthrax contagiosus, Kakanthrax *(ungew.)*, Apoplexia splenica *(ungew.)*, Pustula maligna, Hadernkrankheit, Milzfieber *(selten)*, Wollsortiererkrankheit.
Milzfieber vgl. Milzbrand.
Milzsenkung vgl. Enteroptose.
Minderwuchs vgl. Hyposomie.
Minenkrankheit vgl. Ankylostomiase.
Mineuranämie vgl. Ankylostomiase.
MIOSE, Miosis*, Stenokorie, Stenocoria*, Stenokoriasis *(ungew.)*, Pupillenverengerung.
Miosis vgl. Miose.
Misandrie vgl. Misanthropie.
MISANTHROPIE, Menschenhaß; Anthropophobie, Menschenscheu, Menschenfurcht • *gegenüber Frauen:* **Misogynie**, Weiberhaß; Gynäkophobie, Weiberscheu, Gynophobie *(ungew.)* • *gegenüber Männern:* **Misandrie**, Männerhaß; Androphobie, Männerscheu • *gegenüber Kindern:* **Misopädie**, Kinderhaß; Pädophobie *(selten)*, Kinderscheu. – Vgl. auch den Artikel *Misogamie*.
Miserere vgl. Vomitus.
MISOGAMIE, Gamophobie, Ehescheu. – Vgl. auch den Artikel *Misanthropie*.
Misogynie vgl. Misanthropie.
Misopädie vgl. Misanthropie.
Mißbildung vgl. Monstrosität.
Mißbrauch vgl. Abusus.
Mißgeburt vgl. Monstrosität.
Mitesser vgl. Komedo.
Mitigans vgl. Psychopharmakon.
Mitralinsuffizienz vgl. Vitium cordis.
Mitralklappenfehler vgl. Vitium cordis.
Mitralstenose vgl. Vitium cordis.
Mitralvitium vgl. Vitium cordis.
Mittel vgl. Medikament.
Mittelbauch vgl. Abdomen.
Mittelfinger vgl. Digitus.
Mittelfleisch vgl. Perineum.
mittelgradiger Schwachsinn vgl. Oligophrenie.
Mittelhirn vgl. Cerebrum.
Mittelmeerfieber vgl. Brucellose.
Mittelohr vgl. Organa sensuum.

Mittelohrentzündung vgl. Otitis.
Mixoskopie vgl. Perversität.
Moeller-Boeck-Krankheit vgl. Besnier-Boeck-Schaumann-Krankheit.
Mogigraphie vgl. Cheirospasmus.
Molar vgl. Dens.
Molarzahn vgl. Dens.
Möller-Barlow-Krankheit vgl. Skorbut.
Mollities vgl. Malazie.
Monatsblutung vgl. Menstruation.
Mondsüchtigkeit vgl. Somnambulismus.
Moniliasis intentinalis vgl. Sprue.
Moniliosis intestinalis vgl. Sprue.
Monochromasie vgl. Farbenblindheit.
Monochromatopsie vgl. Farbenblindheit.
Monomanie vgl. Anankasmus.
Mononucleosis infectiosa vgl. infektiöse Mononukleose.
Monoparese vgl. Paralyse.
Monophthalmie vgl. Aprosopie.
Monophthalmus vgl. Aprosopie.
Monoplegia, Monoplegie vgl. Paralyse.
Monorchidie vgl. Anorchie.
Monorchidismus vgl. Anorchie.
Monorchie vgl. Anorchie.
Monorchismus vgl. Anorchie.
monovalenter Antikörper vgl. Antikörper.
Monozyten vgl. Blutkörperchen.
Monozytenangina vgl. infektiöse Mononukleose.
MONS PUBIS*, Schamberg; Mons veneris *(nur bei Frauen)*, Venusberg. – Vgl. auch den Artikel *Genitalien.*
Monstrositas vgl. Monstrosität.
MONSTROSITÄT, Monstrositas*, Monstrum, Mißbildung, körperliche Mißbildung, Mißgeburt, Teratismus *(ungew.)*, Teratose *(ungew.)*, Teras *(ungew.)* • **1)** *mit Mißbildungen im Bereich der Gliedmaßen:* vgl. *Dysmelie.* **2)** *aus zwei zusammenhängenden Feten:* **Duplicitas,** Doppelmonstrum, Doppelmißbildung, Doppelmißgeburt, Zwillingsmißgeburt • **a)** *mit zusammengewachsenen Unterkörpern:* **Anadidymus,** Duplicitas posterior, Duplicitas incompleta posterior, Duplicitas inferior, Duplicitas caudalis; *mit verwachsenen unteren Extremitäten:* Sympus, Sirene, Sirenomelus; *mit Verwachsung im Beckenbereich:* Dipygus, Doppelsteiß. **b)** *mit zusammengewachsenen oberen Körperhälften:* **Katadidymus,** Duplicitas anterior, Duplicitas incompleta anterior, Duplicitas cranialis, Duplicitas superior; *mit zwei Köpfen:* Dizephalus, Dicephalus*, Dizephalie, Diplozephalus, Diplocephalus*, Diplozephalie, Dicranus *(ungew.)*, Synzephalus, Synzephalie, Doppelkopf; *mit zwei Gesichtern:* Diprosopus, Diprosopie, Diploprosopus *(ungew.)*, Doppelgesicht. **c)** *in der Körpermitte verdoppelt und verwachsen:* **Anakatadidymus,** Duplicitas media, Duplicitas incompleta media. **d)** *mit zwei vollständig entwickelten symmetrischen Feten:* vgl. *siamesische Zwillinge* unter dem Stichwort *Zwillinge.*
Monstrum vgl. Monstrosität.
Mons veneris vgl. Mons pubis.
Morbillen vgl. Masern.
Morbilli vgl. Masern.
Morbosität vgl. Infirmität.
MORBUS, Noso- *(nur in Zus.)*, -nose *(nur in Zus.)*, Malum, Path- *(nur in Zus.)*, Patho- *(nur in Zus.)*, -pathie *(nur in Zus.)*, Nosema *(ungew.)*, Krankheit, Erkrankung, Leiden *(volkst.)*; *erblich:* Heredopathie, Heredopathia*, Erbkrankheit; *ansteckend:* Infektionskrankheit, Infektion, Infekt, ansteckende Krankheit, übertragbare Krankheit; *wiederholt und verstärkt durch den gleichen Erreger:* Superinfektion, Zweitinfektion. • *größeren Ausmaßes:* **Seuche,** Massenerkrankung; Epidemie; Pandemie; *örtlich begrenzt:* Endemie • *bei Mensch und Tier gleichermaßen vorkommend:* **Anthropozoonose,** Zoonose.
Morbus anglicus vgl. Rachitis.
Morbus Basedow vgl. Hyperthyreoidie.
Morbus Bechterew vgl. Spondylarthritis ankylopoetica.
Morbus Biermer vgl. perniziöse Anämie.
Morbus caducus vgl. Epilepsie.
Morbus coeliacus vgl. Zöliakie.

Morbus gallicus vgl. Geschlechtskrankheiten.
Morbus hungaricus vgl. Fleckfieber.
Morbus Koch vgl. Lungentuberkulose.
Morbus sacer vgl. Epilepsie.
Morbus vulpis vgl. Atrichie.
Morphaea vgl. Sklerodermie.
Morphinisation vgl. Opiumismus.
Morphinismus vgl. Opiumismus.
Morphinomanie vgl. Opiumismus.
Morphinvergiftung vgl. Opiumismus.
Morphiomanie vgl. Opiumismus.
Morphiumsucht vgl. Opiumismus.
Mortificatio vgl. Nekrose.
Mortifikation vgl. Nekrose.
Morula vgl. Leibesfrucht.
motorische Lähmung vgl. Paralyse.
motorische Nerven vgl. Nerv.
motorische Unruhe vgl. Dromomanie.
Motten vgl. Lungentuberkulose.
MOUCHES VOLANTES *(Mehrz.)*, Muscae volitantes* *(Mehrz.)*, Myiodesopsie *(selten)*, fliegende Mücken, Mückensehen.
MS vgl. multiple Sklerose.
m. S. vgl. multiple Sklerose.
Mückensehen vgl. Mouches volantes.
Mucositis necroticans agranulocytica vgl. Agranulozytose.
MUCUS, Mukus *(eindeutschend)*, Myxo- *(nur in Zus.)*, Myx- *(nur in Abl. u. Zus.)*, Schleim.
Mukus vgl. Mucus.
Mulde vgl. Foramen.
Multigravida vgl. Gravida.
Multipara vgl. Gravida.
MULTIPLE SKLEROSE, m. S. *oder* MS *(übliche Abk.)*, Sclerosis multipla*, Sclerosis multiplex, Sclerosis disseminata, Sclerosis cerebrospinalis, Sclerosis insularis *(ungew.)*, Sclerosis localis *(ungew.)*, Sclerosis polynesica *(ungew.)*, Polysklerose *(selten)*, Charcot-Krankheit, disseminierte Herdsklerose, Encephalomyelitis disseminata, [disseminierte] Entmarkungsenzephalomyelitis, Entmarkungskrankheit.
multiples Lymphadenom vgl. Lymphogranulomatose.
Mumificato vgl. Nekrose.
Mumifikation vgl. Nekrose.
Mumps vgl. Parotitis.
Mund vgl. ²Os.
Mundblutung vgl. Hämorrhagie.
Mundgeruch vgl. Foetor ex ore.
Mundhöhle vgl. ²Os.
Mundöffnung vgl. ²Os.
Mundschleimhautentzündung vgl. Stomatitis.
Mündung vgl. Foramen.
Mundwinkelrhagade vgl. Stomatitis.
Muscae volitantes vgl. Mouches volantes.
Musculus vgl. Muskel.
Musculus abductor vgl. Muskel.
Musculus adductor vgl. Muskel.
Musculus arrector vgl. Muskel.
Musculus compressor vgl. Muskel.
Musculus constrictor vgl. Muskel.
Musculus cremaster vgl. Muskel.
Musculus depressor vgl. Muskel.
Musculus dilatator vgl. Muskel.
Musculus erector vgl. Muskel.
Musculus extensor vgl. Muskel.
Musculus flexor vgl. Muskel.
Musculus levator vgl. Muskel.
Musculus pronator vgl. Muskel.
Musculus rotator vgl. Muskel.
Musculus sphincter vgl. Muskel.
Musculus supinator vgl. Muskel.
Musculus tensor vgl. Muskel.
MUSKEL, Musculus, Myo- *(nur in Zus.)*, My- *(nur in Zus.)*; *Gesamtheit:* Muskulatur, Muskelgefüge • *je nach Funktion unterschieden in:* **a)** *zur Medianlinie des Körpers heranziehend:* **Adduktor**, Musculus adductor*, Anziehmuskel, anziehender Muskel, Anzieher. **b)** *eine Gelenkbeugung bewirkend:* **Flexor**, Musculus flexor*, Beugemuskel, Beuger. **c)** *eine Bewegung von der Mittellinie des Körpers nach außen bewirkend:* **Abduktor**, Musculus abductor*, Abziehmuskel, abziehender Muskel, Abspreizmuskel, Abspreizer, Abzieher. **d)** *eine Gelenkstreckung bewirkend:* **Extensor**, Musculus extensor*, Streckmuskel, Strecker. **e)** *die Anspannung einer Gewebsplatte oder -hülle bewirkend:* **Tensor**, Musculus tensor*, Spannmuskel, Spanner. **f)** *eine Aufrichtungsbewegung bewir-*

kend: **Arrektor**, Musculus arrector*, Erektor, Musculus erector*, aufrichtender Muskel, Aufrichter. **g)** *eine Hochhebebewegung bewirkend:* **Levator**, Musculus levator*, Kremaster, Musculus cremaster*, Hebemuskel, Heber. **h)** *eine herabziehende Bewegung bewirkend:* **Depressor**, Musculus depressor*, Niederdrücker, herabziehender Muskel. **i)** *eine Verengerung bewirkend:* **Kompressor**, Musculus compressor*, Konstriktor, Musculus constrictor*, zusammenziehender Muskel; Sphinkter, Musculus sphincter*, ringförmig abschnürender Muskel, Schließmuskel. **k)** *eine Organerweiterung bewirkend:* Dilatator, Musculus dilatator*, erweiternder Muskel, Erweiterer. **l)** *eine Drehbewegung bewirkend:* **Rotator**, Musculus rotator*, Drehmuskel, Dreher; *eine Auswärtsdrehung:* Supinator, Musculus supinator*, Auswärtsdreher; *eine Einwärtsdrehung:* Pronator, Musculus pronator*, Einwärtsdreher.

Muskelatrophie vgl. Myatrophie.

Muskeldystrophie vgl. Myatrophie.

Muskelermüdung: 1) vgl. Myasthenie. **2)** vgl. Myalgie.

Muskelgefüge vgl. Muskel.

Muskelgewebe vgl. Gewebe.

Muskelhartspann vgl. Myosklerose.

Muskelkater vgl. Myalgie.

Muskelrelaxans vgl. Spasmolytikum.

Muskelschmerz vgl. Myalgie.

Muskelschwäche vgl. Myasthenie.

Muskelschwund vgl. Myatrophie.

Muskelverhärtung vgl. Myosklerose.

Muskulatur vgl. Muskel.

Mutatio vgl. Stimmbruch.

Mutation vgl. Stimmbruch.

Mutterbett vgl. Puerperium.

Mutterkornvergiftung vgl. Ergotismus.

Mutterkuchen vgl. Plazenta.

Muttermal vgl. Nävus.

Muttermundkarzinom vgl. Gebärmutterkrebs.

Muttermundkrebs vgl. Gebärmutterkrebs.

Mutterring vgl. Präservativ.

My- vgl. Muskel.

Myalgia vgl. Myalgie.

MYALGIE, Myalgia*, Myodynie, Muskelschmerz; *nach erhöhter Beanspruchung von Muskeln:* Muskelkater, Muskelermüdung.

Myalgia lumbalis vgl. Lumbago.

Myalgia lumbaris vgl. Lumbago.

Myasthenia vgl. Myasthenie.

Myasthenia paroxysmalis angiosclerotica vgl. Claudicatio intermittens.

MYASTHENIE, Myasthenia*, Amyosthenie, Asthenia muscularis, Muskelschwäche, Muskelermüdung.

MYATROPHIE, Amyotrophie, Atrophia musculorum, Atrophia musculorum progressiva*, Atrophia muscularis, Atrophia myopathica, Muskelatrophie, Muskelschwund; *leichteren Grades, ohne Äquivalente im Rückenmark:* Myodystrophie, Dystrophia muscularis, Dystrophia musculorum, Dystrophia musculorum progressiva, Dystrophia myopathica, Myopathia primitiva progressiva, Muskeldystrophie, Erb-Landouzy-Krankheit, Erb-Landouzy-Syndrom, Erb-Muskeldystrophie.

Mycosis cutanea vgl. Dermatomykose.

Myel- vgl. Medulla spinalis.

Myelencephalon vgl. Cerebrum.

Myelenzephalitis vgl. Myelopathie.

Myelitis vgl. Myelopathie.

Myelo- vgl. Medulla spinalis.

Myeloblasten vgl. Blutkörperchen.

Myeloenzephalitis vgl. Myelopathie.

Myelogramm vgl. Röntgenogramm.

Myelographie vgl. Röntgenographie.

Myelom vgl. Krebs.

Myeloma vgl. Krebs.

Myelomalacia vgl. Myelopathie.

Myelomalazie vgl. Myelopathie.

Myelopathia vgl. Myelopathie.

Myelopathia tropicalis vgl. Beriberi.

Myelopathia tropica scorbutica vgl. Beriberi.

MYELOPATHIE, Myelopathia*, Rückenmarkserkrankung, Rückenmarksleiden • *entzündlich:* **Myelitis**, Medullitis *(ungew.)*, Spinitis *(ungew.)*, Rückenmarksentzündung; *in Verbindung mit einer Entzündung des Gehirns:* Enzephalomyelitis, Mye-

loenzephalitis, Myelenzephalitis, Hirn-Rückenmark-Entzündung • *degenerativ:* **Myelose,** Myelosis*; Myelomalazie, Myelomalacia*, Rückenmarkserweichung.
Myelorrhagia vgl. Hämorrhagie.
Myelorrhagie vgl. Hämorrhagie.
Myelose vgl. Myelopathie.
Myelosis vgl. Myelopathie.
Myiodesopsie vgl. Mouches volantes.
Mykodermatose vgl. Dermatomykose.
Mykodermose vgl. Dermatomykose.
Myocardium vgl. Myokard.
Myodystrophie vgl. Myatrophie.
Myelozyten vgl. Blutkörperchen.
Mykostatikum vgl. Chemotherapeutikum.
Myo- vgl. Muskel.
Myocarditis vgl. Karditis.
Myodynie vgl. Myalgie.
Myogelose vgl. Myosklerose.
MYOKARD, Myocardium*, Herzmuskel. – Vgl. auch: *Perikard, Endokard.*
Myokardinfarkt vgl. Herzinfarkt.
Myokarditis vgl. Karditis.
Myopathia myotonica vgl. Dystrophia myotonica.
Myopathia primitiva progressiva vgl. Myatrophie.
Myopia, Myopie vgl. Ametropie.
Myosalgie vgl. Myalgie.
Myosarcoma vgl. Krebs.
Myosarkom vgl. Krebs.
Myositis primaria multipla vgl. Dermatomyositis.
MYOSKLEROSE, Muskelverhärtung, Induratio muscularis; *umschrieben:* Myogelose, Hartspann, Muskelhartspann.
Myotonia atrophica vgl. Dystrophia myotonica.
Myotonia atrophicans vgl. Dystrophia myotonica.
Myring- vgl. Membrana tympani.
Myringitis vgl. Otitis.
Myringo- vgl. Membrana tympani.
Myrinx vgl. Membrana tympani.
Mysophobie vgl. Phobie.
Myx- vgl. Mucus.
Myxo- vgl. Mucus.
MYXÖDEM, Myxoedema*, Cachexia pachydermica, Gull-Krankheit. – Vgl. auch: *Hypothyreose.*
Myxoedema vgl. Myxödem.
Myxolipom[a] vgl. Lipom.
MYXOM, Myxoma*, Blennom *(selten)*, Blennoma* *(selten)*, Kollonema *(selten)*, Collonema* *(selten)*, Schleimgewebsgeschwulst, Schleimgeschwulst.
Myxoma vgl. Myxom.
Myxosarcoma vgl. Krebs.
Myxosarkom vgl. Krebs.
Myzetismus vgl. Lebensmittelvergiftung.

N

Nabel vgl. Umbilicus.
Nabelbruch vgl. Hernia abdominalis.
Nabelgegend vgl. Abdomen.
Nabelschnur vgl. Funiculus umbilicalis.
Nabelstrang vgl. Funiculus umbilicalis.
Nachempfängnis vgl. Befruchtung.
Nachgeburt vgl. Plazenta.
Nachhirn vgl. Cerebrum.
Nachspiel vgl. Liebesspiel.
Nachsyphilis vgl. Metasyphilis.
Nachtangst vgl. Nyktophobie.
Nachtblindheit vgl. Sehstörung.
Nachtsichtigkeit vgl. Sehstörung.
Nachtwandeln vgl. Somnambulismus.
Nacken vgl. Collum.
Naevus vgl. Nävus.
Naevus flammeus vgl. Hämangiom.
NAEVUS PIGMENTOSUS, Pigmentmal, Leberfleck; Lentigo, Linsenfleck, Linsenmal.
Naevus vasculosus vgl. Hämangiom.
Nagel vgl. Unguis.
Nagelablösung vgl. Onycholyse.
Nagelausfall vgl. Onycholyse.
Nagelbettentzündung vgl. Onychopathie.

Nagelbrüchigkeit vgl. Onychorrhexis.
Nagelfalzentzündung vgl. Onychopathie.
Nagelfalzerweiterung vgl. Onychopathie.
Nagelgeschwulst vgl. Onychauxis.
Nagelhypertrophie vgl. Onychauxis.
Nagelkrankheit vgl. Onychopathie.
Nagelrandschnitt vgl. Hechtmaulschnitt.
Nagelspaltung vgl. Onycholyse.
Nagelverdickung vgl. Onychauxis.
Nahrungsmittelvergiftung vgl. Lebensmittelvergiftung.
Naht vgl. Operation.
Nalanane vgl. Schlafkrankheit.
Namenszwang vgl. Anankasmus.
Nanismus vgl. Hyposomie.
Nanismus senilis vgl. Senilität.
Nanomelie vgl. Hyposomie.
Nanosoma vgl. Hyposomie.
Nanosomie vgl. Hyposomie.
Nanozephalie vgl. Dyszephalie.
Nanozephalus vgl. Dyszephalie.
Narbe vgl. Effloreszenz.
Narkolepsie vgl. Bewußtseinsstörung.
Narkosearzt vgl. Anästhesist.
Narkosefacharzt vgl. Anästhesist.
Narkotiseur vgl. Anästhesist.
Narkotikum vgl. Psychopharmakon.
NARZISSMUS, Autoerotismus, Autoerastie *(selten)*, Autophilie *(selten)*, Automonosexualismus *(ungew.)*, Selbstverliebtheit • *aktiv:* **Ipsation,** Ipsismus *(selten)*, Selbstbefriedigung, Selbstbefleckung *(geh.)*, Ersatzbefriedigung; *bes. durch manuelle Reizung der Genitalien:* M a s t u r b a t i o n, Onanie, Manustupration *(ungew.)*, Coitus inter digitos *(ungew.)*. – Vgl. auch den Artikel *Perversität*.
Nase vgl. Organa sensuum.
Nasenbluten vgl. Hämorrhagie.
Nasenhaare vgl. Pili.
Nasenhöhle vgl. Organa sensuum.
Nasenkatarrh vgl. Rhinitis.
Nasenmittel vgl. Errhinum.
Nasennebenhöhlen vgl. Organa sensuum.
Nasennebenhöhlenentzündung vgl. Sinusitis.
Nasenrachenraum vgl. Pharynx.
Nasenschleimhautentzündung vgl. Rhinitis.
Nasenspiegelung vgl. Endoskopie.
Nasopharynx vgl. Pharynx.
Nasus vgl. Organa sensuum.
Nasus externus vgl. Organa sunsuum.
NATES, Clunes, Gesäßbacken, Gesäß, Hintern *(salopp)*, Hinterteil *(ugs.)*.
Naturheilbehandlung vgl. Physiotherapie.
Naturheilkunde vgl. Physiotherapie.
Naturheilkundiger vgl. Arzt.
Naturheilverfahren vgl. Physiotherapie.
natürliche Abwehrstoffe vgl. Antikörper.
Nausea, Übelkeit, Brechreiz. – Vgl. auch: *Kinetose*.
Nausea navalis vgl. Kinetose.
Nausea marina vgl. Kinetose.
Nauseosum vgl. Emetikum.
NÄVUS, Naevus*, Macula matris *(veraltet)*, Muttermal.
neapolitanisches Fieber vgl. Brucellose.
Nebeneierstock vgl. Genitalien.
Nebenhoden vgl. Genitalien.
Nebenhöhlen vgl. Organa sensuum.
Nebenhöhlenentzündung vgl. Sinusitis.
Nebenniere vgl. Eingeweide.
Nebenschluß vgl. Anastomose.
Necking vgl. Liebesspiel.
Necrobiosis vgl. Nekrose.
Necrosis vgl. Nekrose.
Necrosis humida vgl. Nekrose.
Necrosis sicca vgl. Nekrose.
Negerpocken vgl. Variola.
Neisser-Krankheit vgl. Geschlechtskrankheiten.
Nekatoriase, Nekatoriasis vgl. Ankylostomiase.
Nekrobiose vgl. Nekrose.
Nekromanie vgl. Perversität.
Nekrophilie vgl. Perversität.
Nekropsie vgl. Obduktion.
Nekrosadismus vgl. Perversität.
NEKROSE, Necrosis*, Mortifikation *(veraltet)*, Mortificatio* *(veraltet)*, Gewebstod, örtlicher Gewebstod; *auch physiologisch:* N e k r o b i o s e, Necrobiosis*, Bionekrose, Bionecrosis* • *infolge Durchblutungsstörungen:* **Gangrän,** Gangraena*, Sphacelus

(selten), Brand. **a)** *mit bakterieller Gewebszersetzung und Gewebsverflüssigung:* **Gangraena humida,** Necrosis humida *(selten)*, feuchter Brand, Fäulnisbrand, Faulbrand, fauler Brand, stinkender Brand, Galen-Krankheit *(ungew.)*. **b)** *mit Gewebsaustrocknung verbunden, ohne bakterielle Einwirkung:* **Gangraena sicca,** Necrosis sicca *(selten)*, trockener Brand, Mumifikation, Mumificatio*. – Vgl. auch die Artikel *Gasödemkrankheit* und *Noma.*

Nekroskopie vgl. Obduktion.
Nekrotomie vgl. Sequestrotomie.
Nematodiasis vgl. Helminthiasis.
Nematose vgl. Helminthiasis.
Neomyzin vgl. Chemotherapeutikum.
Neonatologe vgl. Arzt.
Neonatologie vgl. Medizin.

NEPHRITIS, Renitis *(selten)*, Bright-Krankheit, Nierenentzündung; *der Nierenkapsel:* Perinephritis; *bes. im Bereich der Nierenglomeruli:* Glomerulonephritis, Glomerulitis, Nephritis glomerularis. – Vgl. auch: *Pyelitis.*

Nephritis glomerularis vgl. Nephritis.
Nephr[o]- vgl. Eingeweide.
Nephrogramm vgl. Röntgenogramm.
Nephrographie vgl. Röntgenographie.
Nephrolith vgl. Urolith.
Nephrologe vgl. Arzt.
Nephrologie vgl. Medizin.
Nephroptose vgl. Enteroptose.
Nephropyelitis vgl. Pyelitis.
Nephrorrhagia vgl. Hämorrhagie.
Nephrorrhagie vgl. Hämorrhagie.

NERV, Nervus*, Neuro- *(nur in Zus.)*, Neuri- *(nur in Zus.)*, Neur- *(nur in Abl. und Zus.)*, Nervenstrang; *mehrere miteinander verflochtene oder netzartig zusammenhängende:* Nervengeflecht, Nervenplexus, Plexus nervorum* • **a)** *Muskelbewegungen veranlassend:* **motorische Nerven,** Bewegungsnerven. **b)** *die Sinnesorgane versorgend, der zentripetalen Reizleitung dienend:* **Sinnesnerven,** Empfindungsnerven, sensible Nerven, sensorische Nerven.

nervale Hautkrankheit vgl. Dermatose.
Nervenanstalt vgl. Klinik.
Nervenarzt vgl. Arzt.
Nervenfieber vgl. Typhus abdominalis.
Nervengeflecht vgl. Nerv.
Nervengewebe vgl. Gewebe.
Nervenheilkunde vgl. Medizin.
Nervenplexus vgl. Nerv.
Nervenstrang vgl. Nerv.

NERVENSYSTEM, Systema nervosum* • **a)** *der aus Hirn und Rückenmark bestehende Teil:* **Zentralnervensystem,** Systema nervosum centrale*, Systema nervorum centrale *(veraltet)*, ZNS *(übliche Abk.)*. **b)** *der aus den peripheren Leitungsbahnen bestehende Teil:* **peripheres Nervensystem,** Systema nervosum periphericum*, Systema nervorum periphericum *(veraltet)*, PNS *(Abk.)*. **c)** *der die Funktion der inneren Organe steuernde, vom Willen weitgehend unbeeinflußbare Anteil:* **vegetatives Nervensystem,** Vegetativum *(Fachjargon)*, autonomes Nervensystem, Systema nervosum autonomicum*, Systema nervorum sympathicum *(veraltet)*, unwillkürliches Nervensystem. **α)** *im Bereich des Grenzstrangs liegender Teil, mit kreislaufstimulierender und verdauungshemmender Funktion:* **Pars sympathica,** Pars sympathica systematis nervosi autonomici*, sympathisches Nervensystem, sympathisches System, Sympathikus *(übliche Kurzbez.)*, orthosympathisches Nervensystem, orthosympathisches System, Orthosympathikus *(Kurzbez.)*, Eingeweidenervensystem ; *Hauptnervenstrang:* Truncus sympathicus*, Sympathikus *(übliche Kurzbez.)*, Grenzstrang, Stammstrang. **β)** *dem Sympathikus entgegenwirkender Anteil mit Verlangsamung des Herzschlags und Anregung der Verdauungsfunktionen:* **Pars parasympathica,** Pars parasympathica systematis nervosi autonomici*, parasympatisches Nervensystem, parasympathisches System, Parasympathikus *(übliche Kurzbez.)*.

Nervi cutanei vgl. Organa sensuum.
Nervi olfactorii vgl. Organa sensuum.

nervöse Herzbeschwerden vgl. Kardiothymie.
nervöses Hautleiden vgl. Dermatose.
nervöses Herz vgl. Kardiothymie.
Nervus vgl. Nerv.
Nervus acusticus vgl. Organa sensuum.
Nervus glossopharyngeus vgl. Organa sensuum.
Nervus glossopharyngicus vgl. Organa sensuum.
Nervus lingualis vgl. Organa sensuum.
Nervus octavus vgl. Organa sensuum.
Nervus opticus vgl. Organa sensuum.
Nervus statoacusticus vgl. Organa sensuum.
Nervus vestibulocochlearis vgl. Organa sensuum.
Nesselausschlag vgl. Urtikaria.
Nesselfieber vgl. Urtikaria.
Nesselsucht vgl. Urtikaria.
Netz vgl. Peritonäum.
Netzbruch vgl. Epiplozele.
NETZHAUTABLÖSUNG, Ablatio retinae*, Solutio retinae *(selten)*, Remotio retinae *(selten)*, Amotio retinae *(selten)*, Sublatio retinae.
neunter (IX.) Hirnnerv vgl. Organa sensuum.
Neunundsechzig vgl. Koitus.
Neur- vgl. Nerv.
Neuralgia articularis vgl. Arthralgie.
Neuralgia ischiadica vgl. Koxalgie.
Neurasthenia cardiaca vgl. Kardiothymie.
Neurasthenia cardiovascularis vgl. Kardiothymie.
Neuraxitis epidemica vgl. Encephalitis epidemica.
Neuri- vgl. Nerv.
Neuriatrie vgl. Medizin.
Neurilemmom vgl. Neurinom.
NEURINOM, Neurinoma*, Schwannom, Schwannogliom *(selten)*, Lemmom, Neurilemmom, Neurolemmom *(selten)*, Glioma periphericum *(selten)*, peripheres Gliom.
Neurinoma vgl. Neurinom.
Neuritis ischiadica vgl. Koxalgie.
Neuritis multiplex endemica vgl. Beriberi.
Neuro- vgl. Nerv.
Neurochirurg vgl. Arzt.
Neurochirurgie vgl. Medizin.
Neurodermatitis vgl. Dermatose.
Neurodermatose vgl. Dermatose.
Neurohypophyse vgl. Hypophyse.
Neurolemmom vgl. Neurinom.
Neuroleptikum vgl. Psychopharmakon.
Neurologe vgl. Arzt.
Neurologie vgl. Medizin.
Neuroplegikum vgl. Psychopharmakon.
Neurosis cardiaca vgl. Kardiothymie.
Neurosis cutanea vgl. Dermatose.
Neurotonikum vgl. Psychopharmakon.
Neutropenia maligna vgl. Agranulozytose.
Neutrozyten vgl. Blutkörperchen.
Niacin vgl. Nikotinsäure.
Niazin vgl. Nikotinsäure.
Niazinamid vgl. Nikotinsäure.
Nichtstehenkönnen vgl. Astasie.
Nickkrampf vgl. Epilepsia nutans.
Nicolas-Durand-Favre-Krankheit vgl. Geschlechtskrankheiten.
Nicolas-Favre-Krankheit vgl. Geschlechtskrankheiten.
Nictatio vgl. Blepharospasmus.
Nictitatio vgl. Blepharospasmus.
niederdrückender Muskel vgl. Muskel.
Niedergeschlagenheit vgl. Melancholie.
Niederkunft vgl. Partus.
Niere vgl. Eingeweide.
Nierenbecken vgl. Harnorgane.
Nierenbeckenentzündung vgl. Pyelitis.
Nierenbeckenstein vgl. Urolith.
Nierenblutung vgl. Hämorrhagie.
Nierenentzündung vgl. Nephritis.
Nierensenkung vgl. Enteroptose.
Nierenstein vgl. Urolith.
Niesanfall vgl. Sternutation.
Niesen vgl. Sternutation.
Nieskrampf vgl. Sternutation.
Niesmittel vgl. Errhinum.
Nigrities cutis vgl. Melasma.
Nigrities linguae vgl. Lingua nigra.
NIKOTINISMUS, Tabakismus *(selten)*, Tabakose *(ungew.)*, Tabakosis *(ungew.)*, Nikotinvergiftung, Tabakvergiftung. – Vgl. auch den Artikel *Intoxikation.*
NIKOTINSÄURE, Acidum nicotinicum*, Niazin, Niacin*, Anti-Pellagra-Vitamin; *physiologisch aktive*

Form: Nikotinsäureamid, Niazinamid, Nikotylamid, PP-Faktor, Pellagraschutzstoff.
Nikotinsäureamid vgl. Nikotinsäure.
Nikotinsäuremangelkrankheit vgl. Pellagra.
Nikotinvergiftung vgl. Nikotinismus.
Nikotylamid vgl. Nikotinsäure.
Niktation vgl. Blepharospasmus.
Niktitation vgl. Blepharospasmus.
Nilbeule vgl. Leishmaniosis furunculosa.
Nisus sexualis vgl. Libido.
Nodositas crinium vgl. Trichoptilose.
Noduli vocales vgl. [1]Chorditis.
Nodulus vgl. Effloreszenz.
Nodulus cutaneus vgl. Effloreszenz.
Nodus vgl. Effloreszenz.
Noktambulismus vgl. Somnambulismus.
NOMA, Stomatitis gangraenosa, Cancer aquaticus, Cancrum oris, Wangenbrand, Gesichtsbrand, Wasserkrebs. – Vgl. auch die Artikel *Stomatitis* und *Nekrose.*
Nona vgl. Encephalitis epidemica.
Normalsichtigkeit vgl. Emmetropie.
Normoblasten vgl. Blutkörperchen.
Normozyten vgl. Blutkörperchen.
-nose vgl. Morbus.
Nosema vgl. Morbus.
Noso- vgl. Morbus.
Nosogenese vgl. Pathogenese.
Nosogenie vgl. Pathogenese.
Nosokomialgangrän vgl. Gasödemkrankheit.
Nosophobie vgl. Hypochondrie.
Nosotoxikose vgl. Intoxikation.
Not- vgl. Dorsum.
NOTALGIE, Dorsalgie, Dorsodynie, Rückenschmerz.
Noto- vgl. Dorsum.
Nubecula corneae vgl. Nubekula.
NUBEKULA, Nubecula corneae*, Opacitas corneae *(selten)*, Hornhauttrübung, Hornhautfleck, Hornhautnarbe; *mittleren Grades:* Makula, Macula corneae*, grauer Hornhautfleck; *schweren Grades:* Leukom, Leucoma corneae*, Albugo, weißer Hornhautfleck.
Nucha vgl. Collum.
Nucleus pulposus vgl. Discus articularis.
NUCLEUS-PULPOSUS-HERNIE, Diskushernie, Diskusbruch, Bandscheibenvorfall, Bandscheibenprolaps, Bandscheibenschaden, Zwischenwirbelscheibenvorfall, Zwischenwirbelscheibenbruch, Pulposus-Syndrom, Nucleus-pulposus-Syndrom *(selten)*, Bandscheibensyndrom, Wurzelkompressionssyndrom, Pulposus-Prolaps, Nucleus-pulposus-Prolaps.
Nucleus-pulposus-Prolaps vgl. Nucleus-pulposus-Hernie.
Nucleus-pulposus-Syndrom vgl. Nucleus-pulposus-Hernie.
Nukleoplasma vgl. Protoplasma.
Nullipara vgl. Gravida.
Nußgelenk vgl. Junktur.
Nyktalopia, Nyktalopie vgl. Sehstörung.
NYKTOPHOBIE, Skotophobie, Dunkelangst, Nachtangst. – Vgl. auch den Artikel *Phobie.*
Nympha vgl. Genitalien.
Nymphae vgl. Genitalien.
Nymphomanie vgl. Erotomanie.
NYSTAGMUS, Nystaxis *(ungew.)*, Instabilitas oculorum, Augenzittern.
Nystaxis vgl. Nystagmus.

O

OBDUKTION, Sektion, Sectio*, Leichenöffnung, Leichenzergliederung; Autopsie, Nekropsie, Nekroskopie *(ungew.)*, Leichenschau, Totenschau.
O-Bein vgl. Genu varum.
Oberarm vgl. Membra corporis.
Oberbauch vgl. Abdomen.
Oberbauchbruch vgl. Hernia abdominalis.
obere Extremität vgl. Membra corporis.

obere Harnröhrenspalte vgl. Fissura urethrae.
oberer Hirnanhang vgl. Corpus pineale.
Oberhaut vgl. Organa sensuum.
Oberkiefer vgl. Kiefer.
Oberkieferhöhle vgl. Organa sensuum.
Oberlid vgl. Palpebra.
Oberschenkel vgl. Membra corporis.
Obesitas vgl. Adipositas.
Obesitas cordis vgl. Adipositas.
Obesität vgl. Adipositas.
Objektangst vgl. Phobie.
Obliteratio vgl. Obstruktion.
Obliteration vgl. Obstruktion.
Obsession vgl. Anankasmus.
Obstetrik vgl. Geburtshilfe.
Obstetrix vgl. Hebamme.
Obstipatio vgl. Obstipation.
OBSTIPATION, Obstipatio*, Konstipation, Constipatio alvi*, Obstructio alvi, Darmträgheit, Stuhlverstopfung, Verstopfung • *verstärkt:* **Retentio alvi,** Koprostase, Kotstauung, Stuhlverhaltung • *mit vollständiger Unmöglichkeit der Kotentleerung durch den After:* **Ileus,** Occlusio intestinorum, Darmverschluß; *infolge Verdrehung einer Darmschlinge um ihre Achse oder um eine andere Darmschlinge:* Volvulus, Darmverschlingung. – Ggs.: *Diarrhö;* vgl. auch den Artikel *Ischurie.*
Obstructio vgl. Obstruktion.
Obstructio alvi vgl. Obstipation.
OBSTRUKTION, Obstructio*, Obliteration, Obliteratio*, Obturation, Obturatio*, Okklusion, Occlusio*, Verstopfung, Verlegung, Verschluß.
Obturatio vgl. Obstruktion.
Obturation vgl. Obstruktion.
Occlusio vgl. Obstruktion.
Occlusio intestinorum vgl. Obstipation.
Ochropyra vgl. Gelbfieber.
Ochsenauge vgl. Hydrophthalmus.
Ochsengalle vgl. Fel.
Ochsenherz vgl. Kardiomegalie.
Oculus vgl. Organa sensuum.
ÖDEM, Oedema*, Hydrops, Hydropsie, Hydropsia*, Gewebswassersucht, Wassersucht, wassersüchtige Schwellung; *bes. im Unterhautbindegewebe:* Anasarka, Hydrops anasarca, Hautwassersucht, Hydroderma *(ungew.).*
Odontagra vgl. Odontalgie.
ODONTALGIE, Odontodynie, Odontagra *(selten)*, Dentalgie, Dentagra *(selten)*, Zahnschmerz, Zahnschmerzen, Zahnweh *(volkst.); neuralgischer Natur:* Odontoneuralgie.
Odontiatrie vgl. Medizin.
Odontitis vgl. Odontopathie.
Odont[o]- vgl. Dens.
Odontodynie vgl. Odontalgie.
Odontologe vgl. Arzt.
Odontologie vgl. Medizin.
Odontoneuralgie vgl. Odontalgie.
ODONTOPATHIE, Zahnerkrankung, Zahnkrankheit • *entzündlich:* **Odontitis,** Zahnentzündung; *im Bereich der Pulpa:* Pulpitis, Zahnmarkentzündung. – Vgl. auch: *Gingivitis* unter dem Stichwort *Stomatitis* und *Periodontitis* unter dem Stichwort *Ostitis.*
Odontorrhagia vgl. Hämorrhagie.
Odontorrhagie vgl. Hämorrhagie.
Odontosis vgl. Dentition.
-odynia vgl. Dolor.
-odynie vgl. Dolor.
Oedema vgl. Ödem.
Oedema acutum circumscriptum vgl. Quincke-Ödem.
Oedema acutum paroxysmale vgl. Quincke-Ödem.
Oedema angioneuroticum vgl. Quincke-Ödem.
Oedema malignum vgl. Gasödemkrankheit.
Oesophagectasia vgl. Ektasie.
Oesophagus vgl. Ösophagus.
Öffnung vgl. Foramen.
Ohr vgl. Organa sensuum.
Ohrbluten vgl. Hämorrhagie.
Ohrblutgeschwulst vgl. Hämorrhagie.
Ohrenarzt vgl. Arzt.
Ohrenbluten vgl. Hämorrhagie.
Ohrenheilkunde vgl. Medizin.
Ohrenklingen vgl. Ohrgeräusche.
Ohrensausen vgl. Ohrgeräusche.
Ohrenschmalz vgl. Zerumen.
Ohrenschmerz vgl. Otalgie.
Ohrentzündung vgl. Otitis.

OHRGERÄUSCHE, Tinnitus aurium, Tinnitus *(Kurzf.)*, Susurrus aurium, Sonitus aurium, Bombus, Ohrensausen, Ohrenklingen; entotische Geräusche.

Ohrläppchen vgl. Lobulus auriculae.

Ohrmuschel vgl. Organa sensuum.

Ohrschmerz vgl. Otalgie.

Ohrspeicheldrüsenentzündung vgl. Parotitis.

Ohrspiegelung vgl. Endoskopie.

Ohrstaub vgl. Statokonie.

Ohrsteinchen vgl. Statokonie.

Okklusion vgl. Obstruktion.

Okklusivpessar vgl. Präservativ.

Olecranon vgl. Cubitus.

Olekranon vgl. Cubitus.

OLEOM, Oleoma*, Elaiom *(selten)*, Elaioma* *(selten)*, Eläom *(selten)*, Elaeoma* *(selten)*, Oleosklerom, Oleoscleroma*, Öltumor, Ölgeschwulst; Paraffinom, Paraffinoma*, Paraffintumor, Paraffingeschwulst, Vaselinom, Vaselinoma, Vaselintumor, Vaselingeschwulst.

Oleoma vgl. Oleom.

Oleoscleroma vgl. Oleom.

Oleosklerom vgl. Oleom.

Ölgeschwulst vgl. Oleom.

Oligämie vgl. Anämie.

Oliogodaktylie vgl. Dysmelie.

Oligohämie vgl. Anämie.

Oligohidrie vgl. Transpiration.

Oligoidrie vgl. Transpiration.

Oligoleucocythaemia vgl. Leukopenie.

Oligoleucocytosis vgl. Leukopenie.

Oligoleukozythämie vgl. Leukopenie.

Oligoleukozytose vgl. Leukopenie.

Oligomenorrhö vgl. Menstruation.

Oligophrenia vgl. Oligophrenie.

OLIGOPHRENIE, Oligophrenia*, Phrenasthenie *(selten)*, Schwachsinn, Geistesschwäche; *dauernd, durch organische Hirnschädigung im späteren Leben erworben:* Demenz, Dementia*, Deterioratio mentalis *(ungew.)*, Blödsinn, Verblödung • *verschiedene Formen, je nach dem Grad der Ausprägung unterschieden:* **a)** *leichteren Grades:* **Debilität,** Debilitas mentalis, Debilitas *(Kurzbez.)*, Debilitas intellectualis *(ungew.)*, Retardatio mentalis *(ungew.)*. **b)** *mittleren Grades:* **Imbezillität,** Imbecillitas*, mittelgradiger Schwachsinn. **c)** *schweren Grades:* **Idiotie,** Idiotia*, Idiotismus, hochgradiger Schwachsinn; *auf einem Versagen der Schilddrüsenfunktion beruhend:* Kretinismus, Idiotia cretinoidea, kretinoide Idiotie.

Oligopnoe vgl. Dyspnoe.

Oligoptyalismus vgl. Oligosialie.

OLIGOSIALIE, Hyposialie, Oligoptyalismus, Hypoptyalismus, Hyposialose *(ungew.)*, Hyposalivation *(ungew.)*, verminderte Speichelsekretion; *stark vermindert bis zum völligen Versiegen:* Aptyalismus, Asialie, Aptyalie *(ungew.)*, fehlende Speichelsekretion. – Vgl. auch den Artikel *Ptyalismus.*

Oligospermatismus vgl. Oligospermie.

OLIGOSPERMIE, Oligospermatismus *(ungew.)*, Oligozoospermie; *bis zum völligen Fehlen von [lebenden] Samenzellen im Ejakulat:* Aspermie, Aspermatismus, Azoospermie, Azoospermatismus *(ungew.)*.

Oligotrophie vgl. Dystrophie.

Oligozoospermie vgl. Oligospermie.

Öltumor vgl. Oleom.

Omagra vgl. Arthritis urica.

Omalgia vgl. Omalgie.

OMALGIE, Omalgia*, Omodynie, Skapulalgie *(selten)*, Scapulalgia* *(selten)*, Skapulodynie *(selten)*, Scapulodynia* *(selten)*, Schulterschmerz, Schulterschmerzhaftigkeit, Schulterblattschmerz.

Omentum vgl. Peritonäum.

Omentum colicum vgl. Peritonäum.

Omentum gastrocolicum vgl. Peritonäum.

Omentum gastrohepaticum vgl. Peritonäum.

Omentum majus vgl. Peritonäum.

Omentum minus vgl. Peritonäum.

Omodynie vgl. Omalgie.

Omphalos vgl. Umbilicus.

Omphalozele vgl. Hernia abdominalis.

Onanie vgl. Narzißmus.

Onchocercosis vgl. Filariose.

Onchozerkiasis vgl. Filariose.

Onchozerkose vgl. Filariose.

Oneirodynia vgl. Oneirodynie.
Oneirodynia activa vgl. Somnambulismus.
ONEIRODYNIE, Oneirodynia*, Inkubus, Sukkubus, Sukkuba, Alpdrücken, Alptraum.
Onkologe vgl. Arzt.
Onkologie vgl. Medizin.
Önomanie vgl. Delirium tremens.
Onomatomanie vgl. Anankasmus.
Onych- vgl. Unguis.
ONYCHAUXIS, Hyperonychie, Hyperonychose *(selten)*, Hyperonychosis *(selten)*, verstärktes Nagelwachstum, übermäßige Nagelbildung, Nagelhypertrophie; Onychophym, Nagelverdickung, Nagelgeschwulst; *mit krallenartiger Verbildung der Nägel:* Onychogrypose, Gryposis unguium, Krallennagel. – Vgl. auch den Artikel *Onychopathie.*
Onychia vgl. Onychopathie.
Onychia lateralis vgl. Onychopathie.
Onychia periungualis vgl. Onychopathie.
Onychiasis vgl. Onychopathie.
Onychie vgl. Onychopathie.
Onychitis vgl. Onychopathie.
Onycho- vgl. Unguis.
Onychocryptosis vgl. Onychokryptose.
Onychogrypose vgl. Onychauxis.
Onychoklasie vgl. Onychorrhexis.
Onychoklasis vgl. Onychorrhexis.
ONYCHOKRYPTOSE, Onychocryptosis*, Unguis incarnatus, Onyxis *(ungew.)*, eingewachsener Nagel. – Vgl. auch den Artikel *Onychopathie.*
ONYCHOLYSE, Onychomadese, Onychoptose, Nagelablösung, Nagelausfall; *mit Spaltung des Nagels:* Onychoschisis, Onychoschizie *(ungew.)*, Schizonychie *(ungew.)*, Nagelspaltung. – Vgl. auch den Artikel *Onychopathie.*
Onychomadese vgl. Onycholyse.
Onychomycosis vgl. Onychomykose.
ONYCHOMYKOSE, Onychomycosis*, Tinea unguium, Pilzerkrankung der Nägel. – Vgl. auch die Artikel *Dermatomykose* und *Dermatose.*
Onychonose vgl. Onychopathie.
Onychopacitas vgl. Leukonychie.
ONYCHOPATHIE, Onychose, Onychosis, Onychonose, Onychiasis *(ungew.)*, Nagelkrankheit • *entzündlich, im Bereich des Nagelbetts:* **Onychie,** Onychia*, Onychitis, Onyxitis *(ungew.)*, Onyxis *(ungew.)*, Matrixitis *(ungew.)*, Nagelbettentzündung • *entzündlich, eitrig, bes. im Bereich des Nagelfalzes:* **Paronychie,** Paronychia*, Panaritium parunguale, Panaritium *(übliche Kurzbez.)*, Onychia periungualis, Onychia lateralis *(selten)*, Nagelfalzentzündung, Nagelfalzvereiterung, Umlauf *(volkst.)* • *entzündlich, im Bereich der Haut des hinteren Nagelwalls:* **Perionychie,** Perionychia*, Perionyxis *(ungew.)*. – Vgl. auch im einzelnen die folgenden Artikel: *Onychorrhexis, Onycholyse, Onychokryptose, Leukonychie, Koilonychie, Onychauxis.*
Onychophym vgl. Onychauxis.
Onychoptose vgl. Onycholyse.
ONYCHORRHEXIS, Fragilitas unguium, Onychoklasis *(seltener)*, Onychoklasie *(seltener)*, Nagelbrüchigkeit. – Vgl. auch den Artikel *Onychopathie.*
Onychoschisis vgl. Onycholyse.
Onychoschizie vgl. Onycholyse.
Onychose vgl. Onychopathie.
Onychosis vgl. Onychopathie.
Onyxis vgl. Onychopathie.
Onyxitis vgl. Onychopathie.
Oo- vgl. Gamet.
Oogonikum vgl. Gamet.
Oopharectomia vgl. Sterilisation.
Oophorektomie vgl. Sterilisation.
Oophoron vgl. Genitalien.
Oophorotomie vgl. Sterilisation.
Oozephalie vgl. Dyszephalie.
Oozephalus vgl. Dyszephalie.
Oozyt vgl. Gamet.
Oozyte vgl. Gamet.
Opacitas corneae vgl. Nubekula.
O-Para vgl. Gravida.
OPERATION, chirurgischer Eingriff, Eingriff *(Kurzbez.)*, operativer Eingriff; operative Eröffnung, Eröffnung *(Kurzbez.)*, -tomie *(nur in Zus.)*, -tomia* *(nur in Zus.)*, Sektion, Sectio*,

Schnitt; Inzision, Incisio*, operativer Einschnitt, operative Spaltung, Einschnitt *(Kurzbez.)* • *auf das Wegschneiden von Organ- oder Körperteilen bezogen:* **Resektion,** Exzision, Excisio*, operative Entfernung, Ausschneidung; *auf endständige Körperteile bezogen:* Amputation, Amputatio*, Ablation, Ablatio*, Absetzung, Gliedabsetzung, Abtragung, Gliedabtragung; *von Gliedmaßen im Gelenk:* Exartikulation, Exarticulatio*; *total, eines ganzen Organs, Gewebes usw.:* Ektomie, -ektomie *(in Zus.)*, -ectomia* *(in Zus.)*, Exstirpation, Exstirpatio*, Totaloperation, Radikaloperation, Totalexstirpation • *um einen Krankheitsherd herum erfolgend:* **Zirkumzision,** Circumcisio*, Umschneidung • *auf die Befestigung von Geweben oder Organen bezogen:* **Fixation,** Fixatio*, Pexis *(selten)*, -pexis *(in Zus.)*, pexie- *(nur in Zus.)*, -rhaphie *(nur in Zus.)*, operative Befestigung, Annähung, Vernähung, Naht. – Vgl. auch den Artikel *Kauterisation.*

operative Befestigung vgl. Operation.

operative Eierstocksentfernung vgl. Sterilisation.

operative Eileiterentfernung vgl. Sterilisation.

operative Entfernung vgl. Operation.

operative Eröffnung vgl. Operation.

operative Gelenkversteifung vgl. Ankylose.

operative Kindszerstückelung vgl. Embryotomie.

operativer Eingriff vgl. Operation.

operativer Einschnitt vgl. Operation.

operative Samenleiterentfernung vgl. Sterilisation.

operative Spaltung vgl. Operation.

operative Stirnlappenmarkdurchtrennung vgl. Leukotomie.

Ophiasis celsi vgl. Atrichie.

Ophthalmia aegyptica vgl. Trachom.

Ophthalmia catarrhalis epidemica vgl. Trachom.

Ophthalmia pustulosa vgl. Trachom.

Ophthalmiatrie vgl. Medizin.

Ophthalmiatrik vgl. Medizin.

Ophthalm[o]- vgl. Organa sensuum.

Ophthalmoblennorrhö vgl. Geschlechtskrankheiten.

Ophthalmologe vgl. Arzt.

Ophthalmologie vgl. Medizin.

Ophthalmorrhagia vgl. Hämorrhagie.

Ophthalmorrhagie vgl. Hämorrhagie.

Ophthalmorrhö vgl. Hämorrhagie.

Opiomanie vgl. Opiumismus.

Opisthencephalon vgl. Cerebrum.

Opisthogenie vgl. Hyposomie.

Opisthognathie vgl. Hyposomie.

Opisthognathismus vgl. Hyposomie.

OPIUMISMUS, Opiomanie, Opiumvergiftung, Opiumsucht • *auf einzelne Alkaloide des Opiums bezogen:* **a)** *durch Morphin:* **Morphinismus,** Morphinomanie, Morphiomanie, Morphinisation *(ungew.)*, Morphinvergiftung, Morphiumsucht; *durch Heroin:* Heroinismus, Heroinomanie, Heroinvergiftung, Heroinsucht. **b)** *durch Kodein:* **Kodeinismus,** Kodeinomanie, Kodeinvergiftung, Kodeinsucht. – Vgl. auch den Artikel *Intoxitation.*

Opiumsucht vgl. Opiumismus..

Opiumvergiftung vgl. Opiumismus.

Opsomenorrhö vgl. Menstruation.

Opsonin vgl. Antikörper.

optische Agnosie vgl. Agnosia optica.

Orchectomia vgl. Sterilisation.

Orchektomie vgl. Sterilisation.

Orchidectomia vgl. Sterilisation.

Orchidektomie vgl. Sterilisation.

Orchidotomie vgl. Sterilisation.

Orchiectomia vgl. Sterilisation.

Orchiektomie vgl. Sterilisation.

Orchiotomie vgl. Sterilisation.

Orchis vgl. Genitalien.

ORCHITIS, Didymitis, Testitis *(ungew.)*, Hodenentzündung.

Organa genitalia vgl. Genitalien.

Organa genitalia feminina vgl. Genitalien.

Organa genitalia masculina vgl. Genitalien.

Organa genitalia muliebria vgl. Genitalien.

Organa genitalia virilia vgl. Genitalien.

ORGANA SENSUUM, Sinnesorgane, Rezeptionsorgane, Sinneswerkzeuge • **1)** *Sehen:* **Organum visus,** Organon visus *(älter)*, Sehorgan, Gesichtsorgan. **a)** *funktioneller Hauptteil:* **Oculus,** Ophthalm[o]- *(nur in Zus.)*, Auge • Bulbus oculi, Bulbus *(Kurzf.)*, Augapfel. **b)** *Sinnesnerven:* **Nervus opticus,** Fasciculis opticus *(älter)*, Sehnerv, zweiter (II.) Hirnnerv. **2)** *Hören:* **Organum spirale,** Organon spirale [Cortii] *(älter)*, Corti-Organ, Gehörorgan, Hörorgan; *Hören und Gleichgewicht:* Organum vestibulocochleare, Organum statoacusticum, Organon auditus *(älter)*, Organon status et auditus *(älter)*. **a)** *funktioneller Hauptteil:* **Auris,** Ot[o]- *(nur in Zus.)*, Ohr; *mittlerer Teil:* Auris media, Mittelohr, Cavum tympani, Tympanum, Paukenhöhle; *innerster Teil:* Auris interna, Innenohr, Labyrinth, Labyrinthus* • Concha auriculae, Auricula, Ohrmuschel. **b)** *Sinnesnerven:* **Nervus vestibulocochlearis,** Nervus statoacusticus, Nervus acusticus *(älter)*, Nervus octavus *(älter)*, Hörnerv, achter (VIII.) Hirnnerv. **3)** *Riechen:* **Organum olfactus,** Organon olfactus *(älter)*, Geruchsorgan, Riechorgan. **a)** funktionelle Hauptteile: **Nasus,** Nasus externus, Rhin[o]- *(nur in Zus.)*, Nase • Cavum nasi, Nasenhöhle • Sinus paranasales *(Mehrz.)*, Sinus nasales *(veraltet)*, Nasennebenhöhlen, Nebenhöhlen. *α) paarig, oberhalb der Nasenwurzel:* Sinus frontalis, Stirnhöhle, Stirnbeinhöhle. *β) beiderseits im Oberkieferknochen:* Sinus maxillaris, Kieferhöhle, Oberkieferhöhle. *γ) paarig, im vorderen Teil des Keilbeinkörpers:* Sinus sphenoidalis, Sinus sphenoideus *(veraltet)*, Keilbeinhöhle. *δ) Hohlraumsystem zwischen Nasenhöhle und Augenhöhle:* Sinus ethmoidalis, Siebbeinhöhlen. **b)** *Sinnesnerven:* **Nervi olfactorii,** Fila olfactoria *(älter)*, Riechnerven, erster (I). Hirnnerv. **4)** *Schmecken:* **Organum gustus,** Organon gustus *(älter)*, Geschmacksorgan. **a)** *funktionelle Hauptteile:* **Lingua,** Glossa *(selten)*, Zunge • Papillae linguales, Zungenpapillen, Geschmackspapillen • Caliculus gustatorius, Geschmacksknospe. **b)** *Sinnesnerven:* **Nervus glossopharyngeus,** Nervus glossopharyngicus *(älter)*, neunter (IX.) Hirnnerv • Nervus lingualis, Zungennerv. **5)** *Tasten:* **a)** *funktionelle Hauptteile:* **Kutis,** Cutis*, Derma, Dermat[o]- *(nur in Abl. u. Zus.)*, Pella *(selten)*, Pellis *(selten)*, Haut; Epidermis, Oberhaut; Korium, Corium*, Lederhaut; Corpuscula tactus, Meissner-Tastkörperchen, Tastkörperchen • Menisci tactus [corii], Merkel-Tastscheiben, Tastscheiben. **b)** *Sinnesnerven:* **Nervi cutanei,** Hautnerven.

Organa uropoetica vgl. Harnorgane.

Organauspflanzung vgl. Transplantation.

Organeinpflanzung vgl. Transplantation.

Organon auditus vgl. Organa sensuum.

Organon gustus vgl. Organa sensuum.

Organon olfactus vgl. Organa sensuum.

Organa olfactus vgl. Organa sensuum.

Organon spirale [Cortii] vgl. Organa sensuum.

Organon status et auditus vgl. Organa sensuum.

Organon visus vgl. Organa sensuum.

Organrückverpflanzung vgl. Transplantation.

Organschwund vgl. Dystrophie.

Organum gustus vgl. Organa sensuum.

Organum olfactus vgl. Organa sensuum.

Organum spirale vgl. Organa sensuum.

Organum statoacusticum vgl. Organa sensuum.

Organum vestibulocochleare vgl. Organa sensuum.

Organum visus vgl. Organa sensuum.

Organverpflanzung vgl. Transplantation.

Organwiedereinpflanzung vgl. Transplantation.

ORGASMUS, Höhepunkt, Akme *(ungew.)*, Klimax *(ungew.)*. – Vgl. auch: *Koitus.*

Orgie vgl. Abusus.

Orientbeule vgl. Leishmaniosis furunculosa.

Orificium vgl. Foramen.
ORNITHOSE, Ornithosis*, Psittakose, Psittacosis*, Papageienkrankheit.
Ornithosis vgl. Ornithose.
Oro- vgl. ²Os.
Oropharynx vgl. Pharynx.
Orthese vgl. Prothese.
Orthesis vgl. Prothese.
Orthopädie vgl. Medizin.
Orthopäde vgl. Arzt.
Orthopnoea cardiaca vgl. Angina pectoris.
orthostatische Albuminurie vgl. funktionelle Albuminurie.
Orthosympathikus vgl. Nervensystem.
orthosympathisches Nervensystem vgl. Nervensystem.
orthosympathisches System vgl. Nervensystem.
orthotische Albuminurie vgl. funktionelle Albuminurie.
örtliche Blutleere vgl. Ischämie.
örtlicher Gewebstod vgl. Nekrose.
Ortsangst vgl. Topophobie.
¹OS, Osteo- *(nur in Zus.)*, Oste- *(nur in Zus.)*, Ost- *(nur in Zus., selten)*, Knochen, -bein *(nur in Zus.)*; Ossiculum, Knöchelchen • *Gesamtheit:* **Skelett,** Skelet *(Nf.)*, Skeleton*, Knochengerüst.
²OS, Oro- *(nur in Zus.)*, Stoma, Stomato- *(nur in Zus.)*, Stomat- *(nur in Abl. und Zus.)*, Stomo- *(nur in Zus., ungew.)*, Stom- *(nur in Zus., ungew.)*, Mund, Mundöffnung • **Cavum oris,** Mundhöhle.
³Os vgl. Foramen.
Os calcis vgl. Ossa tarsi.
Oscedo vgl. Gähnen.
Oscheozele vgl. Hernia inguinalis.
Oscitatio vgl. Gähnen.
OS COCCYGIS, Coccyx *(ungew.)*, Kokzygo- *(nur in Zus.)*, Kokzyg- *(nur in Zus.)*, Pygo- *(nur in Zus.)*, Pyg- *(nur in Zus.)*, Steißbein, Steiß.
Os cuboides vgl. Ossa tarsi.
Os cuboideum vgl. Ossa tarsi.
Osler-Krankheit vgl. Polyzythämie.
Os naviculare (pedis) vgl. Ossa tarsi.
Ösophagektasie vgl. Ektasie.
Ösophagektasis vgl. Ektasie.
Ösophagismus vgl. Ösophagospasmus.
Ösophagogramm vgl. Röntgenogramm.
Ösophagographie vgl. Röntgenographie.
Ösophagoskopie vgl. Endoskopie.
ÖSOPHAGOSPASMUS, Ösophagismus, Speiseröhrenkrampf.
ÖSOPHAGUS, Oesophagus*, Speiseröhre. – Vgl. auch den Artikel: *Eingeweide.*
Ossa cuneiformia vgl. Ossa tarsi.
Ossa tarsalia vgl. Ossa tarsi.
OSSA TARSI, Ossa tarsalia, Tarsalknochen, Fußwurzelknochen • **a)** *oberster:* **Talus,** Astragalus *(veraltet)*, Sprungbein. **b)** *hinterster:* **Calcaneus,** Kalkaneus *(eindeutschend)*, Os calcis *(veraltet)*, Fersenbein. **c)** *zwischen Sprungbein und Keilbeinen:* **Os naviculare (pedis),** Kahnbein. **d)** *seitlich:* **Os cuboideum,** Os cuboides *(älter)*, Kuboid, Würfelbein. **e)** **Ossa cuneiformia,** Keilbeine.
Ossiculum vgl. ¹Os.
Ost- vgl. ¹Os.
Ostalgie vgl. Ostealgie.
Oste- vgl. ¹Os.
OSTEALGIE, Osteodynie, Ostalgie *(ungew.)*, Knochenschmerz[en]; *heftig (bes. am Schienbein):* Osteokopie.
Osteitis vgl. Ostitis.
Osteitis acuta vgl. Ostitis.
Osteitis centralis vgl. Ostitis.
Osteitis corticalis vgl. Ostitis.
Osteitis necrotica vgl. Ostitis.
Osteo- vgl. ¹Os.
Osteoarthritis vgl. Ostitis.
OSTEOBLASTOM, Osteoblastoma*, Knochengeschwulst; *gutartig:* Osteom, Osteoma*; *bösartig:* vgl. hierzu den Artikel *Krebs.*
Osteoblastoma vgl. Osteoblastom.
Osteochondritis vgl. Ostitis.
Osteodynie vgl. Ostealgie.
OSTEOKLAST, Osteophage, Knochenfreßzelle.
Osteokopie vgl. Ostealgie.
Osteom vgl. Osteoblastom.
Osteoma vgl. Osteoblastom.
Osteomyelitis vgl. Ostitis.
Osteomyelom vgl. Krebs.
Osteomyeloma vgl. Krebs.
Osteopädion vgl. Lithopädion.

Osteopetrose, Osteopetrosis vgl. Osteosklerose.
Osteophage vgl. Osteoklast.
Osteosarcoma vgl. Krebs.
Osteosarkom vgl. Krebs.
Osteosclerosis vgl. Osteosklerose.
OSTEOSKLEROSE, Osteosclerosis*, Osteopetrose, Osteopetrosis*, Eburneation, Eburneatio, Eburnifikation.
OSTITIS, Osteitis, Knochenentzündung; *in Verbindung mit einer Gelenkentzündung:* Osteoarthritis; *in Verbindung mit einer Knorpelentzündung:* Osteochondritis, Knochen-Knorpel-Entzündung • **a)** *bes. des Knochenmarks:* **Osteomyelitis,** Ostitis acuta *(ungew.)*, Osteitis acuta *(ungew.)*, Ostitis necrotica *(ungew.)*, Osteitis necrotica *(ungew.)*, Knochenmarkentzündung. **b)** *bes. der Knochenhaut:* **Periostitis,** Periosteitis *(selten)*, Ostitis corticalis *(selten)*, Osteitis corticalis *(selten)*, Knochenhautentzündung; *bes. der Knocheninnenhaut:* Endostitis, Ostitis centralis, Osteitis centralis; *im Bereich der Zahnwurzelhaut:* Periodontitis, Pericementitis *(selten)*, Zahnwurzelhautentzündung, Wurzelhautentzündung.
Ostitis acuta vgl. Ostitis.
Ostitis centralis vgl. Ostitis.
Ostitis corticalis vgl. Ostitis.
Ostitis necrotica vgl. Ostitis.
Ostium vgl. Foramen.
Ostium cardiacum [ventriculi] vgl. Eingeweide.
Ostium pyloricum vgl. Eingeweide.
Oszedo vgl. Gähnen.
Oszitation vgl. Gähnen.
OS ZYGOMATICUM, Zygomatikum *(Kurzbez.)*, Zygoma, Jochbein.
Otagra vgl. Otalgie.
OTALGIE, Otodynie, Otagra, Ohrenschmerz, Ohrschmerz.
Othaematoma vgl. Hämorrhagie.
Othämatom vgl. Hämorrhagie.
Othämatorrhö vgl. Hämorrhagie.
Othämorrhö vgl. Hämorrhagie.
Otiatrie vgl. Medizin.
OTITIS, Ohrentzündung • *des gesamten Ohrs:* **Panotitis** • *des Mittelohrs:* **Otitis media,** Tympanitis, Mittelohrentzündung; *der Ohrtrompete:* **Salpingitis,** Eustachitis • *des Trommelfells:* **Myringitis,** Trommelfellentzündung, Tympanitis *(ungew.)* • *des Innenohrs:* **Otitis interna,** Otitis labyrinthica *(selten)*, Labyrinthitis, Innenohrentzündung.
Otitis interna vgl. Otitis.
Otitis labyrinthica vgl. Otitis.
Otitis media vgl. Otitis.
Ot[o]- vgl. Organa sensuum.
Otoconia vgl. Statokonie.
Otodynie vgl. Otalgie.
Otokonie vgl. Statokonie.
Otolithen vgl. Statokonie.
Otolithi vgl. Statokonie.
Otologe vgl. Arzt.
Otologie vgl. Medizin.
Otorhinolaryngologe vgl. Arzt.
Otorhinolaryngologie vgl. Medizin.
Otorrhagia vgl. Hämorrhagia.
Otorrhagie vgl. Hämorrhagie.
Otoskopie vgl. Endoskopie.
Ovalozyten vgl. Blutkörperchen.
Ovarectomia vgl. Sterilisation.
Ovarektomie vgl. Sterilisation.
Ovarialgravidität vgl. Extrauteringravidität.
Ovariectomia vgl. Sterilisation.
Ovariektomie vgl. Sterilisation.
Ovariomanie vgl. Erotomanie.
Ovariotomie vgl. Sterilisation.
Ovarium vgl. Genitalien.
Ovidukt vgl. Genitalien.
Ovogonium vgl. Gamet.
Ovozyt vgl. Gamet.
Ovozyte vgl. Gamet.
OVULATION, Eisprung, Follikelsprung.
Ovulationshemmer vgl. Präservativ.
Ovulum 1) vgl. Gamet. **2)** vgl. Medikament.
Ovum: vgl. Gamet.
Oxyerygmie vgl. Eruktation.
Oxyrygmie vgl. Eruktation.
Oxyuriase vgl. Helminthiasis.
Oxyuriasis vgl. Helminthiasis.
Oxyurie vgl. Helminthiasis.
Oxyurifugum vgl. Anthelminthikum.
Oxyurizid vgl. Anthelminthikum.
Oxyurizidum vgl. Anthelminthikum.

Oxyuriose vgl. Helminthiasis.
Oxyzephalie vgl. Dyszephalie.
Oxyzephalus vgl. Dyszephalie.
Ozaena vgl. Rhinitis.
Ozäna vgl. Rhinitis.

P

Pacemaker vgl. Schrittmacher.
Pachyakrie vgl. Hypersomie.
Pachydaktylie vgl. Hypersomie.
Pachydermatozele vgl. Chalodermie.
Pachydermozele vgl. Chalodermie.
Pachyglossie vgl. Dyspepsie.
Pachymeningitis vgl. Meningitis.
Pachymeninx vgl. Meninx.
Pachyotie vgl. Hypersomie.
Pachypodie vgl. Hypersomie.
Packung vgl. Umschlag.
Päderastie vgl. Homosexualität.
Pädiater vgl. Arzt.
Pädiatrie vgl. Medizin.
Pädophilie vgl. Homosexualität
Pädophobie vgl. Misanthropie.
Palatoschisis vgl. Prosoposchisis.
PALATUM, Gaumen; *der vordere, harte, muskulöse Teil:* Palatum durum, Palatum osseum, harter Gaumen, knöcherner Gaumen; *hinterer, aus Muskeln und Bindegewebe bestehender weicher Teil:* Palatum molle, Velum palatinum, Claustrum gutturis *(selten)*, Claustrum oris *(ungew.)*, weicher Gaumen, Gaumensegel.
Palatum fissum vgl. Prosoposchisis.
Palatum molle vgl. Palatum.
Palatum osseum vgl. Palatum.
Palatum durum vgl. Palatum.
Pallidumsyndrom vgl. Paralysis agitans.
Pallium vgl. Cortex cerebi.
Palma vgl. Palma manus.
PALMA MANUS, Palma *(Kurzbez.)*, Vola manus *(älter)*, Vola *(ältere Kurzbez.)*, Handfläche, Hohlhand, Handteller. – Vgl. auch: *Planta pedis.*
PALPEBRA, Blepharo- *(nur in Zus.)*, Blephar- *(nur in Abl. und Zus.)*, Augenlid, Lid; *oberes:* Palpebra superior, Oberlid; *unteres:* Palpebra inferior, Unterlid. – Vgl. auch den Artikel *Organa sensuum.*
Palpebra inferior vgl. Palpebra.
Palpebra superior vgl. Palpebra.
PALPITATIO CORDIS, Palpitation *(übliche Kurzbez.)*, Kardiopalmus, Kardiopalmie *(ungew.)*, Herzklopfen.
Palpitation vgl. Palpitatio cordis.
Paludosis vgl. Malaria.
Paludismus vgl. Malaria.
Panaritium vgl. Onychopathie.
Panaritium parunguale vgl. Onychopathie.
Pancarditis vgl. Karditis.
Pancreas vgl. Eingeweide.
Pandemie vgl. Morbus.
Pandikulation vgl. Gähnen.
Pankarditis vgl. Karditis.
Pankreas vgl. Eingeweide.
Pankreat[o]- vgl. Eingeweide.
Pankreo- vgl. Eingeweide.
Panneuritis epidemica vgl. Beriberi.
Panneuritis endemica vgl. Beriberi.
Panotitis vgl. Otitis.
Papageienkrankheit vgl. Ornithose.
Papel vgl. Effloreszenz.
Papillae linguales vgl. Organa sensuum.
Papilla mammae vgl. Mamille.
Papillargeschwulst vgl. Papillom.
Papille vgl. Mamille.
PAPILLOM, Papilloma*, Papillargeschwulst, Zottengeschwulst, Warzengeschwulst, Blumenkohlgeschwulst. – Vgl. auch die Artikel *Verruca* und *Dermatose.*
Papilloma vgl. Papillom.
Papula vgl. Effloreszenz.
Para vgl. Gravida.
Paracusis vgl. Dysakusis.
Paracusis duplicata vgl. Dysakusis.
Paradentitis vgl. Parodontitis.

Paradentopathie vgl. Parodontopathie.
Paradentose vgl. Parodontopathie.
Paraffingeschwulst vgl. Oleom.
Paraffinom vgl. Oleom.
Paraffinoma vgl. Oleom.
Paraffintumor vgl. Oleom.
Parageusia vgl. Dysgeusie.
Parageusie vgl. Dysgeusie.
Paragrammatismus vgl. Aphasie.
Paragraphie vgl. Aphasie.
Parakusie vgl. Dysakusis.
Parakusis vgl. Dysakusis.
Paralexie vgl. Aphasie.
Paralues vgl. Metasyphilis.
PARALYSE, Paralysis*, Lähmung, motorische Lähmung; *unvollständig ausgeprägt:* Parese, Plegie *(selten, meist in Zus.)* • *halbseitig:* **Hemiplegie,** Hemiplegia*, Hemiparese, Halbseitenlähmung • *doppelseitig:* **Paraplegie,** Paraplegia*, Diplegie, Diplegia*, Paraparese *(ungew.)*, Diparese *(ungew.)* • *einzelner Glieder:* **Monoplegie,** Monoplegia*, Monoparese • *aller vier Extremitäten:* **Tetraplegie,** Tetraplegia*, Tetraparese. – Vgl. aber: *Metasyphilis.*
Paralysis vgl. Paralyse.
PARALYSIS AGITANS, genuine Paralyse, Parkinson-Krankheit, erbliche Schüttellähmung, Schüttellähmung, Tremor artuum • *erworbene Formen, durch Verletzungen im Bereich des extrapyramidalen Systems bedingt:* **Parkinsonismus,** Parkinson-Syndrom, Paralysis-agitans-Syndrom, Pallidumsyndrom.
Paralysis-agitans-Syndrom vgl. Paralysis agitans.
Paralysis generalis progressiva vgl. Metasyphilis.
Paralysis progressiva vgl. Metasyphilis.
Paramnesia vgl. Dysmnesia.
Paramnesie vgl. Dysmnesie.
Parangi vgl. Frambösie.
Paranomie vgl. Aphasie.
Paraparese vgl. Paralyse.
Paraphasie vgl. Aphasie.
Paraphilie vgl. Perversität.
Paraphimose vgl. Phimose.
Paraphimosis vgl. Phimose.
Paraphrasia praeceps vgl. Battarismus.
Paraphrasie vgl. Aphasie.
Paraphylaxie vgl. Idiosynkrasie.
Paraplasma vgl. Protoplasma.
Paraplegia mephitica vgl. Beriberi.
Paraplegia, Paraplegie vgl. Paralyse.
Pararrhythmia vgl. Arrhythmie.
Pararrhythmie vgl. Arrhythmie.
Parascarlatina vgl. Rubeola scarlatinosa.
Parascharlach vgl. Rubeola scarlatinosa.
PARASIT, Schmarotzer • *im Inneren des Wirtsorganismus:* **Endoparasit,** Entoparasit, Endosit *(selten)*; *speziell im Darm:* Zölosit, Enterosit, Enteroparasit *(selten)*, Darmparasit, Darmschmarotzer • *auf der Körperoberfläche des Wirtsorganismus:* **Ektoparasit,** Ektosit *(selten)*.
Parasympathikus vgl. Nervensystem.
parasympathisches Nervensystem vgl. Nervensystem.
parasympathisches System vgl. Nervensystem.
Parasyphilis vgl. Metasyphilis.
Parasystole vgl. Arrhythmie.
Parasystolie vgl. Arrhythmie.
Paravariola vgl. Variola.
Parese vgl. Paralyse.
Paresis generalis vgl. Metasyphilis.
parietales Bauchfellblatt vgl. Peritonäum.
parietales Blatt vgl. Peritonäum.
Pariser vgl. Präservativ.
Parkinsonismus vgl. Paralysis agitans.
Parkinson-Krankheit vgl. Paralysis agitans.
Parkinson-Syndrom vgl. Paralysis agitans.
Parodontitis vgl. Parodontopathie.
Parodontopathia vgl. Parodontopathie.
Parodontopathia dystrophica vgl. Parodontopathie.
Parodontopathia inflammatoria profunda vgl. Parodontopathie.
PARODONTOPATHIE, Parodontopathia*, Periodontopathie *(ungew.)*, Paradentopathie *(veraltet)*, Erkrankung des Zahnhalteapparates, Zahnbetterkrankung • *entzündlich:* **Parodontitis,** Parodontopathia inflamma-

toria profunda, Paradentitis *(veraltet)*, Alveolarpyorrhö *(veraltet)* • *degenerativ, dystrophisch:* **Parodontose,** Parodontosis*, Parodontopathia dystrophica, Paradentose *(veraltet)*, Zahnfleischschwund, dystrophischer Zahnbettschwund.

Parodontose vgl. Parodontopathie.

Parodontosis vgl. Parodontopathie.

Paromphalozele vgl. Hernia abdominalis.

Paronychia vgl. Onychopathie.

Paronychie vgl. Onychopathie.

Parorchis vgl. Genitalien.

Parorexie vgl. Pikazismus.

Parosmia vgl. Dysosmie.

Parosmie vgl. Dysosmie.

Parosphresie vgl. Dysosmie.

Parotiditis vgl. Parotitis.

Parotiditis epidemica vgl. Parotitis.

PAROTITIS, Parotiditis *(ungew.)*, Ohrspeicheldrüsenentzündung • *ansteckend:* **Parotitis epidemica,** Parotiditis epidemica *(ungew.)*, Mumps, Ziegenpeter *(volkst.)*, Bauernwetzel *(volkst., selten)*, Wochentölpel *(volkst., selten)*.

Parotitis epidemica vgl. Parotitis.

Parovarium vgl. Genitalien.

paroxysmale Albuminurie vgl. funktionelle Albuminurie.

Pars laryngea pharyngis vgl. Pharynx.

Pars lateralis vgl. Abdomen.

Pars nasalis pharyngis vgl. Pharynx.

Pars oralis vgl. Pharynx.

Pars oralis pharyngis vgl. Pharynx.

Pars parasympathica vgl. Nervensystem.

Pars parasympathica systematis nervosi autonomici vgl. Nervensystem.

Pars sympathica vgl. Nervensystem.

Pars sympathica systematis nervosi autonomici vgl. Nervensystem.

Parturiens vgl. Gravida.

Parturitio vgl. Partus.

PARTUS, Parturitio, Accouchement *(selten)*, Entbindung, Geburt, Niederkunft; *weit vor dem errechneten Termin:* Partus praematurus, Frühgeburt; *erheblich nach dem errechneten Termin:* Partus serotinus, Spätgeburt.

Partus immaturus vgl. Abort.

Partus praematurus vgl. Partus.

Partus serotinus vgl. Partus.

passive Algolagnie vgl. Perversität.

passive Immunisierung vgl. Impfung.

passiver Flagellantismus vgl. Perversität.

passive Schutzimpfung vgl. Impfung.

Pasta vgl. Medikament.

Paste vgl. Medikament.

Pastille vgl. Medikament.

Pastillus vgl. Medikament.

Patella vgl. Genu.

Path- vgl. Morbus.

-pathie vgl. Morbus.

Patho- vgl. Morbus.

PATHOGENESE, Pathogenie *(selten)*, Nosogenese *(selten)*, Nosogenie *(selten)*, Ätiologie, Krankheitsentstehung, Krankheitsursache.

Pathogenie vgl. Pathogenese.

Pathophobie vgl. Hypochondrie.

Pavy-Krankheit vgl. funktionelle Albuminurie.

Pectus vgl. Thorax.

Pediculosis vgl. Pedikulose.

Pediculosis capillitii vgl. Pedikulose.

Pediculosis capitis vgl. Pedikulose.

Pediculosis inguinalis vgl. Pedikulose.

Pediculosis pubis vgl. Pedikulose.

Pediculosis vestimenti vgl. Pedikulose.

Pediculosis vestimentorum vgl. Pedikulose.

PEDIKULOSE, Pediculosis*, Phthiriase, Phthiriasis*, Läusebefall, Läuse *(volkst.)*, Läusesucht *(ungew.)*; *durch Kopfläuse bedingt:* Pediculosis capitis, Pediculosis capillitii *(ungew.)*, Kopfläuse *(volkst.)*; *durch Kleiderläuse bedingt:* Pediculosis vestimentorum, Pediculosis vestimenti, Kleiderläuse *(volkst.)*; *durch Filzläuse bedingt:* Pediculosis pubis, Pediculosis inguinalis *(ungew.)*, Phthiriase, Phthiriasis*, Phthiriasis pubis *(ungew.)*, Phthiriasis inguinalis *(ungew.)*, Filzläuse *(volkst.)*. – Vgl. auch: *Dermatose.*

Pedionalgia epidemica vgl. Feer-Krankheit.

Pelade vgl. Atrichie.

Pella vgl. Organa sensuum.

PELLAGRA, Vitamin-B_2-Avitaminose, Avitaminose B_2 *(Fachjargon)*, Vitamin-B_2-Mangel-Krankheit, Lepra lombardica, lombardischer Aussatz, Lepra italiana *(ungew.)*, italienischer Aussatz *(ungew.)*, Scorbutus alpinus *(ungew.)*, Anikotinose *(ungew.)*, Nikotinsäuremangelkrankheit, Maidismus, Maisvergiftung, Mal della rosa *(ungew.)*, Mal del sole *(ungew.)*. – Vgl. auch: *Avitaminose.*

Pellagraschutzstoff vgl. Nikotinsäure.

Pellis vgl. Organa sensuum.

Pelviotomie vgl. Symphyseotomie.

Pelvis renalis vgl. Harnorgane.

PEMPHIGUS *(übliche Kurzbez.)*, Pemphigus vulgaris*, Pemphigus chronicus vulgaris, Pemphigus verus *(ungew.)*, Blasensucht. – Vgl. auch: *Dermatose.*

Pemphigus [chronicus] vulgaris vgl. Pemphigus.

Pemphigus verus vgl. Pemphigus.

pendelndes Herz vgl. Kardioptose.

Penilingus vgl. Koitus.

Penis vgl. Genitalien.

Penis muliebris vgl. Genitalien.

Penizillin vgl. Chemotherapeutikum.

Perforatio vgl. Embryotomie.

Perforation vgl. Embryotomie.

Periaortitis vgl. Aortitis.

Periarteriitis vgl. Arteriopathie.

Periarteritis vgl. Arteriopathie.

Pericarditis vgl. Karditis.

Pericardium vgl. Perikard.

Pericementitis vgl. Ostitis.

Pericementum vgl. Periost.

Periencephalomeningitis chronica diffusa vgl. Metasyphilis.

PERIKARD, Pericardium*, Herzbeutel; *herznaher Teil:* Epikard, Epicardium*, Lamina visceralis pericardii. – Vgl. auch *Endokard, Myokard.*

Perikarditis vgl. Karditis.

Perinephritis vgl. Nephritis.

PERINEUM, Damm, Mittelfleisch.

Periode vgl. Menstruation.

periodische Trunksucht vgl. Dipsomanie.

Periodontopathie vgl. Parodontopathie.

Perionychia vgl. Onychopathie.

Perionychie vgl. Onychopathie.

Perionyxis vgl. Onychopathie.

Periodontitis vgl. Ostitis.

Periodontium vgl. Periost.

PERIOST, Periosteum*, Knochenhaut, Beinhaut; *innere, die Knochenhöhlen auskleidende:* Endost, Endosteum*, Periosteum internum *(ungew.)* • *die Zahnwurzel umgebende:* **Periodontium**, Periosteum alveolare *(älter)*, Pericementum *(ungew.)*, Membrana alveodentalis *(ungew.)*, Membrana alveodentaria *(ungew.)*, Zahnwurzelhaut, Wurzelhaut.

Periosteitis vgl. Ostitis.

Periosteum vgl. Periost.

Periosteum alveolare vgl. Periost.

Periosteum internum vgl. Periost.

Periostitis vgl. Ostitis.

peripheres Gliom vgl. Neurinom.

peripheres Nervensystem vgl. Nervensystem.

Periporitis vgl. Hirdadenitis.

PERITOMIE, Zirkumzision, Circumcisio*, Posthektomie *(ungew.)*, Postheotomie *(ungew.)*, Beschneidung.

Peritonaeum vgl. Peritonäum.

Peritonaeum abdominale vgl. Peritonäum.

Peritonaeum intestinale vgl. Peritonaeum.

Peritonaeum parietale vgl. Peritonäum.

Peritonaeum viscerale vgl. Peritonäum.

PERITONÄUM, Peritonaeum*, Peritoneum *(neuere Form)*, Bauchfell; *die Bauchhöhle auskleidender Teil:* Peritonaeum parietale, Peritonaeum abdominale *(älter)*, parietales Bauchfellblatt, parietales Blatt, abdominales Bauchfellblatt *(ungew.)*; *die Bauchorgane überziehender Teil:* Peritonaeum viscerale, Peritonaeum intestinale *(älter)*, viszerales Bauchfellblatt, viszerales Blatt, intestinales Bauchfellblatt *(ungew.)* • *einzelne Duplikaturen (Falten):* **a) Omentum**, Epiploon, Epiplo- *(nur in Zus.)*, Netz; *vor dem Querkolon und*

Dünndarm hängender Teil: Omentum majus, Omentum colicum *(älter)*, Omentum gastrocolicum *(älter)*, Epiploon majus *(ungew.)*, Epiploon colicum *(ungew.)*, Epiploon gastrocolicum *(ungew.)*, großes Netz; *von der Leberoberfläche zur kleinen Kurvatur des Magens und zum Zwölffingerdarm ziehender Teil:* Omentum minus, Omentum gastrohepaticum *(älter)*, Epiploon minus *(ungew.)*, Epiploon gastrohepaticum *(ungew.)*, kleines Netz. **b)** *den Dünndarm einschließende Duplikatur:* **Mesenterium**, Mesostenium *(älter)*, Dünndarmgekröse. **c)** *den Dickdarm einschließende Duplikatur:* **Mesokolon**, Mesocolon*, Dickdarmgekröse. **d)** *den Wurmfortsatz einschließend:* **Mesenteriolum** *(Kurzbez.)*, Mesenteriolum appendicis vermiformis*, Mesenteriolum processus vermiformis *(älter)*, Mesoappendix *(neuere Bez.)*, kleines Mesenterium, Wurmfortsatzgekröse. **e)** *zum Magen ziehende Duplikatur:* **Mesogastrium**, Magengekröse. **f)** *die Eileiter umgebende Duplikatur:* **Mesosalpinx**. Eileitergekröse.

Peritoneum vgl. Peritonäum.

Perkussion vgl. Kinesiotherapie.

Perlèche vgl. Stomatitis.

Perneiras vgl. Beriberi.

Pernionen vgl. Congelatio.

Perniones vgl. Congelatio.

Perniose vgl. Congelatio.

Perniosis vgl. Congelatio.

Perniziosa vgl. perniziöse Anämie.

PERNIZIÖSE ANÄMIE, genuine Anämie, kryptogenetische Anämie, Anaemia perniciosa*, Anaemia perniciosa progressiva*, Perniziosa *(Fachjargon, übliche Kurzbez.)*, Anaemia maligna *(ungew.)*, Biermer-Anämie, Biermer-Krankheit, Morbus Biermer, Addison-Anämie, Addison-Biermer-Anämie, Biermer-Ehrlich-Anämie *(ungew.)*, Hunter-Addison-Anämie *(selten)*, Hunter-Addison-Krankheit *(selten)*, Lebert-Anämie *(ungew.)*, Vitamin-B_{12}-Avitaminose, Avitaminose B_{12} *(Fachjargon)*, Vitamin-B_{12}-Mangel-Krankheit. – Vgl. auch die Artikel *Anämie und Avitaminose.*

perniziöse Leukopenie vgl. Agranulozytose.

perniziöse Malaria vgl. Malaria.

Perobrachie vgl. Dysmelie.

Perocheirie vgl. Dysmelie.

Perochirie vgl. Dysmelie.

Perodaktylie vgl. Dysmelie.

Peromelia vgl. Dysmelie.

Peromelie vgl. Dysmelie.

Peromelus vgl. Dysmelie.

Perone vgl. Fibula.

Peropodie vgl. Dysmelie.

Perspiration vgl. Transpiration.

Perspiratio sensibilis vgl. Transpiration.

PERTUSSIS, Tussis convulsiva, Tussis suffocativa *(ungew.)*, Keuchhusten, Stickhusten, blauer Husten *(ungew.)*.

Perversion vgl. Perversität.

PERVERSITÄT, Perversion, Paraphilie *(selten)*, sexuelle Anomalie, sexuelle Abartigkeit, Abartigkeit • **1)** *mit der Neigung, dem anderen Geschlecht anzugehören, und mit demgemäß ausgerichteten Fehlverhalten:* **Transsexismus**, Transsexualismus; *speziell mit der Neigung, die Kleidung des anderen Geschlechts zu tragen:* Transvestismus, Transvestitismus, Eonismus *(selten)*. **2)** *auf Kinder [des anderen Geschlechts] gerichtet:* **Pädophilie**, Unzucht mit Kindern. **3)** *auf alte Menschen gerichtet:* **Gerontophilie**, Greisenliebe. **4)** *auf Tote oder Sterbende gerichtet:* **Nekrophilie**, Nekromanie, Nekrosadismus, sexuelle Leichenschändung, Leichenschändung. **5)** *auf Tiere gerichtet:* **Sodomie**, Bestialität, Zoophilie, Zooerastie *(selten)*, Bestiophilie *(selten)*, Unzucht mit Tieren, widernatürliche Unzucht. **6)** *isoliert gegenstandsbezogen:* **Fetischismus**, sexueller Symbolismus *(ungew.)*. **7)** *auf das Betasten und Anschauen von Statuen bezogen:* **Pygmalionismus**. **8)** *auf das Reiben der Genitalien am (meist bekleideten) Partner bezogen:*

Frottage, Friktionismus. **9)** *durch Zurschaustellung der Geschlechtsteile:* **Exhibitionismus. 10)** *an körperliche Ausscheidungen bzw. Besudelungen gebunden:* **Exkrementophilie;** Saliromanie, Besudelungssucht; *an Kot:* Koprolagnie, Koprophilie; *an Harn:* Urolagnie, Urophilie; *an die Besudelung der Partnerin mit Samen:* Pollutionismus. **11)** *mit abnormer Befriedigung durch Schmerzzufügung oder Schmerzerduldung:* **Sadomasochismus,** Algolagnie; Flagellantismus, Flagellomanie; Vampirismus. **a)** *aktiv:* **Sadismus,** aktive Algolagnie, aktiver Flagellantismus. **b)** *passiv:* **Masochismus,** passive Algolagnie, passiver Flagellantismus. **12)** *durch Beteiligung an sexuellen Handlungen zwischen drei oder mehr Personen gleichzeitig:* **Triolismus,** Gruppensex. **13)** *durch Zusehen beim sexuellen Verkehr anderer Personen:* **Voyeurismus,** Mixoskopie *(selten),* Skoptophilie *(ungew.),* Skopophilie *(ungew.),* Skopolagnie *(selten).* – Vgl. auch die Artikel *Homosexualität, Narzißmus und Koitus.*

Pervigilium vgl. Insomnie.

Pes vgl. Membra corporis.

Pes abductus vgl. Fußdeformität.

Pes arcuatus vgl. Fußdeformität.

Pes calcaneovalgus vgl. Fußdeformität.

Pes calcaneus vgl. Fußdeformität.

Pes cavus vgl. Fußdeformität.

Pes equinovarus vgl. Fußdeformität.

Pes equinus vgl. Fußdeformität.

Pes excavatus vgl. Fußdeformität.

Pes hippocampi major vgl. Hippocampus.

Pes planus vgl. Fußdeformität.

Pes pronatus vgl. Fußdeformität.

Pessar vgl. Präservativ.

Pessarium vgl. Präservativ.

PEST, Pestis*, Pestilenz *(veraltet),* Pestilentia* *(veraltet),* Pestsepsis *(selten),* schwarzer Tod • *häufigste Verlaufsform mit speziellem Befall der Lymphknoten:* Drüsenpest, Beulenpest, Bubonenpest.

Pestilentia vgl. Pest.

Pestilenz vgl. Pest.

Pestis vgl. Pest.

Pes transversoplanus vgl. Fußdeformität.

Pestsepsis vgl. Pest.

Pes valgus vgl. Fußdeformität.

Pes varus vgl. Fußdeformität.

Petechiae vgl. Hämorrhagie.

Petechialfieber vgl. Fleckfieber.

Petechialtyphus vgl. Fleckfieber.

Petechien vgl. Hämorrhagie.

Petit mal vgl. Epilepsie.

Petting vgl. Liebesspiel.

-pexie vgl. Operation.

Pexis vgl. Operation.

Pfannengelenk vgl. Junktur.

Pfeiffer-Drüsenfieber vgl. infektiöse Mononukleose.

Pfeiffer-Krankheit vgl. infektiöse Mononukleose.

Pferdefuß vgl. Fußdeformität.

Pflanzengift vgl. Gift.

Pförtner vgl. Eingeweide.

Pfundnase vgl. Rosazea.

Phacocele vgl. Phakozele.

Phagedaena vgl. Abszeß.

Phagedaenoma vgl. Abszeß.

Phagedäna vgl. Abszeß.

Phagedänom vgl. Abszeß.

Phagomanie vgl. Anankasmus.

Phagozyten vgl. Blutkörperchen.

Phakosklerose vgl. Katarakt.

PHAKOZELE, Phacocele*, Hernia lentis, Ectopia lentis, Hernia lenticularis *(ungew.),* Protrusio lentis *(ungew.),* Linsenvorfall, Linsenbruch.

Phallus vgl. Genitalien.

Phänomenologie vgl. Symptomatologie.

Pharmakon vgl. Medikament.

Pharyng- vgl. Pharynx.

PHARYNGISMUS, Pharyngospasmus, Schlundkrampf. – Vgl. auch: *Laryngismus.*

Pharyngitis vgl. Angina.

Pharyngo- vgl. Pharynx.

Pharyngoskopie vgl. Endoskopie.

Pharyngospasmus vgl. Pharyngismus.

PHARYNX, Fauces *(ungew.),* Pharyngo- *(nur in Zus.),* Pharyng- *(nur in Abl. und Zus.),* Schlund, Rachen • **a)** *oberer Abschnitt hinter der Nasenhöhle:* **Epipharynx,** Nasopharynx,

Pars nasalis pharyngis, Nasenrachenraum. **b)** *mittlerer Abschnitt hinter der Mundhöhle:* **Mesopharynx,** Oropharynx, Pars oralis pharyngis, Pars oralis *(Kurzbez.).* **c)** *unterer Abschnitt hinter dem Kehlkopf:* **Hypopharynx,** Pars laryngea pharyngis, Laryngopharynx.

Philozytase vgl. Antikörper.

PHIMOSE, Phimosis*, Kapistration *(ungew.),* Capistratio* *(ungew.),* Vorhautverengung • *mit Einschnürung in der Eichelkranzfurche:* **Paraphimose,** Paraphimosis*, Vorhauteinschnürung, Vorhauteinklemmung, spanischer Kragen.

Phimosis vgl. Phimose.

Phimosis palpebralis vgl. Blepharophimose.

Phlebectasia vgl. Ektasie.

Phlebektasie vgl. Ektasie.

Phlebektasis vgl. Ektasie.

PHLEBITIS, Venitis *(ungew.),* Venenentzündung • *in Verbindung mit einer Thrombose:* Thrombophlebitis. – Vgl. auch: *Arteriopathie.*

Phlebogramm vgl. Röntgenogramm.

Phlebographie vgl. Röntgenographie.

Phleborrhagie vgl. Hämorrhagie.

Phlebotomie vgl. Venae sectio.

Phlegmasia vgl. Entzündung.

Phlegmasia adenosa vgl. Adenopathie.

Phlegmasia glandularis vgl. Adenopathie.

Phlegmasie vgl. Entzündung.

Phlegmona vgl. Phlegmone.

PHLEGMONE, Phlegmona*, infektiöse Zellulitis *(selten),* phlegmonöse Zellulitis *(selten),* eitrige Zellgewebsentzündung.

phlegmonöse Zellulitis vgl. Phlegmone.

Phlogose vgl. Entzündung.

Phlogosis vgl. Entzündung.

PHOBIE, Objektangst, Situationsangst, Zwangsbefürchtung, Angstneurose; *auf Angstanfälle allgemein bezogen:* Phobophobie, Erwartungsangst • *auf das Sterben bezogen:* **Thanatophobie,** krankhafte Todesangst • *auf frische Luft bezogen:* **Aerophobie,** Luftscheu • *auf spitze Gegenstände bezogen:* **Aichmophobie** • *auf Verunreinigungen oder Besudelungen bezogen:* **Mysophobie,** Rhypophobie • *auf Schwindelanfälle bezogen:* **Dinophobie,** Vertigophobie *(ungew.).* – Vgl. ferner die Artikel: *Hypochondrie, Hydrophobie, Topophobie, Chromatophobie, Erythromanie.*

Phobophobie vgl. Phobie.

Phocomelia vgl. Dysmelie.

Phokomelie vgl. Dysmelie.

Phokomelus vgl. Dysmelie.

Phoneme vgl. Dysakusis.

Phonendoskop vgl. Stethoskop.

Phoniater vgl. Arzt.

Phoniatrie vgl. Medizin.

Phonoskop vgl. Stethoskop.

PHOTOTHERAPIE, Lukotherapie *(ungew.),* Lichtbehandlung, Lichtheilverfahren; *speziell unter Verwendung des Sonnenlichts:* Heliotherapie, Heliation *(ungew.),* Sonnenbad. – Vgl. auch den Artikel *Physiotherapie.*

Phrenasthenie vgl. Oligophrenie.

Phrenes vgl. ²Diaphragma.

Phrenokardie vgl. Kardiothymie.

Phthiriase vgl. Pedikulose.

Phthiriasis vgl. Pedikulose.

Phthiriasis inguinalis vgl. Pedikulose.

Phthiriasis pubis vgl. Pedikulose.

Phthise, Phthisis: 1) vgl. Kachexie. **2)** vgl. Lungentuberkulose.

Phthisis pulmonalis vgl. Lungentuberkulose.

Phthisis pulmonum vgl. Lungentuberkulose.

Phyma vgl. Effloreszenz.

Physiatrie vgl. Physiotherapie.

Physiatrik vgl. Physiotherapie.

physikalische Behandlung vgl. Physiotherapie.

Physikotherapie vgl. Physiotherapie.

physiologische Albuminurie vgl. funktionelle Albuminurie.

PHYSIOTHERAPIE, Physikotherapie, Physiatrie, Physiatrik, physikalische Behandlung, Naturheilverfahren, Naturheilkunde, Naturheilbehandlung. – Über einzelne Spezialgebiete vgl. die Artikel: *Aerotherapie, Elektrotherapie, Hydrotherapie, Kinesiotherapie, Kryotherapie, Photothe-*

rapie, Radiotherapie, Thermotherapie.
Phytotoxin vgl. Gift.
Pia vgl. Meninx.
Pia mater vgl. Meninx.
Pia mater encephali vgl. Meninx.
Pia mater spinalis vgl. Meninx.
Pian vgl. Frambösie.
Pica vgl. Pikazismus.
Pigmentatio aurosa vgl. Chrysoderma.
Pigmentmal vgl. Naevus pigmentosus.
Pigmentmangel vgl. Achromie.
Pigmentschwund vgl. Achromie.
Piitis vgl. Meningitis.
PIKAZISMUS, Pica, Gustus depravatus, Appetitus perversus *(ungew.)*, Appetitus depravatus *(ungew.)*, Parorexie, Allotriophagie, abnorme Eßgelüste • *auf das Essen von Erde gerichtet:* **Geophagie**, Geotragie *(ungew.)*, Chthonophagie *(selten)*, Geophagismus *(ungew.)*, Erdeessen • *pervers auf das Essen von Exkrementen gerichtet:* **Koprophagie**, Skatophagie, Sterkophagie *(ungew.)*, Sterkorophagie *(ungew.)*, Kotessen.
PILI *(Mehrz.)*, Crines, Tricho- *(nur in Zus.)*, Trich- *(nur in Zus.)*, Haare • **1)** *Teile:* **a)** *unterster, in die Haut eingesenkter Teil:* **Radix pili**, Haarwurzel; *das zwiebelförmig verdickte Ende:* Bulbus pili, Haarzwiebel. **b)** *die Haarwurzel umschließender Teil:* **Folliculus pili**, Haarfollikel, Haarbalg. **c)** *über die Haut hervorragender Teil:* **Scapus pili**, Haarschaft; *oberstes Ende:* Apex pili, Haarspitze. **2)** *verschiedene Arten:* **a)** *auf dem Kopf:* **Capilli** *(Mehrz.)*, Crines capitis, Kopfhaare; *in ihrer Gesamtheit:* Kapillitium. **b)** *im Gesicht, am Kinn:* **Barba**, Barthaare, Bart. **c)** *auf den Augenbrauen:* **Supercilia** *(Mehrz.)*, Superzilien *(eindeutschend)*, Augenbrauenhaare. **d)** *der Augenlider:* **Cilia**, Zilien *(eindeutschend)*, Wimpern, Augenwimpern. **e)** *des Naseneingangs:* **Vibrissae** *(Mehrz.)*, Nasenhaare. **f)** *im äußeren Gehörgang:* **Tragi** *(Mehrz.)*, Barbula tragi. **g)** *in der Achselhöhle:* **Hirci**, Barbula hirci *(ungew.)*, Achselhaare. **h)** *der Schamgegend:* **Pubes**, Crines pubis *(Mehrz.)*, Schamhaare. **i)** *die feinen Körperhaare des Fetus:* **Lanugo**, Wollhaar, Flaumhaar.
Pille: 1) vgl. Medikament. **2)** vgl. Präservativ.
Pilose vgl. Hypertrichose.
Pilosis vgl. Hypertrichose.
Pilula vgl. Medikament.
Pilzerkrankung der behaarten Kopfhaut vgl. Mikrosporie.
Pilzerkrankung der Nägel vgl. Onychomykose.
Pilzflechte vgl. Dermatomykose.
Pilzvergiftung vgl. Lebensmittelvergiftung.
Pimelose vgl. Adipositas.
Pimelosis vgl. Adipositas.
Pimelosis cordis vgl. Adipositas.
Pimmel vgl. Genitalien.
Pinea vgl. Corpus pineale.
Pinealdrüse vgl. Corpus pineale.
Pineale vgl. Corpus pineale.
Pinealis vgl. Corpus pineale.
Pink-disease vgl. Feer-Krankheit.
PINTA, Mal de pinto, Carate, Pintokrankheit.
Pintokrankheit vgl. Pinta.
Piqûre vgl. Bernard-Zuckerstich.
PITYRIASIS ROSEA, Gibert-Krankheit, Gibert-Pityriasis, Herpes tonsurans maculosus, Schuppenröschen. – Vgl. auch: *Dermatose.*
Pityriasis vulgaris vgl. Seborrhö.
Placebo vgl. Medikament.
Placenta vgl. Plazenta.
Placenta sanguinis vgl. Blut.
Plangelenk vgl. Junktur.
Planigramm vgl. Röntgenogramm.
Planigraphie vgl. Röntgenographie.
planloses Davonlaufen vgl. Dromomanie.
Planozyten vgl. Blutkörperchen.
Planta vgl. Planta pedis.
PLANTA PEDIS, Planta *(Kurzbez.)*, Vola pedis *(älter)*, Fußsohle. – Vgl. auch: *Palma manus.*
Plasma vgl. Protoplasma.
Plasmocytoma vgl. Krebs.
Plasmozytom vgl. Krebs.
Platte vgl. Atrichie.
Plattfuß vgl. Fußdeformität.
Plattfüßigkeit vgl. Fußdeformität.

Platt-Spreiz-Fuß vgl. Fußdeformität.
Platypodie vgl. Fußdeformität.
Platyzephalie vgl. Dyszephalie.
Platyzephalus vgl. Dyszephalie.
Platzangst vgl. Topophobie.
Plazebo vgl. Medikament.
PLAZENTA, Placenta*, Mutterkuchen, Nachgeburt • *Vorstufen:* Trophoblast; Chorion, Chorion frondosum*, Zottenhaut.
Plegie vgl. Paralyse.
Plethora vgl. Hyperämie.
PLEURAERGUSS, Brustfellerguß, Pleurorrhö, Pleurorrhoea*, Effusio pleuralis *(ungew.)* • *serös-wäßrig:* Hydrothorax, Serothorax; *gallehaltig:* Cholethorax, Cholothorax • *blutig:* vgl. *Hämatothorax* unter dem Stichwort *Hämorrhagie.*
Pleurahöhlenspiegelung vgl. Endoskopie.
PLEURALGIE, Pleurodynie, Brustfellschmerz, Seitenstechen *(volkst.)*.
Pleuresia vgl. Pleuritis.
Pleuresie vgl. Pleuritis.
PLEURITIS, Pleuresie *(ungew.)*, Pleuresia* *(ungew.)*, Brustfellentzündung, Rippenfellentzündung; *in Verbindung mit einer Lungenentzündung:* Pleuropneumonie, Pleuropneumonia*, Pneumopleuritis.
Pleurodynie vgl. Pleuralgie.
Pleuropneumonia vgl. Pleuritis.
Pleuropneumonie vgl. Pleuritis.
Pleurorrhoea vgl. Pleuraerguß.
Pleurorrhö vgl. Pleuraerguß.
Plexus coeliacus vgl. Abdominalganglien.
Plexus nervorum vgl. Nerv.
Plexus solaris vgl. Abdominalganglien.
Plumbismus vgl. Saturnismus.
Plurigravida vgl. Gravida.
Pluripara vgl. Gravida.
Pneu vgl. Pneumothorax.
Pneumenzephalogramm vgl. Röntgenogramm.
Pneumenzephalographie vgl. Röntgenographie.
Pneum[o]- vgl. Pulmo.
Pneumoconiosis vgl. Pneumokoniose.
PNEUMOKONIOSE, Pneumoconiosis*, Pneumonokionose, Koniose *(Kurzf.)*, Staublungenerkrankung, Staublunge • **a)** *durch Kohlenstaub:* **Anthrakose**, Anthracosis pulmonum*, Kohlenstaublunge, Kohlenlunge. **b)** *durch Steinstaub:* **Silikose**, Silicosis pulmonum*, Steinstaublunge, Quarzstaublunge, Quarzlunge; Silikatose • *in Verbindung mit Tuberkulose:* Silikotuberkulose. **c)** *Mischform:* **Anthrakosilikose**, Silikoanthrakose. **d)** *durch Kalkstaub:* **Chalikose**, Chalicosis pulmonum*, Kalkstaublunge, Kalklunge, Steinhauerlunge. **e)** *durch Aluminiumstaub:* **Aluminose**, Aluminosis pulmonum*, Aluminiumstaublunge, Aluminiumlunge. **f)** *durch Eisenstaub:* **Siderose**, Siderosis pulmonum*, Eisenstaublunge, Eisenlunge. **g)** *durch Asbeststaub:* **Asbestose**, Asbestosis pulmonum*, Asbeststaublunge, Asbestlunge, Bergflachslunge. **h)** *durch Tabakstaub:* **Tabakose**, Tabacosis pulmonum*, Tabakstaublunge, Tabaklunge. **i)** *durch Baumwollstaub:* **Byssinose**, Byssinosis pulmonum*, Baumwollstaublunge. **k)** *durch Zuckerrohrstaub:* **Bagassose**, Bagassosis pulmonum*, Zuckerrohrstaublunge.
PNEUMOLITH, Pulmolith *(selten)*, Calculus pulmonalis *(selten)*, Lungenstein. – Vgl. auch: *Broncholith.*
Pneumologe vgl. Arzt.
Pneumologie vgl. Medizin.
Pneumonia vgl. Pneumonie.
Pneumonia acuta vgl. Pneumonie.
Pneumonia bronchialis vgl. Pneumonie.
Pneumonia catarrhalis vgl. Pneumonie.
Pneumonia crouposa vgl. Pneumonie.
Pneumonia fibrinosa vgl. Pneumonie.
Pneumonia generalisata vgl. Pneumonie.
Pneumonia genuina vgl. Pneumonie.
Pneumonia lobaris vgl. Pneumonie.
Pneumonia lobularis vgl. Pneumonie.
Pneumonia secundaria vgl. Pneumonie.
Pneumonia vesicularis vgl. Pneumonie.
PNEUMONIE, Pneumonia*, Pneumonitis *(seltener)*, Pulmonitis *(ungew.)*, Lungenentzündung • **a)** *als selbständige Entzündung von Lungenlappen:* **Pneumonia lobaris**, Pneumo-

nia fibrinosa, Pneumonia crouposa, Pneumonia genuina *(selten)*, Pneumonia acuta *(ungew.)*, Lobärpneumonie, lobäre Pneumonie, Lappenpneumonie, fibrinöse Pneumonie, kruppöse Pneumonie, genuine Pneumonie. **b)** *unselbständig, meist im Gefolge anderer Infektionskrankheiten auftretend (bes. nach einer Bronchitis):* **Bronchopneumonie**, Bronchopneumonia*, Pneumonia bronchialis, Pneumonia catarrhalis, Pneumonia lobularis, Pneunomia generalisata *(ungew.)*, Pneumonia secundaria *(ungew.)*, Pneumonia vesicularis *(ungew.)*, Bronchitis capillaris *(ungew.)*, katarrhalische Pneumonie, lobuläre Pneumonie, herdförmige Lungenentzündung.

Pneumonitis vgl. Pneumonie.

Pneumon[o]- vgl. Pulmo.

Pneumonokoniose vgl. Pneumokoniose.

Pneumopleuritis vgl. Pleuritis.

Pneumorrhagia vgl. Hämorrhagie.

Pneumorrhagie vgl. Hämorrhagie.

PNEUMOTHORAX, Pneu *(Kurzf., Fachjargon)*, Aerothorax *(veraltet)*, Gasbrust.

PNS vgl. Nervensystem.

Pocken vgl. Variola.

Podagra vgl. Arthritis urica.

Poliklinik vgl. Klinik.

Poliose vgl. Canities.

Poliosis vgl. Canities.

Pollex vgl. Digitus.

Pollution vgl. Ejakulation.

Pollutionismus vgl. Perversität.

Poltern vgl. Battarismus.

polternde Sprache vgl. Battarismus.

polternde Sprechweise vgl. Battarismus.

Polyaemia vgl. Hyperämie.

Polyämie vgl. Hyperämie.

Polycythaemia vgl. Polyzythämie.

Polydactylia vgl. Polymelie.

Polydaktylie vgl. Polymelie.

Polyglobulia vgl. Polyzythämie.

Polyglobulie vgl. Polyzythämie.

Polyglobulismus vgl. Polyzythämie.

Polygramm vgl. Röntgenogramm.

Polygraphie vgl. Röntgenographie.

POLYMASTIE, Polymazie *(selten)*, Polythelie, Hypermastie *(ungew.)*, Hypermazie *(ungew.)*, Hyperthelie *(ungew.)*, Mammae accessoriae *(Mehrz.)*, Mammae supernumerariae *(Mehrz.)*, überzählige Brustdrüsen.

Polymazie vgl. Polymastie.

Polymelia vgl. Polymelie.

POLYMELIE, Polymelia*, Hypermelie *(ungew.)*, überzählige Gliedmaßen • *auf Finger oder Zehen bezogen:* **Hyperdaktylie**, Hyperdactylia*, Polydaktylie, Polydactylia*, überzählige Finger; überzählige Zehen.

Polymenorrhö vgl. Menstruation.

Polymyositis vgl. Dermatomyositis.

Polyneuritis endemica vgl. Beriberi.

Polyneuropathie vgl. Feer-Krankheit.

Polypapillom vgl. Frambösie.

Polypapilloma tropicale vgl. Frambösie.

Polyphagie vgl. Akorie.

Polyphrasie vgl. Logorrhö.

Polypionie vgl. Adipositas.

Polypnoe vgl. Dyspnoe.

Polysarcia adiposa vgl. Adipositas.

Polysarcia cordis vgl. Adipositas.

Polysarkie vgl. Adipositas.

Polysialie vgl. Ptyalismus.

Polysklerose vgl. multiple Sklerose.

Polythelie vgl. Polymastie.

polytope Extrasystolie vgl. Arrhythmie

Polytrichie vgl. Hypertrichose.

Polytrichose vgl. Hypertrichose.

Polytrichosis vgl. Hypertrichose.

POLYZYTHÄMIE, Polycythaemia*, Polyglobulie, Polyglobulia*, Polyglobulismus *(ungew.)*, Erythrozytose, Erythrocytosis*, Hypererythrozytose *(selten)*, Hypererythrocytosis* *(selten)*, Erythrämie, Osler-Krankheit, Vaquez-Krankheit, Vaquez-Osler-Krankheit, Rotblütigkeit, krankhafte Vermehrung der roten Blutkörperchen.

Pomum Adami vgl. Prominentia laryngea.

Poples vgl. Genu.

Poradenitis inguinalis subacuta vgl. Geschlechtskrankheiten.

Poradenitis nostras vgl. Geschlechtskrankheiten.

Porenschwären vgl. Hidradenitis.
Poriomanie vgl. Dromomanie.
Porrigo decalvans vgl. Atrichie.
Porrigo favosa vgl. Favus.
Porrigo lupinosa vgl. Favus.
Porrigo porrigophyta vgl. Favus.
Porrigo scutulata vgl. Favus.
Portiokappe vgl. Präservativ.
Portiokarzinom vgl. Gebärmutterkrebs.
Portogramm vgl. Röntgenogramm.
Portographie vgl. Röntgenographie.
Positio vgl. Kindslage.
Posthektomie vgl. Peritomie.
Postheotomie vgl. Peritomie.
Posthio- vgl. Präputium.
Posthitis vgl. Balanitis.
Postho- vgl. Präputium.
POSTHOLITH, Calculus praeputialis* *(selten)*, Balanolith, Smegmolith, Vorhautstein, Präputialstein.
Posthypophyse vgl. Hypophyse.
Posthypophysis vgl. Hypophyse.
postkoitales Liebesspiel vgl. Liebesspiel.
posturale Albuminurie vgl. funktionelle Albuminurie.
Potamophobie vgl. Hydrophobie.
Potatorium vgl. Dipsomanie.
Potomanie vgl. Dipsomanie.
PP vgl. Metasyphilis.
PP-Faktor vgl. Nikotinsäure.
Praehypophysis vgl. Hypophyse.
Praeputium vgl. Präputium.
Praeputium clitoridis vgl. Präputium.
Praeputium penis vgl. Präputium.
Prähypophyse vgl. Hypophyse.
Präkapillare vgl. Blutgefäß..
präkoitales Liebesspiel vgl. Liebesspiel.
Praktiker vgl. Arzt.
praktischer Arzt vgl. Arzt.
Prämolar vgl. Dens.
Prämolarzahn vgl. Dens.
Präparat vgl. Medikament.
Präparativ vgl. Antikörper.
Präparator vgl. Antikörper.
Präputialstein vgl. Postholith.
PRÄPUTIUM, Praeputium*, Preputium* *(neuere Form)*, Praeputium penis, Preputium penis, Postho- *(nur in Zus.)*, Posthio- *(nur in Zus.)*, Vorhaut; *des Kitzlers:* Praeputium clitoridis, Preputium clitoridis *(neuere Form)*.
PRÄSERVATIV, Empfängnisverhütungsmittel, Präventivmittel, Schwangerschaftsverhütungsmittel, Verhütungsmittel, antikonzeptionelles Mittel • **1)** *mechanisch:* **a)** *für den Mann:* **Kondom,** Präservativ, Überzieher *(salopp)*, Gummischutz, Pariser *(salopp)*. **b)** *für die Frau:* **Pessar,** Pessarium *(ungew.)*, Mutterring; Intrauterinpessar; Okklusivpessar; Diaphragma; Portiokappe, Zervixkappe. **2)** *medikamentös:* **Ovulationshemmer,** Antibabypille *(volkst.)*, Anti-Baby-Pille, Pille *(volkst. Kurzf.)*.
Präventivmittel vgl. Präservativ.
Präzipitin vgl. Antikörper.
Prellung vgl. Verletzung.
Preputium vgl. Präputium.
Preputium clitoridis vgl. Präputium.
Preputium penis vgl. Präputium.
Presbyakusie, Presbyakusis vgl. Dysakusis.
Presbyopia, Presbyopie vgl. Ametropie.
Preßluftkrankheit vgl. Caissonkrankheit.
Priapismus vgl. Erektion.
Primäraffekt vgl. Geschlechtskrankheiten.
Primigravida vgl. Gravida.
Primipara vgl. Gravida.
Processus vermiformis vgl. Eingeweide.
Procidentia vgl. Hernie.
Proctalgia vgl. Enteralgie.
Proctitis vgl. Enteritis.
Proctodynia vgl. Enteralgie.
Proctorrhagia vgl. Hämorrhagie.
Prodrom vgl. Symptom.
Prodromalerscheinung vgl. Symptom.
Prodromalsymptom vgl. Symptom.
Proerythroblasten vgl. Blutkörperchen.
Progeria vgl. Senilität.
Progerie vgl. Senilität.
progressive Paralyse vgl. Metasyphilis.
Proktagra vgl. Enteralgie.
Proktalgie vgl. Enteralgie.
Proktitis vgl. Enteritis.
Proktodynie vgl. Enteralgie.

Proktologe vgl. Arzt.
Proktologie vgl. Medizin.
Proktoptose vgl. Enteroptose.
Proktorrhagie vgl. Hämorrhagie.
Proktos: 1) vgl. Eingeweide. **2)** vgl. Anus.
Proktoskopie vgl. Endoskopie.
Proktospasmus vgl. Enteralgie.
Proktozele: 1) vgl. Enteroptose. **2)** vgl. Rektozele. **3)** vgl. Hernia in recto.
Prolaps vgl. Hernie.
Prolapsus vgl. Hernie.
Prolapsus ani vgl. Enteroptose.
Prolapsus linguae vgl. Makroglossie.
Prolapsus recti vgl. Enteroptose.
Prolapsus uteri vgl. Enteroptose.
PROLAPSUS VAGINAE, Kolpozele, Koleozele, Kolpoptose, Koleoptose, Elytrozele *(selten)*, Elytroptose *(ungew.)*, Vaginozele *(ungew.)*, Vaginoptose *(ungew.)*, Scheidenvorfall; *leichteren Grades:* Descensus vaginae, Scheidensenkung.
Promegaloblasten vgl. Blutkörperchen.
PROMINENTIA LARYNGEA, Prominentia laryngica *(älter)*, Pomum Adami *(ältere Bez.)*, Adamsapfel, Cartilago thyreoidea, Schildknorpel.
Prominentia laryngica vgl. Prominentia laryngea.
Promyelozyten vgl. Blutkörperchen.
Pronator vgl. Muskel.
Prosencephalon vgl. Cerebrum.
Prosopo- vgl. Facies.
-prosopie vgl. Facies.
Prosopo vgl. Facies.
Prosoposchise vgl. Prosoposchisis.
PROSOPOSCHISIS, Prosoposchise, Schistoprosopie, Gesichtsspalte • **a)** *schräg, vom Mundwinkel zum Ohr verlaufend:* **Meloschisis,** Meloschise, Wangenspalte; *quer, mit seitlicher Erweiterung der Mundspalte:* Makrostoma, Makrostomie, Fissura buccalis congenita *(selten)*, quere Wangenspalte • **b)** *im Bereich der Lippe:* **Cheiloschisis,** Labium leporinum, Labium fissum, Stomatoschisis, Lippenspalte, Hasenscharte, Coloboma labii *(ungew.)* • **c)** *im tieferen Bereich des Oberkiefers:* **Gnathoschisis,** Kieferspalte • **d)** *im Bereich des harten Gaumens:* **Palatoschisis,** Uranoschisis, Uranokolobom, Palatum fissum, Gaumenspalte • **e)** *Mischformen:* **Cheilognathoschisis,** Lippen-Kiefer-Spalte; Cheilognathopalatoschisis, Lippen-Kiefer-Gaumen-Spalte, Wolfsrachen *(volkst.)*; Gnathopalatoschisis *(ungew.)*, Kiefer-Gaumen-Spalte.
Prospermie vgl. Ejakulation.
Prostata vgl. Genitalien.
prosthetische Gruppe vgl. Enzym.
Protanopie vgl. Farbenblindheit.
Proteinhypersuszeptibilität vgl. Idiosynkrasie.
PROTHESE, Prothesis*, Orthese *(neuere Bez.)*, Orthesis* *(neuere Bez.)*, künstliches Glied, Ersatzglied • *im Bereich der Zähne:* **Zahnprothese,** Zahnersatz, künstliche Zähne, Brükke, Gebiß, Prothese *(Kurzbez.)*.
Prothesis vgl. Prothese.
PROTOPLASMA, Plasma • *außerhalb des Zellkerns:* **Zytoplasma,** Zellplasma, Zelleib; *äußerste Schicht:* Ektoplasma; *innere, um den Zellkern gelegene Schicht:* Endoplasma; *durchsichtiger, fein granulierter Anteil:* Hyaloplasma; *die nicht funktionellen Einschüsse:* Deutoplasma, Deuteroplasma, Metaplasma, Paraplasma • *innerhalb des Zellkerns:* **Karyoplasma,** Nukleoplasma, Kernplasma.
Protrusio vgl. Hernie.
Protrusio bulbi vgl. Exophthalmus.
Protrusio lentis vgl. Phakozele.
Protrusion vgl. Hernie.
Prurigo acuta vgl. Strophulus.
Prurigo simplex infantilis vgl. Strophulus.
Prurigo simplex infantum vgl. Strophulus.
PRURITUS, Juckreiz, Jucken, Hautjucken • *im Bereich des Afters:* **Pruritus ani,** Pruritus analis *(seltener)*, Afterjucken • *im Bereich des Scheideneingangs:* **Pruritus vulvae,** Pruritus vulvaris *(seltener)*. — Vgl. auch den Artikel *Dermatose;* vgl. aber: *Craurosis vulvae.*

Pruritus analis vgl. Pruritus.
Pruritus ani vgl. Pruritus.
Pruritus vulvae: 1) vgl. Pruritus. **2)** vgl. Craurosis vulvae.
Pruritus vulvaris vgl. Pruritus.
Pseudoangina pectoris vgl. Kardiothymie.
PSEUDOGRAVIDITÄT, Scheinschwangerschaft; Grossesse nerveuse, Graviditas nervosa, Graviditas imaginata, Pseudokyese *(ungew.)*, Pseudokyesis *(ungew.)*, eingebildete Schwangerschaft. – Vgl. auch den Artikel *Gravidität.*
Pseudohermaphrodismus vgl. Hermaphroditismus.
Pseudohermaphrodismus femininus vgl. Hermaphroditismus.
Pseudohermaphrodismus masculinus vgl. Hermaphroditismus.
Pseudohermaphroditismus vgl. Hermaphroditismus.
Pseudohermaphroditismus femininus vgl. Hermaphroditismus.
Pseudohermaphroditismus masculinus vgl. Hermaphroditismus.
Pseudokyese vgl. Pseudogravidität.
Pseudokyesis vgl. Pseudogravidität.
Pseudomnesia vgl. Dysmnesie.
Pseudomnesie vgl. Dysmnesie.
Pseudoscarlatina vgl. Rubeola scarlatinosa.
Pseudotrichiniasis vgl. Dermatomyositis.
Pseudotrichinose vgl. Dermatomyositis.
Pseudotrichinosis vgl. Dermatomyositis.
Pseudovariola vgl. Variola.
Psilose vgl. Atrichie.
Psilosis vgl. Atrichie.
Psilosis linguae vgl. Sprue.
Psittacosis vgl. Ornithose.
Psittakose vgl. Ornithose.
Psora vgl. Akariase.
PSORIASIS, Psoriasis vulgaris*, Lepra alphoides *(ungew.)*, Schuppenflechte. – Vgl. auch den Artikel *Dermatose.*
Psoriasis vulgaris vgl. Psoriasis.
Psychiater vgl. Arzt.
Psychiatrie vgl. Medizin.
psychiatrische Klinik vgl. Klinik.
Psychoanaleptikum vgl. Psychopharmakon.
Psychodelikum vgl. Psychopharmakon.
Psychodysleptikum vgl. Psychopharmakon.
Psycholeptikum vgl. Psychopharmakon.
Psychomimetikum vgl. Psychopharmakon.
Psychopathogenikum vgl. Psychopharmakon.
PSYCHOPHARMAKON, Psychotropikum • **1)** *die geistig-seelische Aktivität vermindernd:* **Psycholeptikum**, Psychoplegikum. **a)** *angst- und spannungslösend:* **Tranquillans**, Tranquilizer, Ataraktium, Temperans, Temperantium, Quietivum, Kalmans *(selten)*, Kalmativum *(ungew.)*, Sedativum, Mitigans, Beruhigungsmittel. **b)** *ein leichteres und schnelleres Einschlafen oder besseres Durchschlafen gewährleistend:* **Hypnagogum**, Hypnotikum, Somniferum, Somnifikum, Somnifaziens *(ungew.)*, Hypnogenikum *(ungew.)*, Soporiferum *(selten)*, Soporifikum *(ungew)*, Schlafmittel, Einschlafmittel, Durchschlafmittel. **c)** *die zentralnervöse Grundspannung herabsetzend und die Reizübertragung blockierend:* **Neuroleptikum**, Neuroplegikum, Ganglioplegikum, Ganglienblocker. *α)* *die Schmerzempfindung vermindernd oder ausschaltend:* Analgetikum, Antineuralgikum, Anästhetikum, schmerzstillendes Mittel, Schmerzmittel *(volkst.)*. *β)* *betäubend:* Narkotikum, Betäubungsmittel, Rauschmittel. **2)** *die geistig-seelische Aktivität steigernd:* **Psychoanaleptikum**, Thymoleptikum, Antidepressivum, Euphorikum, stimmungsförderndes Mittel, Psychostimulans; *zentralnervös wirkend:* Neurotonikum. **3)** *in einen traumartigen Gemütszustand versetzend, der bis zur geistigen Verwirrung reichen kann:* **Psychodysleptikum**, Psychopathogenikum *(ungew.)*, Psychodelikum, Halluzinogen, Halluzinogenikum *(selten)*, Psychomimetikum.

Psychoplegikum vgl. Psychopharmakon.
Psychostimulans vgl. Psychopharmakon.
Psychotherapeut vgl. Arzt.
Psychotherapie vgl. Medizin.
Psychotropikum vgl. Psychopharmakon.
Psychrotherapie vgl. Kryotherapie.
Ptarmikum vgl. Errhinum.
Ptarmus vgl. Sternutation.
Ptilose vgl. Blepharitis.
-ptose vgl. Hernie.
Ptose vgl. Hernie.
Ptosis vgl. Hernie.
PTYALISMUS, Hyperptyalismus *(selten)*, Salivation, Salivatio*, Hypersalivation *(selten)*, Sialorrhö, Polysialie, Hypersialose *(selten)*, Speichelfluß. – Vgl. auch den Artikel *Oligosialie*.
PTYALOLITH, Sialolith, Calculus salivalis*, Speichelstein, Speichelkonkrement.
Pubeotomie vgl. Symphyseotomie.
Pubes vgl. Pili.
Pubiotomie vgl. Symphyseotomie.
Pubotomie vgl. Symphyseotomie.
Pudenda vgl. Genitalien.
Pudendum femininum vgl. Genitalien.
Pudendum muliebre vgl. Genitalien.
Puerpera vgl. Gravida.
PUERPERIUM, Wochenbett, Kindbett *(volkst.)*, Mutterbett *(volkst., veraltet)*, Wochen *(volkst., verhüllend)*.
PULMO, Pneum[o]- *(nur in Zus.)*, Pneumon[o]- *(nur in Zus.)*, Lunge. – Vgl. auch den Artikel *Eingeweide*.
Pulmogramm vgl. Röntgenogramm.
Pulmographie vgl. Röntgenographie.
Pulmolith vgl. Pneumolith.
Pulmonalinsuffizienz vgl. Vitium cordis.
Pulmonalklappenfehler vgl. Vitium cordis.
Pulmonalstenose vgl. Vitium cordis.
Pulmonalvitium vgl. Vitium cordis.
Pulmonitis vgl. Pneumonie.
Pulpa vgl. Dens.
Pulpa dentis vgl. Dens.
Pulpitis vgl. Odontopathie.
Pulposus-Prolaps vgl. Nucleus-pulposus-Hernie.
Pulposus-Syndrom vgl. Nucleus-pulposus-Hernie.
PULS, Pulsus, Pulsschlag • *verschiedene charakteristische Formen:* **a)** *beschleunigt:* **Pulsus frequens**, Pulsus rapidus, schneller Puls; Tachykardie, Herzjagen. **b)** *verlangsamt:* **Pulsus rarus**, Pulsus lentus *(ungew.)*, Pulsus tardus, langsamer Puls, schleichender Puls; Bradykardie. **c)** *drucklos und schwach:* **Pulsus parvus**, Pulsus debilis, Pulsus mollis, kleiner Puls, weicher Puls, schwacher Puls; Pulsus filiformis, fadenförmiger Puls. **d)** *von hoher Druckspannung:* **Pulsus durus**, Pulsus contractus, Pulsus oppressus, harter Puls, gespannter Puls, Druckpuls. **e)** *mit übermäßig großer Pulswelle:* **Pulsus magnus**, Pulsus fortis, großer Puls. **f)** *mit hoher Blutdruckamplitude:* **Pulsus celer**, Collapsing pulse *(ungew.)*, *schnellender Puls.* **g)** *mit unregelmäßiger Schlagfolge:* **Pulsus irregularis**, Pulsus intermittens, Pulsus intercurrens, Pulsus undulosus, unregelmäßiger Puls, aussetzender Puls, intermittierender Puls.
Pulsschlag vgl. Puls.
Pulsus vgl. Puls.
Pulsus celer vgl. Puls.
Pulsus contractus vgl. Puls.
Pulsus debilis vgl. Puls.
Pulsus durus vgl. Puls.
Pulsus filiformis vgl. Puls.
Pulsus fortis vgl. Puls.
Pulsus frequens vgl. Puls.
Pulsus intercurrens vgl. Puls.
Pulsus intermittens vgl. Puls.
Pulsus irregularis vgl. Puls.
Pulsus lentus vgl. Puls.
Pulsus magnus vgl. Puls.
Pulsus mollis vgl. Puls.
Pulsus oppressus vgl. Puls.
Pulsus parvus vgl. Puls.
Pulsus rapidus vgl. Puls.
Pulsus rarus vgl. Puls.
Pulsus tardus vgl. Puls.
Pulsus undulosus vgl. Puls.
Pulver vgl. Medikament.

Pulvis vgl. Medikament.
Punctio diabetica vgl. Bernard-Zuckerstich.
Pupillenverengung vgl. Miose.
Purgans vgl. Abführmittel.
Purgativum vgl. Abführmittel.
Purpura vgl. Hämorrhagie.
Purpura variolosa vgl. Variola.
PUS, Py- *(nur in Zus.)*, Pyo- *(nur in Zus.)*, Eiter.
Pustel vgl. Effloreszenz.
Pustula vgl. Effloreszenz.
Pustula maligna vgl. Milzbrand.
Pustulose vgl. Hidradenitis.
Pustulosis vgl. Hidradenitis.
Putrefaktion vgl. Putreszenz.
PUTRESZENZ, Putrefaktion, Fäulnis, Verwesung, Fermentation *(selten)*.
Py- vgl. Pus.
PYELITIS, Nierenbeckenentzündung. *in Verbindung mit einer Entzündung des Nierenparenchyms:* **Nephropyelitis**, Pyelonephritis. – Vgl. auch: *Nephritis*.
Pyel[o]- vgl. Harnorgane.
Pyelogramm vgl. Röntgenogramm.
Pyelographie vgl. Röntgenographie.
Pyelolith vgl. Urolith.
Pyelonephritis vgl. Pyelitis.
Pyg- vgl. Os coccygis.
Pygmalionismus vgl. Perversität.
Pygo- vgl. Os coccygis.
Pyloralgie vgl. Gastralgie.
Pylorodynie vgl. Gastralgie.
Pylorospasmus vgl. Gastralgie.
Pylorus vgl. Eingeweide.
Pyo- vgl. Pus.
Pyrektikum vgl. Pyretikum.
PYRETIKUM, Pyrektikum, Pyrogenikum *(ungew.)*, Pyretogenikum *(ungew.)*, Pyretogen *(ungew.)*, Pyrogen *(ungew.)*, Febrifikum *(ungew.)*, Febrifaziens *(ungew.)*, Febrikans *(ungew.)*, fiebererzeugendes Mittel. – Vgl. aber den Artikel *Antipyretikum*.
Pyretogen vgl. Pyretikum.
Pyretogenikum vgl. Pyretikum.
Pyrexie vgl. Fieber.
Pyrgozephalie vgl. Dyszephalie.
Pyrgozephalus vgl. Dyszephalie.
Pyridoxin vgl. Vitamin B_6.
Pyrogen vgl. Pyretikum.
Pyrogenikum vgl. Pyretikum.
Pyromanie vgl. Anankasmus.

Q

Quaddel vgl. Effloreszenz.
Quartalsaufen vgl. Dipsomanie.
Quartana vgl. Malaria.
quartäre Lues vgl. Metasyphilis.
quartäre Syphilis vgl. Metasyphilis.
Quartärlues vgl. Metasyphilis.
Quartärsyphilis vgl. Metasyphilis.
Quarzlunge vgl. Pneumokoniose.
Quarzstaublunge vgl. Pneumokoniose.
Quecksilbervergiftung vgl. Hydrargyrose.
quere Wangenspalte vgl. Prosoposchisis.
Querlage vgl. Kindslage.
Quetschung vgl. Verletzung.
Quietivum vgl. Psychopharmakon.
Quincke-Krankheit vgl. Quincke-Ödem.
QUINCKE-ÖDEM, Quincke-Syndrom, Quincke-Krankheit *(ungew.)*, angioneurotisches Ödem, angioneurotisches Syndrom, Bannister-Krankheit *(selten)*, Oedema angioneuroticum, Oedema acutum circumscriptum, Wanderödem *(ungew.)*, Riesenurtikaria *(ungew.)*, Urticaria gigantea, Angioneurosis cutanea *(ungew.)*, Angioneurosis mucosa *(ungew.)*, Oedema acutum paroxysmale *(ungew.)*, Milton-Ödem *(selten)*, Milton-Urtikaria *(selten)*, Urticaria oedematosa *(ungew.)*, Milton-Riesenurtikaria.
Quincke-Syndrom vgl. Quincke-Ödem.
Quinquaud-Krankheit vgl. Follikulitis.

Rabies vgl. Tollwut.
Rachen vgl. Pharynx.
Rachenkatarrh vgl. Angina.
Rachenspiegelung vgl. Endoskopie.
Rachi- vgl. Columna vertebralis.
RACHITIS, Rhachitis *(Nf.)*, Rachitismus *(ungew.)*, Morbus anglicus, englische Krankheit, Glisson Krankheit, Vitamin-D-Mangel-Krankheit, Avitaminose D. – Vgl. auch: *Avitaminose.*
Rachitismus vgl. Rachitis.
Rachio- vgl. Columna vertebralis.
Radgelenk vgl. Junktur.
Radikaloperation vgl. Operation.
Radiogramm vgl. Röntgenogramm.
Radiographie vgl. Röntgenographie.
Radiologe vgl. Arzt.
Radiologie vgl. Medizin.
Radioskopie vgl. Röntgenographie.
Radiotherapeutik vgl. Radiotherapie.
RADIOTHERAPIE, Radiotherapeutik, Röntgenotherapie, Aktinotherapie, Strahlenbehandlung, Röntgenstrahlenbehandlung, Bestrahlung. – Vgl. auch den Artikel *Physiotherapie.*
Radiotomie vgl. Röntgenographie.
Radix dentis vgl. Dens.
Radix pili vgl. Pili.
Rage vgl. Tollwut.
Raptus vgl. Insult.
Raptus melancholicus vgl. Melancholie.
RASSELGERÄUSCH, Rhonchus • *trocken:* **Rhonchus sonorus,** Giemen • *feucht:* **Krepitation,** Crepitatio*, Knisterrasseln.
Rattenbiß vgl. Rattenbißkrankheit.
Rattenbißfieber vgl. Rattenbißkrankheit.
RATTENBISSKRANKHEIT, Rattenbißfieber, Rattenbiß *(Kurzbez., Fachjargon)*, Sodoku; Haverhill-Fieber, Haverhill-Epidemie.
RAUCEDO, Raucitas, Trachyphonie, Heiserkeit.
Raucitas vgl. Raucedo.
Rauschbrand vgl. Gasödemkrankheit.
Rauschmittel vgl. Psychopharmakon.
Rautenhirn vgl. Cerebrum.
Reagin vgl. Antikörper.
Reaktionskörper vgl. Antikörper.
Reaktivierung vgl. Exazerbation.
Recessus vgl. Foramen.
Rechenstörung vgl. Aphasie.
rechte Herzkammer vgl. Cor.
rechter Herzvorhof vgl. Cor.
rechter Vorhof vgl. Cor.
Rechtsichtigkeit vgl. Emmetropie.
Rectalgia vgl. Enteralgie.
Rectitis vgl. Enteritis.
Rectodynia vgl. Enteralgie.
Rectum vgl. Eingeweide.
Rededrang vgl. Logorrhö.
Redseligkeit vgl. Logorrhö.
reflektorische Bauchdeckenspannung vgl. Défense musculaire.
Reflux vgl. Vomitus.
Refrigerans vgl. Antipyretikum.
Regel vgl. Menstruation.
Regelblutung vgl. Menstruation.
regeneratorische Anämie vgl. Anämie.
Regimen vgl. Diät.
Regio abdominis caudalis vgl. Abdomen.
Regio abdominis cranialis vgl. Abdomen.
Regio abdominis media vgl. Abdomen.
Regio epigastrica vgl. Abdomen.
Regio hypochondriaca vgl. Abdomen.
Regio hypogastrica vgl. Abdomen.
Regio inguinalis vgl. Abdomen.
Regio lateralis abdominis vgl. Abdomen.
Regio lumbalis vgl. Abdomen.
Regio mesogastrica vgl. Abdomen.
Regio pubica vgl. Abdomen.
Regio umbilicalis vgl. Abdomen.
Regulationsstörung vgl. Dysfunktion.
Regurgitation vgl. Vomitus.
Reibung vgl. Kinesiotherapie.
Reimplantation vgl. Transplantation.
Reinfusion vgl. Bluttransfusion.
Reinigungsmittel vgl. Chemotherapeutikum.
Reinigungszwang vgl. Anankasmus.
Reisekrankheit vgl. Kinetose.
Reisetrieb vgl. Dromomanie.
Reizbläschen vgl. Herpes.

Reizkörpertherapie vgl. Umstimmungstherapie.
Reizstoff vgl. Alterans.
Reizstromtherapie vgl. Elektrotherapie.
Rekrudeszenz vgl. Exazerbation.
Rektalgie vgl. Enteralgie.
Rektitis vgl. Enteritis.
Rektodynie vgl. Enteralgie.
Rektoskopie vgl. Endoskopie.
Rektospasmus vgl. Enteralgie.
REKTOZELE: 1) **Rektozele**, Proktozele, Kolpozele *(selten)*, Colpocele posterior, Koleozele *(selten)*, Hernia rectovaginalis, Hernia retrouterina *(ungew.)*, Mastdarm-Scheiden-Bruch. **2)** vgl. *Hernia in recto.* **3)** vgl. *Enteroptose.*
Rektum vgl. Eingeweide.
Rekurrensfieber vgl. Rückfallfieber.
rekurrierendes Fieber vgl. Rückfallfieber.
Relaps vgl. Exazerbation.
Relapsing-fever vgl. Rückfallfieber.
Relaxans vgl. Spasmolytikum.
Remedium vgl. Medikament.
Remotio vgl. Ablösung.
Remotio retinae vgl. Netzhautablösung.
Ren vgl. Eingeweide.
Renitis vgl. Nephritis.
Ren mobilis vgl. Enteroptose.
Renogramm vgl. Röntgenogramm.
Renographie vgl. Röntgenographie.
Replantation vgl. Transplantation.
Resectio vgl. Operation.
Resektion vgl. Operation.
Retardatio mentalis vgl. Oligophrenie.
Retentio alvi vgl. Obstipation.
Retentio testis vgl. Anorchie.
Retentio urinae vgl. Ischurie.
Reticulitis monocythaemica vgl. infektiöse Mononukleose.
Reticuloendothelioma vgl. Krebs.
Reticulosarcoma vgl. Krebs.
Retikuloendotheliom vgl. Krebs.
Retikulosarkom vgl. Krebs.
Retikulozyten vgl. Blutkörperchen.
Retikulumzellensarkom vgl. Krebs.
Retinol vgl. Vitamin A.
Retothelosarcoma vgl. Krebs.
Retothelosarkom vgl. Krebs.
Retothelsarkom vgl. Krebs.
Retransfusion vgl. Bluttransfusion.
Retransplantation vgl. Transplantation.
Retrognathie vgl. Hyposomie.
Revakzination vgl. Impfung.
Revellens vgl. Epispastikum.
Revulsivum vgl. Epispastikum.
Rezeptionsorgane vgl. Organa sensuum.
Rezidiv vgl. Exazerbation.
Rhachi- vgl. Columna vertebralis.
Rhachio- vgl. Columna vertebralis.
Rhachitis vgl. Rachitis.
Rhagade vgl. Effloreszenz.
Rhagades vgl. Effloreszenz.
Rhagas vgl. Effloreszenz.
-rhaphie vgl. Operation.
rheumatoide Spondylarthritis vgl. Spondylarthritis ankylopoetica.
Rhexis vgl. Verletzung.
RHINITIS *(übliche Kurzbez.)*, Rhinitis acuta catarrhalis*, Koryza, Coryza*, Gravedo *(veraltet)*, Nasenschleimhautentzündung, Nasenkatarrh, Schnupfen, Erkältungskatarrh *(selten)*, Common cold *(ungew.)* • *chronisch-atrophisch:* **Rhinitis atrophicans**, Rhinitis atrophica, Ozäna, Ozaena*, Stinknase.
Rhinitis acuta catarrhalis vgl. Rhinitis.
Rhinitis atrophica vgl. Rhinitis.
Rhinitis atrophicans vgl. Rhinitis.
Rhin[o]- vgl. Organa sensuum.
Rhinologe vgl. Arzt.
Rhinologie vgl. Medizin.
Rhinomegalie vgl. Hypersomie.
Rhinophym vgl. Rosazea.
Rhinophyma vgl. Rosazea.
Rhinorrhagia vgl. Hämorrhagie.
Rhinorrhagie vgl. Hämorrhagie.
Rhinoskopie vgl. Endoskopie.
Rhombencephalon vgl. Cerebrum.
Rhonchus vgl. Rasselgeräusch.
Rhonchus sonorus vgl. Rasselgeräusch.
Rhyas vgl. Epiphora.
Rhypia vgl. Effloreszenz.
Rhypophobie vgl. Phobie.
Rhythmus fetalis vgl. Embryokardie.
Riboflavin vgl. Vitamin B_2.
Riechnerven vgl. Organa sensuum.
Riechorgan vgl. Organa sensuum.
Riesenherz vgl. Kardiomegalie.
Riesenschädel vgl. Dyszephalie.

Riesenurtikaria vgl. Quincke-Ödem.
Riesenwuchs vgl. Hypersomie.
Riesenzunge vgl. Makroglossie.
Rille vgl. Foramen.
Rima vgl. Foramen.
Rima glottidis vgl. Larynx.
Rima pudendi vgl. Genitalien.
Rinderbrucellose vgl. Brucellose.
Rindergalle vgl. Fel.
ringförmig abschnürender Muskel vgl. Muskel.
Rinne vgl. Foramen.
Ringfinger vgl. Digitus.
Rippenfellentzündung vgl. Pleuritis.
Riß vgl. Verletzung.
Risus caninus vgl. Risus sardonicus.
Risus cynicus vgl. Risus sardonicus.
Risus hystericus vgl. Gelasma.
RISUS SARDONICUS, Risus caninus *(ungew.)*, Spasmus caninus *(ungew.)*, Spasmus cynicus *(ungew.)*, Risus cynicus *(ungew.)*, Facies tetanica, Facies sardonica *(ungew.)*, sardonisches Lachen.
Ritze vgl. Foramen.
Robbengliedrigkeit vgl. Dysmelie.
Roborans vgl. Stimulans.
röhrenförmiger Durchgang vgl. Ductus.
Röntgenarzt vgl. Arzt.
Röntgenaufnahme: 1) vgl. Röntgenogramm. **2)** vgl. Röntgenographie.
Röntgenbild vgl. Röntgenogramm.
Röntgendarstellung vgl. Röntgenographie.
Röntgendurchleuchtung vgl. Röntgenographie.
Röntgenfacharzt vgl. Arzt.
RÖNTGENOGRAMM, Radiogramm, Skiagramm *(selten)*, Röntgenbild, Röntgenaufnahme • *von Organbewegungen:* **Kymogramm,** Polygramm • **1)** *auf bestimmte Körperteile oder Organe bezogen:* **a)** *von Gefäßen:* **Vasogramm,** Angiogramm; *von Arterien:* Arteriogramm; *der Aorta:* Aortogramm; *von Venen:* Venogramm, Phlebogramm; *des Pfortadersystems:* Portogramm. **b)** *des Herzens:* **Kardiogramm;** *der Herzkammern:* Ventrikulogramm; *des Herzens und der Lungengefäße:* Angiokardiogramm, Kardioangiogramm. **c)** *der Schädelräume:* **Enzephalogramm,** Pneumenzephalogramm, Ventrikulogramm; *der Hirnschlagadern:* Enzephaloarteriogramm. **d)** *des Wirbelkanals bzw. Rückenmarks:* **Myelogramm. e)** *der Speiseröhre:* **Ösophagogramm. f)** *der Leber:* **Hepatogramm;** *in Verbindung mit der Milz:* Hepatolienogramm, Hepatosplenogramm, Splenohepatogramm, Lienohepatogramm. **g)** *der Milz:* **Splenogramm,** Lienogramm. **h)** *des Nierenbeckens:* **Pyelogramm. i)** *der Nieren:* **Nephrogramm,** Renogramm. **k)** *eines Gelenks:* **Arthrogramm. l)** *der Luftröhrenäste:* **Bronchogramm. m)** *der Lunge:* **Pulmogramm. n)** *der Gallenblase:* **Cholezystogramm • 2)** *Spezialbilder mit Abbildung einzelner Schichten:* **Tomogramm,** Stratigramm, Planigramm, Laminagramm *(selten)*, Laminogramm *(selten)*, Röntgenschichtbild, Röntgenschichtaufnahme.
RÖNTGENOGRAPHIE, Radiographie, Skiagraphie *(selten)*, Röntgendarstellung, Röntgenaufnahme • *von Organbewegungen:* **Kymographie,** Polygraphie • *Untersuchung mittels Röntgenstrahlen vor einem fluoreszierenden Schirm:* **Röntgenoskopie,** Radioskopie, Röntgendurchleuchtung, Durchleuchtung • **1)** *auf bestimmte Körperteile oder Organe bezogen:* **a)** *von Gefäßen:* **Vasographie,** Angiographie; *von Arterien:* Arteriographie; *der Aorta:* Aortographie; *von Venen:* Venographie, Phlebographie; *des Pfortadersystems:* Portographie. **b)** *des Herzens:* **Kardiographie;** *der Herzkammern:* Ventrikulographie; *des Herzens und der Lungengefäße:* Angiokardiographie, Kardioangiographie. **c)** *der Schädelräume:* **Enzephalographie,** Pneumenzephalographie, Ventrikulographie; *der Hirnschlagadern:* Enzephaloarteriographie. **d)** *des Wirbelkanals bzw. Rückenmarks:* **Myelographie. e)** *der Speiseröhre:* **Ösophagographie. f)** *der Leber:* **He-**

patographie; *in Verbindung mit der Milz:* Hepatolienographie, Hepatosplenographie, Splenohepatographie, Lienohepatographie. g) *der Milz:* **Splenographie**, Lienographie. h) *des Nierenbeckens:* **Pyelographie**. i) *der Nieren:* **Nephrographie**, Renographie. k) *eines Gelenks:* **Arthrographie**. l) *der Luftröhrenäste:* **Bronchographie**. m) *der Lunge:* **Pulmographie**. n) *der Gallenblase:* **Cholezystographie** • 2) *Spezialverfahren zur Darstellung einzelner Schichten:* **Tomographie**, Stratigraphie, Planigraphie, Laminagraphie *(selten)*, Laminographie *(selten)*, Radiotomie *(selten)*, Vertigraphie *(ungew.)*, Röntgenschichtverfahren, Röntgenschichtaufnahme.

Röntgenologe vgl. Arzt.

Röntgenologie vgl. Medizin.

Röntgenoskopie vgl. Röntgenographie.

Röntgenschichtaufnahme vgl. Röntgenogramm.

Röntgenschichtaufnahme vgl. Röntgenographie.

Röntgenschichtbild vgl. Röntgenogramm.

Röntgenschichtverfahren vgl. Röntgenographie.

Röntgenstrahlenbehandlung vgl. Radiotherapie.

Röntgentherapie vgl. Radiotherapie.

Rosacea vgl. Rosazea.

Rosacea hypertrophica vgl. Rosazea.

ROSAZEA, Rosacea*, Acne rosacea *(ungenaue Bez.)*, Gutta rosacea *(ungew.)*, Acne erythematosa *(selten)*, Rotfinnen, Kupferfinnen • *charakteristische Verlaufsform:* **Rhinophym**, Rhinophyma*, Rosacea hypertrophica, Knollennase, Pfundnase. – Vgl. auch den Artikel *Dermatose*.

Rose vgl. Erysipel.

Roseola infantum vgl. Exanthema subitum.

Rotangst vgl. Chromatophobie.

Rotator vgl. Muskel.

Rotblindheit vgl. Farbenblindheit.

Rotblütigkeit vgl. Polyzythämie.

rote Blutkörperchen vgl. Blutkörperchen.

RÖTELN, Rubeola, Rubeolae *(Mehrz.)*, Rubeolen *(Mehrz.)*, Rubella *(ungew.)*. – Vgl. auch: *Rubeola scarlatinosa*.

roter Blutfarbstoff vgl. Hämoglobin.

Rotfinnen vgl. Rosazea.

Rotgrünblindheit vgl. Farbenblindheit.

Rotlauf vgl. Erysipel.

Rotscheu vgl. Chromatophobie.

Rotsucht vgl. Masern.

Rotula vgl. Genu.

Rotz vgl. Malleus.

Rougnon-Heberden-Krankheit vgl. Angina pectoris.

Rubefaziens vgl. Epispastikum.

Rubella vgl. Röteln.

Rubeola vgl. Röteln.

Rubeolae vgl. Röteln.

Rubeola scarlatiniformis vgl. Rubeola scarlatinosa.

RUBEOLA SCARLATINOSA, Filatow-Dukes-Krankheit, Dukes-Filatow-Krankheit, vierte Krankheit, Filatow-Krankheit *(selten)*, Dukes-Krankheit *(selten)*, Rubeola scarlatiniformis *(ungew.)*, Pseudoscarlatina *(veraltet)*, Parascarlatina *(veraltet)*, Parascharlach *(veraltet)*, Skarlatinoid *(veraltet)*, scharlachähnliche Röteln. – Vgl. auch: *Scharlach, Röteln*.

Rubeolen vgl. Röteln.

Rücken vgl. Dorsum.

Rückenmark vgl. Medulla spinalis.

Rückenmarksblutung vgl. Hämorrhagie.

Rückenmarksdarre vgl. Metasyphilis.

Rückenmarksentzündung vgl. Myelopathie.

Rückenmarkserkrankung vgl. Myelopathie.

Rückenmarkserweichung vgl. Myelopathie.

Rückenmarkshaut vgl. Meninx.

Rückenmarksleiden vgl. Myelopathie.

Rückenmarksschwindsucht vgl. Metasyphilis.

Rückenschmerz vgl. Notalgie.

Rückfall vgl. Exazerbation.

RÜCKFALLFIEBER, Febris recurrens, Rekurrensfieber, Zeckenfieber, Borreliosis recurrens *(ungew.)*, Spi-

rochaetosis recurrens *(ungew.)*, Relapsing fever *(ungew.)*, rekurrierendes Fieber.
Rückgrat vgl. Columna vertebralis.
Rückverpflanzung vgl. Transplantation
Ructatio vgl. Eruktation.
Ructus vgl. Eruktation.
Ruktation vgl. Eruktation.
Ruktus vgl. Eruktation.
Rülpsen vgl. Eruktation.
Rülpser vgl. Eruktation.
Rumination vgl. Vomitus.
Rummo-Krankheit vgl. Kardioptose.
Rumpf vgl. ²Truncus.
Rundkopf vgl. Dyszephalie.
Rundköpfigkeit vgl. Dyszephalie.
Rundschädel vgl. Dyszephalie.
Rupia vgl. Effloreszenz.
Ruptur, Ruptura vgl. Verletzung.

S

S. vgl. Geschlechtskrankheiten.
Säbelbein vgl. Genu varum.
Sabulum vgl. Azervulus.
Saccus lacrimalis vgl. Ductus nasolacrimlis.
Sack vgl. Genitalien.
Sadismus vgl. Perversität.
Sadomasochismus vgl. Perversität.
Sage-femme vgl. Hebamme.
Salaamkrampf vgl. Epilepsia nutans.
Salacitas vgl. Erotomanie.
Salazität vgl. Erotomanie.
Salbe vgl. Medikament.
Salbengesicht vgl. Seborrhö.
Salidiuretikum vgl. Diuretikum.
Saliromanie vgl. Perversität.
SALIVA, Speichel, Spucke *(salopp)*. – Vgl. auch: *Sputum.*
Salivatio, Salivation vgl. Ptyalismus.
Salpingectomia vgl. Sterilisation.
Salpingektomie vgl. Sterilisation.
Salpingitis vgl. Otitis.
Salpingotomie vgl. Sterilisation.
Salpinx vgl. Genitalien.
Saluretikum vgl. Diuretikum.
Samenerguß vgl. Ejakulation.
Samenfaden vgl. Gamet.
Samenfluß vgl. Ejakulation.
Samenhügel vgl. Collicilus seminalis.
Samenleiter vgl. Genitalien.
Samenleiterdurchtrennung vgl. Sterilisation.
Samenleiterentzündung vgl. Funikulitis.
Samenstrang vgl. Funiculus spermaticus.
Samenstrangentzündung vgl. Funikulitis.
Samentierchen vgl. Gamet.
Samenzelle vgl. Gamet.
Samoapocken vgl. Variola.
Sanagapocken vgl. Variola.
Sanatorium vgl. Klinik.
Sängerknötchen vgl. ¹Chorditis.
Sanguinopathie vgl. Hämopathie.
Sanguis vgl. Blut.
sapphische Liebe vgl. Homosexualität.
Sapphismus vgl. Homosexualität.
Saprämie vgl. Sepsis.
Sarcoidosis vgl. Besnier-Boeck-Schaumann-Krankheit.
Sarcoma vgl. Krebs.
sardonisches Lachen vgl. Risus sardonicus.
Sarkoid vgl. Besnier-Boeck-Schaumann-Krankheit.
Sarkoidose vgl. Besnier-Boeck-Schaumann-Krankheit.
Sarkom vgl. Krebs.
Sartenbeule vgl. Leishmaniosis furunculosa.
Sattelgelenk vgl. Junktur.
SATURNISMUS, Intoxicatio saturnina *(selten)*, Plumbismus *(ungew.)*, Bleivergiftung. – Vgl. auch den Artikel *Intoxikation.*
Satyriasis vgl. Erotomanie.
Sauberkeitsfimmel vgl. Anankasmus.
Sauerstoffmangel im Blut vgl. Hypoxämie.
Säuferwahn vgl. Delirium tremens.
saures Aufstoßen vgl. Eruktation.

Scabies vgl. Akariase.
Scapulalgia vgl. Omalgie.
Scapulodynia vgl. Omalgie.
Scapus pili vgl. Pili.
Scarlatina vgl. Scharlach.
Scatoma vgl. Enterolith.
Schädeldeformierung vgl. Dyszephalie.
Schädelknochenverdickung vgl. Dyszephalie.
Schädellage vgl. Kindslage.
Schädelmißbildung vgl. Dyszephalie.
Schädelzerquetschung vgl. Embryotomie.
Schädelzertrümmerung vgl. Embryotomie.
Schafblattern vgl. Varizellen.
Schafkot vgl. Enterolith.
Schafpocken vgl. Varizellen.
Schambeinfugenschnitt vgl. Symphyseotomie.
Schambeinschnitt vgl. Symphyseotomie.
Schamberg vgl. Mons pubis.
Schamfugenschnitt vgl. Symphyseotomie.
Schamhaare vgl. Pili.
Schamgegend vgl. Abdomen.
Schamlippen vgl. Genitalien.
Schamspalte vgl. Genitalien.
Schamteile vgl. Genitalien.
Schanker vgl. Geschlechtskrankheiten.
SCHARLACH, Scarlatina*, Febris rubra *(veraltet)*. – Vgl. auch: *Rubeola scarlatinosa.*
scharlachähnliche Röteln vgl. Rubeola scarlatinosa.
Scharniergelenk vgl. Junktur.
Schaudinn-Krankheit vgl. Geschlechtskrankheiten.
Scheckhaut vgl. Achromie.
Scheide vgl. Genitalien.
Scheidenblutung vgl. Hämorrhagie.
Scheideneingang vgl. Genitalien.
Scheidenentzündung vgl. Kolpitis.
Scheidenkatarrh vgl. Kolpitis.
Scheidenkrampf vgl. Vaginismus.
Scheidenmuskelkrampf vgl. Vaginismus.
Scheidenriß vgl. Kolporrhexis.
Scheidenruptur vgl. Kolporrhexis.
Scheidensenkung vgl. Prolapsus vaginae.
Scheidenspiegelung vgl. Endoskopie.
Scheidenverschluß vgl. Gynatresie.
Scheidenvorfall vgl. Prolapsus vaginae.
Scheidenvorhof vgl. Genitalien.
Scheidewand vgl. [1]Diaphragma.
Schleimgeschwulst vgl. Myxom.
Scheinmedikament vgl. Medikament.
Scheinschwangerschaft vgl. Pseudogravidität.
Scheinzwittertum vgl. Hermaphroditismus.
Scheinzwittrigkeit vgl. Hermaphroditismus.
Schenkel vgl. Membra corporis.
Schenkelbruch vgl. Hernia femoralis.
Schenkzwang vgl. Anankasmus.
Schiefhals vgl. Tortikollis.
Schiefwuchs vgl. Wirbelsäulenverkrümmung.
Schielen vgl. Strabismus.
Schienbein vgl. Tibia.
Schilddrüse vgl. Glandula thyreoidea.
Schilddrüsenhyperplasie vgl. Struma.
Schilddrüsenüberfunktion vgl. Hyperthyreoidie.
Schilddrüsenunterfunktion vgl. Hypothyreose.
Schilddrüsenvergrößerung vgl. Struma.
Schildknorpel vgl. Prominentia laryngea.
Schiß vgl. Diarrhö.
Schistoglossie vgl. Glossoschisis.
Schistoprosopie vgl. Prosoposchisis.
SCHISTOSOMIASE, Schistosomiasis*, Bilharziose, Bilharziosis*, Bilharziase *(ungew.)*, Bilharziasis* *(ungew.)*, Bilharz-Krankheit *(veraltet)*.
Schistosomiasis vgl. Schistosomiase.
Schizoglossie vgl. Glossoschisis.
Schizonychie vgl. Onycholyse.
Schlaf vgl. Bewußtseinsstörung.
Schlafanfall vgl. Bewußtseinsstörung.
Schlaffhaut vgl. Chalodermie.
SCHLAFKRANKHEIT, Nalanane, Trypanosomiasis Africana, Trypanosomiasis *(Kurzbez.)*, Tsetsekrankheit, Dutton-Krankheit.
Schlaflosigkeit vgl. Insomnie.
Schlafmittel vgl. Psychopharmakon.
Schlafmittelsucht vgl. Barbiturismus.
Schlafmittelvergiftung vgl. Barbiturismus.

Schläfrigkeit vgl. Bewußtseinsstörung.
Schlafsucht vgl. Bewußtseinsstörung.
Schlafwandeln vgl. Somnambulismus.
Schlagader vgl. Blutgefäß.
Schlagaderblutung vgl. Hämorrhagie.
Schlagaderentzündung vgl. Arteriopathie.
Schlagadererweiterung vgl. Ektasie.
Schlaganfall vgl. Apoplexia cerebri.
Schlagfluß vgl. Apoplexia cerebri.
Schlangenhaut vgl. Ichthyose.
schleichender Puls vgl. Puls.
Schleim: 1) vgl. Muccus. **2)** vgl. Sputum.
Schleimbeutel vgl. Bursa synovialis.
Schleimgewebsgeschwulst vgl. Myxom.
schleimlösendes Mittel vgl. Expektorans.
Schließmuskel vgl. Muskel.
Schlosserbein vgl. Genu valgum.
Schluckauf vgl. Singultus.
Schlucken vgl. Singultus.
Schlucksen vgl. Singultus.
Schluckser vgl. Singultus.
Schlund vgl. Pharynx.
Schlundkrampf vgl. Pharyngismus.
Schlüsselbein vgl. Clavicula.
Schlüsselbeingicht vgl. Arthritis urica.
Schmarotzer vgl. Parasit.
Schmelz vgl. Enamelum.
Schmerfluß vgl. Seborrhö.
Schmerz vgl. Dolor.
Schmerzen vgl. Dolor.
Schmerzmittel vgl. Psychopharmakon.
schmerzstillendes Mittel vgl. Psychopharmakon.
Schmiere vgl. Smegma.
Schneidezahn vgl. Dens.
schnellender Puls vgl. Puls.
schneller Puls vgl. Puls.
Schnepfenkopf vgl. Colliculus seminalis.
Schnitt vgl. Operation.
Schnupfen vgl. Rhinitis.
Schnupfmittel vgl. Errhinum.
Schonkost vgl. Diät.
Schorf vgl. Effloreszenz.
Schräglage vgl. Kindslage.
Schraubengelenk vgl. Junktur.
Schrecklähmung vgl. Kataplexie.
Schreckstarre vgl. Kataplexie.
Schreibhaut vgl. Dermographismus.
Schreibkrampf vgl. Cheirospasmus.
Schreiknötchen vgl. [1]Chorditis.
SCHRITTMACHER, künstlicher Schrittmacher, Herzschrittmacher, Pacemaker.
Schrumpfleber vgl. Hepatopathie.
Schrunde vgl. Effloreszenz.
Schulmedizin vgl. Medizin.
Schulmediziner vgl. Arzt.
Schulterblattschmerz vgl. Omalgie.
Schultergicht vgl. Arthritis.
Schulterlage vgl. Kindslage.
Schulterschmerz vgl. Omalgie.
Schulterschmerzhaftigkeit vgl. Omalgie.
Schultz-Angina vgl. Agranulozytose.
Schuppe vgl. Effloreszenz.
Schuppenflechte vgl. Psoriasis.
Schuppenkruste vgl. Effloreszenz.
Schuppenröschen vgl. Pityriasis rosea.
Schürfwunde vgl. Verletzung.
Schüttellähmung vgl. Paralysis agitans.
Schüttelung vgl. Kinesiotherapie.
Schutzimpfung vgl. Impfung.
schwacher Puls vgl. Puls.
Schwachsichtigkeit vgl. Sehschwäche.
Schwachsinn vgl. Oligophrenie.
Schwangere vgl. Gravida.
Schwangerschaft vgl. Gravidität.
Schwangerschaftstoxikose vgl. Gestose.
Schwangerschaftsunterbrechung vgl. Abort.
Schwangerschaftsverhütungsmittel vgl. Präservativ.
Schwängerung vgl. Befruchtung.
Schwannogliom vgl. Neurinom.
Schwannom vgl. Neurinom.
Schwanz vgl. Genitalien.
Schwäre vgl. Abszeß.
Schwären vgl. Abszeß.
Schwarzdurchfall vgl. Hämorrhagie.
schwarze Blattern vgl. Variola.
schwarze Haarzunge vgl. Lingua nigra.
schwarze Pocken vgl. Variola.
schwarzer Star vgl. Amaurose.
schwarzer Tod vgl. Pest.
schwarzes Erbrechen vgl. Gelbfieber.
Schwarzruhr vgl. Hämorrhagie.
Schwarzwasserfieber vgl. Malaria.
Schweinebrucellose vgl. Brucellose.
Schweiß vgl. Exkret.
Schweißabsonderung vgl. Transpiration.

Schweißdrüsenabszeß vgl. Hidradenitis.
Schweißdrüsenentzündung vgl. Hidradenitis.
Schweißdrüsenfrieseln vgl. Miliaria.
Schweißfrieseln vgl. Miliaria.
Schweißsekretion vgl. Transpiration.
schweißtreibendes Mittel vgl. Diaphoretikum.
Schwerarbeiterherz vgl. Kardiomegalie.
schwere Atemstörung vgl. Asphyxie.
Schwerhörigkeit vgl. Dysakusis.
Schwermut vgl. Melancholie.
Schwermütigkeit vgl. Melancholie.
Schwiele vgl. Hyperkeratose.
Schwielenbildung vgl. Hyperkeratose.
Schwindel vgl. Vertigo.
Schwindsucht: 1) vgl. Kachexie. **2)** vgl. Lungentuberkulose.
Schwitzbad vgl. Sudarium.
Schwitzen vgl. Transpiration.
Scissura crinium vgl. Trichoptilose.
Scissura pilorum vgl. Trichoptilose.
Sclerema adultorum vgl. Sklerodermie.
Sclerodermia vgl. Sklerodermie.
Sclerodermia circumscripta vgl. Sklerodermie.
Sclerodermia diffusa vgl. Sklerodermie.
Slcerodermia localisata vgl. Sklerodermie.
Sclerodermia progressiva vgl. Sklerodermie.
Scleroma vgl. Sklerodermie.
Sclerosis arterialis vgl. Arteriopathie.
Sclerosis arteriocapillaris vgl. Arteriopathie.
Sclerosis cerebrospinalis vgl. multiple Sklerose.
Sclerosis disseminata vgl. multiple Sklerose.
Sclerosis insularis vgl. multiple Sklerose.
Sclerosis localis vgl. multiple Sklerose.
Sclerosis medullaris posterior vgl. Metasyphilis.
Sclerosis multipla vgl. multiple Sklerose.
Sclerosis multiplex vgl. multiple Sklerose.
Sclerosis polynesica vgl. multiple Sklerose.
Sclerosis posterior vgl. Metasyphilis.
Sclerosis vascularis vgl. Arteriopathie.
Sclerostenosis cutanea vgl. Sklerodermie.
Scoliokyphosis vgl. Wirbelsäulenverkrümmung.
Scoliolordosis vgl. Wirbelsäulenverkrümmung.
Scorbutus alpinus vgl. Pellagra.
Scrotum vgl. Genitalien.
SEBORRHÖ, Seborrhoea*, Steatorrhö *(ungew.)*, Steatorrhoea* *(ungew.)*, Schmerfluß, Talgfluß; *mit trockener, kleieförmiger Schuppenauflagerung:* Seborrhoea sicca, Pityriasis vulgaris, Dermatitis seborrhoica *(ungew.); mit einer öligen Auflagerung:* Seborrhoea oleosa, Seborrhoea adiposa, Salbengesicht. – Vgl. auch den Artikel *Dermatose.*
Seborrhoea vgl. Seborrhö.
Seborrhoea adiposa vgl. Seborrhö.
Seborrhoea sicca vgl. Seborrhö.
Seborrhoea oleosa vgl. Seborrhö.
Sebum praeputiale vgl. Smegma.
sechste Krankheit vgl. Exanthema subitum.
Secretum vgl. Sekret.
Sectio: 1) vgl. Operation. **2)** vgl. Obduktion.
Sedativum vgl. Psychopharmakon.
Seekrankheit vgl. Kinetose.
Seelenarzt vgl. Arzt.
Seelenblindheit vgl. Agnosia optica.
Seelenheilkunde vgl. Medizin.
Seelentaubheit vgl. Agnosia acustica.
Segmentbronchen vgl. Trachea.
Sehhügelhirn vgl. Cerebrum.
Sehne vgl. Tendo.
Sehnenentzündung vgl. Tendinitis.
Sehnenhüpfen vgl. Subsultus tendinum.
Sehnenscheidenentzündung vgl. Tendinitis.
Sehnenspringen vgl. Subsultus tendinum.
Sehnerv vgl. Organa sensuum.
Sehorgan vgl. Organa sensuum.
Sehschwäche vgl. Asthenopie.
SEHSTÖRUNG, Dysopsie, Dysopsia*, Dysopie *(selten)* • **Amblyopie,** Amblyopia*, Schwachsichtigkeit •

besondere Formen: **a)** *in der Dunkelheit:* **Hemeralopie** *(ungenau, aber allg. üblich)*, Hemeralopia*, Nyktalopie *(eigtl. korrekt, aber unüblich)*, Nachtblindheit; Aknephaskopie, Dämmerungsblindheit. **b)** *bei hellem Tageslicht:* **Nyktalopie** *(ungenau, aber allg. üblich)*, Nyktalopia*, Hemeralopie *(eigtl. korrekt, aber unüblich)*, Tagblindheit, Nachtsichtigkeit. – Vgl. auch die Artikel: *Asthenopie, Amaurose, Farbenblindheit, Ametropie, Strabismus.*

Seitenstechen vgl. Pleuralgie.

seitlicher Mittelbauch vgl. Abdomen.

seitlicher Oberbauch vgl. Abdomen.

SEKRET, Secretum*, Drüsenabsonderung; *von Drüsen mit innerer Sekretion:* Inkret, Incretum*, Hormon. – Vgl. auch: *Exkret.*

Sekretolytikum vgl. Expektorans.

Sekretomotorikum vgl. Expektorans.

Sektion: 1) vgl. Operation. **2)** vgl. Obduktion.

sekundäre Knochen vgl. Belegknochen.

Sekundigravida vgl. Gravida.

Sekundipara vgl. Gravida.

Selbstbefleckung vgl. Narzißmus.

Selbstbefriedigung vgl. Narzißmus.

Selbstmord vgl. Suizid.

Selbstmordversuch vgl. Conamen.

Selbsttötung vgl. Suizid.

Selbsttötungsversuch vgl. Conamen.

Selbstvergiftung vgl. Intoxikation.

Selbstverliebtheit vgl. Narzißmus.

Selter-Feer-Krankheit vgl. Feer-Krankheit.

Selter-Swift-Feer-Krankheit vgl. Feer-Krankheit.

Selter-Swift-Feer-Syndrom vgl. Feer-Krankheit.

Seminom vgl. Dysgerminom.

Semiologie vgl. Symptomatologie.

Semiotik vgl. Symptomatologie.

Seneszenz vgl. Senilität.

Senilismus vgl. Senilität.

Senilitas vgl. Senilität.

Senilitas praecox vgl. Senilität.

SENILITÄT, Senilitas*, Senium, Greisenalter, Seneszenz, Vergreisung • *vorzeitig:* **Senilitas praecox,** Senilismus, Geromorphismus, Nanismus senilis *(ungew.)*, Progerie, Progeria*, vorzeitige Vergreisung; *auf Gesicht und Akren beschränkt:* Akrogerie, Acrogeria*.

Senium vgl. Senilität.

Senkfuß vgl. Fußdeformität.

Senkleber vgl. Enteroptose.

Senkniere vgl. Enteroptose.

Senkung vgl. Hernie.

sensible Nerven vgl. Nerv.

Sensibilin vgl. Antikörper.

Sensibilisin vgl. Antikörper.

Sensitizer vgl. Antikörper.

sensorische Nerven vgl. Nerv.

SEPSIS, Septhämie, Septämie, Septikämie, Septikhämie, Saprämie, Toxämie, Toxhämie, Toxikämie, Toxikhämie, Toxinämie, Intoxicatio septica, Blutvergiftung; *weniger stark ausgeprägt:* Bakteriämie, Bazillämie. – Vgl. auch den Artikel *Intoxikation.*

Septämie vgl. Sepsis.

Septicaemia melitensis vgl. Brucellose.

Septhämie vgl. Sepsis.

Septikämie vgl. Sepsis.

Septikhämie vgl. Sepsis.

Septulum vgl. [1]Diaphragma.

Septum vgl. [1]Diaphragma.

Sequestrektomie vgl. Sequestrotomie.

SEQUESTROTOMIE, Sequestrektomie, Nekrotomie, Knochensequesterentfernung.

seröser Gelenkerguß vgl. Hydarthrose.

Serothorax vgl. Pleuraerguß.

Serotinus vgl. Dens.

Serumkrankheit vgl. Idiosynkrasie.

Serumprophylaxe vgl. Impfung.

sessiler Antikörper vgl. Antikörper.

Seuche vgl. Morbus.

Sexuallust vgl. Libido.

Sexualorgane vgl. Genitalien.

Sexualtrieb vgl. Libido.

sexuelle Abartigkeit vgl. Perversität.

sexuelle Anästhesie vgl. Impotenz.

sexuelle Anomalie vgl. Perversität.

sexuelle Begierde vgl. Libido.

sexuelle Hypästhesie vgl. Impotenz.

sexuelle Leichenschändung vgl. Perversität.

sexueller Symbolismus vgl. Perversität.

sexuelles Verlangen vgl. Libido.
Shigelloes vgl. Bakterienruhr.
Shigellosis vgl. Bakterienruhr.
Ship-fever vgl. Fleckfieber.
Shunt vgl. Anastomose.
siamesische Zwillinge vgl. Zwillinge.
Sialorrhö vgl. Ptyalismus.
Sialolith vgl. Ptyalolith.
Sichelzellen vgl. Blutkörperchen.
Siderseo vgl. Pneumokoniose.
Siderosis pulmonum vgl. Pneumokoniose.
Siebbeinhöhle vgl. Organa sensuum.
Siebbeinhöhlenentzündung vgl. Sinusitis.
Siechtum vgl. Infirmität.
Sigault-Operation vgl. Symphyseotomie.
Signum vgl. Symptom.
Silbervergiftung vgl. Argyrismus.
Silicosis pulmonum vgl. Pneumokoniose.
Silikatose vgl. Pneumokoniose.
Silikoanthrakose vgl. Pneumokoniose.
Silikose vgl. Pneumokoniose.
Silikotuberkulose vgl. Pneumokoniose.
Singultation vgl. Singultus.
SINGULTUS, Singultation *(ungew.)*, Schlucken, Schluckauf, Schlucksen *(landsch.)*, Schluckser *(landsch., ugs.)*.
Sinnesnerven vgl. Nerv.
Sinuitis vgl. Sinusitis.
Sinus ethmoidalis vgl. Organa sensuum.
Sinus frontalis vgl. Organa sensuum.
SINUSITIS, Sinuitis, Nasennebenhöhlenentzündung, Nebenhöhlenentzündung • *im Bereich der Stirnhöhlen:* Sinusitis frontalis, Stirnhöhlenentzündung, Stirnhöhlenkatarrh • *im Bereich der Oberkieferhöhlen:* Sinusitis maxillaris, Kieferhöhlenentzündung, Kieferhöhlenkatarrh • *im Bereich der Keilbeinhöhlen:* Sinusitis sphenoidalis, Sphenoiditis, Keilbeinhöhlenentzündung • *im Bereich der Siebbeinhöhlen:* Sinusitis ethmoidalis, Ethmoiditis, Siebbeinhöhlenentzündung.
Sinusitis ethmoidalis vgl. Sinusitis.
Sinusitis frontalis vgl. Sinusitis.
Sinusitis maxillaris vgl. Sinusitis.
Sinusitis sphenoidalis vgl. Sinusitis.
Sinus maxillaris vgl. Organa sensuum.
Sinus nasales vgl. Organa sensuum.
Sinus paranasales vgl. Organa sensuum.
Sinus sphenoidalis vgl. Organa sensuum.
Sinus sphenoideus vgl. Organa sensuum.
Sirene vgl. Monstrosität.
Sirenomelus vgl. Monstrosität.
Sitiomanie vgl. Akorie.
Sitiotoxismus vgl. Lebensmittelvergiftung.
Sitomanie vgl. Akorie.
Sitotoxismus vgl. Lebensmittelvergiftung.
Situationsangst vgl. Phobie.
Situs vgl. Kindslage.
Sitzunvermögen vgl. Akathisie.
Skabies vgl. Akariase.
Skaphozephalie vgl. Dyszephalie.
Skaphozephalus vgl. Dyszephalie.
Skapulalgie vgl. Omalgie.
Skapulodynie vgl. Omalgie.
Skarlatinoid vgl. Rubeola scarlatinosa.
Skatolith vgl. Enterolith.
Skatom vgl. Enterolith.
Skatophagie vgl. Pikazismus.
Skelet vgl. [1]Os.
Skeleton vgl. [1]Os.
Skelett vgl. [1]Os.
Skiagramm vgl. Röntgenogramm.
Skiagraphie vgl. Röntgenographie.
Skleremie vgl. Sklerodermie.
Skleroderma vgl. Sklerodermie.
SKLERODERMIE, Sclerodermia*, Sclerodermia diffusa, Sclerodermia progressiva, Skleroderma *(selten)*, Sklerom, Scleroma*, Sclerema adultorum *(selten)*, Buschke-Sklerem *(ungew.)*, Skleremie *(ungew.)*, Dermatosklerose *(selten)*, Sclerostenosis cutanea *(ungew.)*, Chorionitis *(ungew.)*, Darrsucht • *in Form gutartiger Verhärtungsherde:* **Sclerodermia circumscripta,** Morphaea, Sclerodermia localisata *(ungew.)*, Sklerodermie en plaques, Sklerodermie en bandes, umschriebene Sklerodermie, Addison-Keloid *(un-*

gew.), Weißfleckenkrankheit, White-spot-disease, Lichen sclerosus, Lichen albus. – Vgl. auch den Artikel *Dermatose*.

Sklerodermie en bandes vgl. Sklerodermie.

Sklerodermie en plaques vgl. Sklerodermie.

Sklerom vgl. Sklerodermie.

Skoliokyphose vgl. Wirbelsäulenverkrümmung.

Skoliolordose vgl. Wirbelsäulenverkrümmung.

Skoliose, Skoliosis vgl. Wirbelsäulenverkrümmung.

Skopolagnie vgl. Perversität.

Skopophilie vgl. Perversität.

Skoptophilie vgl. Perversität.

SKORBUT, Vitamin-C-Avitaminose, Avitaminose C *(Fachjargon)*, Vitamin-C-Mangel-Krankheit; *bei Säuglingen und Kleinkindern:* Möller-Barlow-Krankheit. – Vgl. auch: *Avitaminose*.

Skotodinie vgl. Vertigo.

Skotophobie vgl. Nyktophobie.

Skrotum vgl. Genitalien.

Skybala vgl. Enterolith.

Smallpox vgl. Variola.

SMEGMA, Sebum praeputiale *(selten)*, Vorhautschmiere, Käse *(vulgär)*, Schmiere.

Smegmolith vgl. Postholith.

Sinnesorgane vgl. Organa sensuum.

Sinneswerkzeuge vgl. Organa sensuum.

Sodoku vgl. Rattenbißkrankheit.

Sodomie vgl. Perversität.

Soixante-neuf vgl. Koitus.

Solarplexus vgl. Abdominalganglien.

Solutio vgl. Ablösung.

Solutio retinae vgl. Netzhautablösung.

Solvens vgl. Expektorans.

Somatomegalie vgl. Hypersomie.

Sommercholera vgl. Cholera.

Sommersprossen vgl. Epheliden.

Somnambulanz vgl. Somnambulismus.

Somnambulation vgl. Somnambulismus.

SOMNAMBULISMUS, Noktambulismus, Lunatismus, Oneirodynia activa *(ungew.)*, Somnambulation *(selten)*, Somnambulanz *(ungew.)*, Nachtwandeln, Schlafwandeln, Mondsüchtigkeit.

Somnifaziens vgl. Psychopharmakon.

Somniferum vgl. Psychopharmakon.

Somnifikum vgl. Psychopharmakon.

Somnolenz vgl. Bewußtseinsstörung.

Somnus vgl. Bewußtseinsstörung.

Sonitus aurium vgl. Ohrgeräusche.

Sonnenbad vgl. Phototherapie.

Sonnenbrand vgl. Dermatitis calorica.

Sonnengeflecht vgl. Abdominalganglien.

Sonnenstich vgl. Hyperthermie.

Soor vgl. Stomatitis.

Sophronetikus vgl. Dens.

Sopor vgl. Bewußtseinsstörung.

Soporiferum vgl. Psychopharmakon.

Soporifikum vgl. Psychopharmakon.

Sordes aurium vgl. Zerumen.

Spalt vgl. Foramen.

Spaltzunge vgl. Glossoschisis.

Spanämie: 1) vgl. Ischämie. **2)** vgl. Anämie.

spanischer Kragen vgl. Phimose.

Spanner vgl. Muskel.

Spannmuskel vgl. Muskel.

Spanopnoe vgl. Dyspnoe.

SPASMOLYTIKUM, Antispasmodikum, Antispastikum, Muskelrelaxans, Relaxans, krampflösendes Mittel, krampfstillendes Mittel; *bes. gegen zentral bedingte (u. a. epileptische) Krämpfe:* Antikonvulsivum, Antiepileptikum, Antepileptikum.

Spasmus caninus vgl. Risus sardonicus.

Spasmus cynicus vgl. Risus sardonicus.

Spasmus glottidis vgl. Laryngismus.

Spasmus intestinalis vgl. Enteralgie.

Spasmus nicticans vgl. Blepharospasmus.

Spasmus nutans vgl. Epilepsia nutans.

Spasmus salutatorius vgl. Epilepsia nutans.

Spätgeburt vgl. Partus.

Spätsyphilis vgl. Metasyphilis.

Speichel vgl. Saliva.

Speichelfluß vgl. Ptyalismus.

Speichelkonkrement vgl. Ptyalolith.

Speichelstein vgl. Ptyalolith.

Speiseröhre vgl. Ösophagus.

Speiseröhrenerweiterung vgl. Ektasie

Speiseröhrenkrampf vgl. Ösophagospasmus.
Speiseröhrenspiegelung vgl. Endoskopie.
Speleo- vgl. Cavum.
Spermatid vgl. Gamet.
Spermatitis vgl. Funikulitis.
Spermatogonie vgl. Gamet.
Spermatorrhö vgl. Ejakulation.
Spermatosom vgl. Gamet.
Spermatozoid vgl. Gamet.
Spermatozoon vgl. Gamet.
Spermatozyt vgl. Gamet.
Spermidukt vgl. Genitalien.
Spermiodukt vgl. Genitalien.
Spermiogonie vgl. Gamet.
Spermiozyt vgl. Gamet.
Spermium vgl. Gamet.
Spezialarzt vgl. Arzt.
Spezialist vgl. Arzt.
Sphacelus vgl. Nekrose.
Sphäroidgelenk vgl. Junktur.
Sphärozyten vgl. Blutkörperchen.
Sphenoiditis vgl. Sinusitis.
Sphenozephalie vgl. Dyszephalie.
Sphenozephalus vgl. Dyszephalie.
Sphinkter vgl. Muskel.
Spiegelung vgl. Endoskopie.
Spina dorsalis vgl. Columna vertebralis.
Spinaliom vgl. Hautkrebs.
Spinalioma vgl. Hautkrebs.
Spinalis vgl. Meninx.
Spinitis vgl. Myelopathie.
Spinnenfingrigkeit vgl. Arachnodaktylie.
Spinngewebshaut vgl. Meninx.
Spinnengliedrigkeit vgl. Arachnodaktylie.
Spinngewebshaut vgl. Meninx.
Spinnenwebenhaut vgl. Meninx.
Spirochaetosis recurrens vgl. Rückfallfieber.
Spital vgl. Klinik.
Spitzblattern vgl. Varizellen.
Spitzbuckel vgl. Wirbelsäulenverkrümmung.
Spitzfuß vgl. Fußdeformität.
Spitz-Klump-Fuß vgl. Fußdeformität.
Spitzkopf vgl. Dyszephalie.
Spitzköpfigkeit vgl. Dyszephalie.
Spitzpocken vgl. Varizellen.
Spitzschädel vgl. Dyszephalie.
Splanchn[o]- vgl. Eingeweide.
Splanchnoptose vgl. Enteroptose.
Splen vgl. Eingeweide.
Splenogramm vgl. Röntgenogramm.
Splenographie vgl. Röntgenographie.
Splenohepatogramm vgl. Röntgenogramm.
Splenohepatographie vgl. Röntgenographie.
Splenoptose vgl. Enteroptose.
Splenorrhagia vgl. Hämorrhagie.
Splenorrhagie vgl. Hämorrhagie.
SPONDYLARTHRITIS ANKYLOPOETICA, Spondylarthritis deformans *(ungew.)*, Bechterew-Krankheit, Strümpell-Bechterew-Marie-Krankheit, Morbus Bechterew, Bechterew-Marie-Strümpell-Krankheit, rheumatoide Spondylarthritis *(ungew.)*, Spondylitis ankylopoetica *(ungew.)*, entzündliche Wirbelsäulenversteifung.
Spondylarthritis deformans vgl. Spondylarthritis ankylopoetica.
Spondylitis ankylopoetica vgl. Spondylarthritis ankylopoetica.
Spondylus vgl. Vertebra.
spontane Fingerablösung, spontane Fingerabschnürung vgl. Daktylolyse.
spontane Zehenablösung, spontane Zehenabschnürung vgl. Daktylolyse.
Spoon-nail vgl. Koilonychie.
Sportherz vgl. Kardiomegalie.
Sportlerherz vgl. Kardiomegalie
Spreizfuß vgl. Pes transversoplanus.
Spritze vgl. Applikation.
SPRUE, Psilosis linguae, Stomatitis intertropicalis *(ungew.)*, Stomatitis intertropica *(ungew.)*, Stomatitis tropicalis *(ungew.)*, Moniliasis intestinalis *(ungew.)*, Moniliosis intestinalis *(ungew.)*, Aphthae tropicae *(Mehrz.)*, Aphthae tropicales *(Mehrz.)*, Aphthae orientales *(Mehrz.)*, Diarrhoea alba tropicalis, Diarrhoea tropicalis, Diarrhoea alba, Gastroenteritis aphthosa indica *(ungew.)*, tropische Aphthen, weißer Durchfall, Kotschinchinadurchfall, Kotschinchinadiarrhö. – Vgl. auch den Artikel *Stomatitis.*

Sprungbein vgl. Ossa tarsi.
Spucke vgl. Saliva.
Spulwürmer vgl. Helminthiasis.
Spulwurmkrankheit vgl. Helminthiasis.
SPUTUM, Expektoration, Auswurf, Schleim *(volkst.)*, Bronchialsekret. – Vgl. auch: *Saliva.*
Sputum cruentum vgl. Hämoptyse.
Squama vgl. Effloreszenz.
Stabsichtigkeit vgl. Ametropie.
Stachelwarze vgl. Verruca.
Stachelzellenkarzinom vgl. Hautkrebs.
Stachelzellenkrebs vgl. Hautkrebs.
Stadium decrementi vgl. Deferveszenz.
St.-Aignon-Krankheit vgl. Favus.
Stamm vgl. [2]Truncus.
Stammstrang vgl. Nervensystem.
Staphyle vgl. Uvula.
Staphyloma pellucidum conicum vgl. Keratomegalie.
Staphyloma pellucidum globulosum vgl. Keratomegalie.
starke Benommenheit vgl. Bewußtseinsstörung.
stärkendes Mittel vgl. Stimulans.
Stärkungsmittel vgl. Stimulans.
Starrkrampf vgl. Tetanus.
Statoconia vgl. Statokonie.
STATOKONIE, Statoconia*, Statolithen *(Mehrz.)*, Statolithi* *(Mehrz.)*, Otokonie *(älter)*, Otoconia* *(älter)* Otolithen *(Mehrz.; älter)*, Otolithi* *(Mehrz.; älter)*, Gehörsand, Gehörstaub, Gehörsteinchen, Ohrstaub, Ohrsteinchen, Gleichgewichtssteinchen.
Statolithen vgl. Statokonie.
Statolithi vgl. Statokonie.
Status embryocardiacus vgl. Embryokardie.
Status epilepticus vgl. Epilepsie.
Status febrilis vgl. Fieber.
Staublunge, Staublungenerkrankung vgl. Pneumokoniose.
Steatom[a] vgl. Atherom.
Steatopygie vgl. Adipositas.
Steatorrhö vgl. Seborrhö.
Steatorrhoea vgl. Seborrhö.
Steatorrhoea essentialis vgl. Zöliakie.
Steatorrhoea idiopathica vgl. Zöliakie.
Steatose vgl. Adipositas.
Steatosis vgl. Adipositas.
Steatosis cordis vgl. Adipositas.
Steatozele vgl. Lipozele.
Stehltrieb vgl. Anankasmus.
Stehlzwang vgl. Anankasmus.
Stehunfähigkeit vgl. Astasie.
Steigbügelschnitt vgl. Hechtmaulschnitt.
Steinert-Krankheit vgl. Dystrophia myotonica.
Steinhauerlunge vgl. Pneumokoniose.
Steinkind vgl. Lithopädion.
Steinmole vgl. Lithopädion.
Steinstaublunge vgl. Pneumokoniose.
Steinzertrümmerer vgl. Lithotripter.
Steiß vgl. Os coccygis.
Steißbein vgl. Os coccygis.
Steiß-Fuß-Lage vgl. Kindslage.
Steißlage vgl. Kindslage.
Stenocoria vgl. Miose.
Stenokardie vgl. Angina pectoris.
Stenokoriasis vgl. Miose.
Stenokorie vgl. Miose.
Stenosis intestinalis vgl. Enterostenose.
Stenosis valvularis cardiaca vgl. Vitium cordis.
Stenozephalie vgl. Dyszephalie.
Stenozephalus vgl. Dyszephalie.
Stercoroma vgl. Enterolith.
Stereoagnosie vgl. Astereognosie.
Stereoagnosis vgl. Astereognosie.
Sterilisatio vgl. Sterilisation.
STERILISATION, Sterilisatio*, Sterilisierung, Unfruchtbarmachung • **1)** *durch Unterbindung der Ausführungsgänge der Keimdrüsen:* **a)** *beim Mann, durch Unterbindung der Samenleiter:* **Vasektomie,** Vasectomia*, Vasotomie, Vasoresektion, Samenleiterdurchtrennung, operative Samenleiterentfernung. **b)** *bei der Frau, durch Unterbindung der Eileiter:* **Salpingektomie,** Salpingectomia*, Salpingotomie *(selten)*, operative Eileiterentfernung, Tubensterilisation. **2)** *durch Ausschaltung der Keimdrüsen:* **Kastration,** Castratio*, Verschneidung • **a)** *beim Mann, durch Ausschaltung der Hoden:* **Emaskulation,** Emasculatio*, Castratio masculina *(ungew.)*, Orchiektomie, Orchiectomia*, Orchektomie, Orchectomia*, Orchiotomie, Orchidek-

tomie *(selten)*, Orchidectomia* *(selten)*, Orchidotomie *(selten)*, Testektomie *(ungew.)*, Testectomia* *(ungew.)*, Didymektomie *(ungew.)*, Didymectomia* *(ungew.)*, männliche Kastration. **b)** *bei der Frau, durch Ausschaltung der Eierstöcke:* **Ovarektomie,** Ovarectomia, Ovariektomie, Ovariectomia*, Ovariotomie *(selten)*, Oophorektomie, Oophorectomia*, Oophorotomie, Castratio feminina *(ungew.)* weibliche Kastration, operative Eierstöcksentfernung, Eierstockschnitt.

Sterilisierung vgl. Sterilisation.

Sterkolith vgl. Enterolith.

Sterkophagie vgl. Pikazismus.

Sterkorolith vgl. Enterolith.

Sterkorom vgl. Enterolith.

Sterkorophagie vgl. Pikazismus.

Sterkus vgl. Exkret.

Sternalgie vgl. Angina pectoris.

Sternberg-Krankheit vgl. Lymphogranulomatose.

Sternodynie vgl. Angina pectoris.

Sternutatio vgl. Sternutation.

Sternutatio convulsiva vgl. Sternutation.

STERNUTATION, Sternutatio*, Niesen; *anfallartig, häufig:* Ptarmus, Sternutatio convulsiva, Nieskrampf, Niesanfall.

Sternutatorium vgl. Errhinum.

STETHOSKOP, Hörrohr; Phonendoskop, Membranstethoskop; *mit eingebautem Verstärker:* Phonoskop.

Stickhusten vgl. Pertussis.

Stigmasie vgl. Urtikaria.

Stigmatodermie vgl. Urtikaria.

Stimmapparat vgl. Larynx.

Stimmbandentzündung vgl. [1]Chorditis.

Stimmbänder vgl. Larynx.

STIMMBRUCH, Stimmwechsel, Mutation, Mutieren.

Stimmritze vgl. Larynx.

Stimmritzenkrampf vgl. Laryngismus.

stimmungsförderndes Mittel vgl. Psychopharmakon.

Stimmwechsel vgl. Stimmbruch.

STIMULANS, Exzitans, Exzitantium *(selten)*, Analeptikum, anregendes Mittel, Anregungsmittel, belebendes Mittel, Weckmittel; *den Gesamttonus des Organismus kräftigend:* Roborans, Tonikum, kräftigendes Mittel, Kräftigungsmittel, stärkendes Mittel, Stärkungsmittel • **a)** *mit anregender und kräftigender Wirkung auf Herz und Kreislauf:* **Kardiotonikum,** Kardiakum, Kardiokinetikum *(selten)*, Herzstärkungsmittel, Herzmittel *(volkst.)*. **b)** *mit anregender Wirkung auf das Nervensystem:* vgl. *Neurotonikum* unter dem Stichwort *Psychopharmakon.* **c)** *mit anregender Wirkung auf die Verdauungstätigkeit:* **Digestivum,** verdauungsförderndes Mittel, Verdauungsmittel. **d)** *die Darmtätigkeit anregend und beschleunigend:* vgl. hierzu das Stichwort *Abführmittel.* **e)** *den Geschlechtstrieb anregend:* **Aphrodisiakum.**

stinkender Brand vgl. Nekrose.

Stinknase vgl. Rhinitis.

Stirn vgl. Frons.

Stirnbeinhöhle vgl. Organa sensuum.

Stirnglätzchen vgl. Glabella.

Stirnglatze vgl. Glabella.

Stirnhöhle vgl. Organa sensuum.

Stirnhöhlenentzündung vgl. Sinusitis.

Stirnhöhlenkatarrh vgl. Sinusitis.

Stirnlage vgl. Kindslage.

Stoffwechsel vgl. Metabolismus.

Stom- vgl. [2]Os.

Stoma vgl. [2]Os.

Stomachalgie vgl. Gastralgie.

Stomachodynie vgl. Gastralgie.

Stomachorrhagie vgl. Hämorrhagie.

Stomachoskopie vgl. Endoskopie.

Stomachus vgl. Eingeweide.

Stomakaze vgl. Stomatitis.

Stomat- vgl. [2]Os.

STOMATITIS, Mundschleimhautentzündung; *geschwürig, vom Zahnfleischrand ausgehend:* Stomatitis ulcerosa, Stomatitis ulceromembranacea, Stomatitis ulcerativa, Stomatitis necroticans, Stomakaze, Stomatokaze *(ungew.)*; *durch Viren ausgelöst, mit Auftreten von Aphthen:* Stomatitis aphthosa, Stomatitis herpetica, Stomatitis follicularis *(ungew.)*, Stomatitis vesicularis *(ungew.); durch eine Infektion mit Candidapilzen ausgelöst, mit grauweißen Belägen:* Soor, Stomatitis oidica, Stomatitis mycotica, Stomatitis hyphomycetica *(ungew.)*, Stomatomykose • *auf das Zahnfleisch beschränkt:* **Gingivitis,** Ulitis, Zahnfleischentzündung • *auf die Mundwickel beschränkt, mit Rhagadenbildung:* **Angulus infectiosus,** Perlèche, Stomatitis angularis, Faulecke, Faulwinkel, Mundwinkelrhagade. – Vgl. auch die Artikel: *Maul- und Klauenseuche, Noma, Sprue.*

Stomatitis angularis vgl. Stomatitis.

Stomatitis aphthobullosa vgl. Maul- und Klauenseuche.

Stomatitis aphthosa vgl. Stomatitis.

Stomatitis epidemica vgl. Maul- und Klauenseuche.

Stomatitis epizootica vgl. Maul- und Klauenseuche.

Stomatitis follicularis vgl. Stomatitis.

Stomatitis gangraenosa vgl. Noma.

Stomatitis herpetica vgl. Stomatitis.

Stomatitis hyphomycetica vgl. Stomatitis.

Stomatitis intertropica vgl. Sprue.

Stomatitis intertropicalis vgl. Sprue.

Stomatitis mycotica vgl. Stomatitis.

Stomatitis oidica vgl. Stomatitis.

Stomatitis necroticans vgl. Stomatitis.

Stomatitis tropicalis vgl. Sprue.

Stomatitis ulcerativa vgl. Stomatitis.

Stomatitis ulceromembranacea vgl. Stomatitis.

Stomatitis ulcerosa vgl. Stomatitis.

Stomatitis vesicularis vgl. Stomatitis.

Stomato- vgl. ²Os.

Stomatokaze vgl. Stomatitis.

Stomatomykose vgl. Stomatitis.

Stomatorrhagia vgl. Hämorrhagie.

Stomatorrhagie vgl. Hämorrhagie.

Stomatoschisis vgl. Prosoposchisis.

Stomo- vgl. ²Os.

Störung des Geruchssinnes vgl. Dysosmie.

Störung des Geschmackssinnes vgl. Dysgeusie.

STRABISMUS, Loxophthalmus *(selten)*, Schielen, *latent:* Heterophorie, latentes Schielen • *besondere Formen:* **a) Strabismus convergens,** Konvergenzschielen, Einwärtsschielen, *latent:* Esophorie. **b) Strabismus divergens,** Divergenzschielen, Auswärtsschielen, *latent:* Exophorie. **c) Strabismus sursum vergens,** Aufwärtsschielen, Höhenschielen, *latent:* Hyperphorie. **d) Abwärtsschielen,** *latent:* Hypophorie. **e)** *latent, um die Längsachse des Auges verschoben:* **Zyklophorie.** – Vgl. auch den Artikel *Sehstörung.*

straffes Gelenk vgl. Junktur.

Strahlenbehandlung vgl. Radiotherapie.

Strahlenheilkunde vgl. Medizin.

Strahlenkunde vgl. Medizin.

Stratigramm vgl. Röntgenogramm.

Stratigraphie vgl. Röntgenographie.

Strecker vgl. Muskel.

Streckmuskel vgl. Muskel.

Streichen vgl. Kinesiotherapie.

Strephenopodie Fußdeformität.

Strephexopodie vgl. Fußdeformität.

Strephopodie vgl. Fußdeformität.

Streptomyzin vgl. Chemotherapeutikum.

STROPHULUS, Lichen urticatus, Prurigo acuta, Prurigo simplex infantilis, Prurigo simplex infantum, Urticaria papulosa [infantum], Urticaria chronica infantum, Urticaria papularis [infantum], Zahnpocken *(volkst., selten)*, Juckpöckchen. – Über andere Hautkrankheiten vgl. den Artikel *Dermatose.*

STRUMA, Kropf, Schilddrüsenvergrößerung, Schilddrüsenhyperplasie.

Struma basedowiana vgl. Hyperthyreoidie.

Strümpell-Bechterew-Marie-Krankheit vgl. Spondylarthritis ankylopoetica.

Studentenfieber vgl. infektiöse Mononukleose.

Studentenkrankheit vgl. infektiöse Mononukleose.

Stuhl vgl. Exkret.

Stuhlentleerung vgl. Exkretion.

Stuhlgang: 1) vgl. Exkret. **2)** vgl. Exkretion.

Stuhlverhaltung vgl. Obstipation.
Stuhlverstopfung vgl. Obstipation.
Stützgewebe vgl. Gewebe.
Styptikum vgl. Hämostatikum.
Subdepression vgl. Melancholie.
subdurales Hämatom vgl. Hämorrhagie.
subfebrile Temperatur vgl. Fieber.
subjektive Geruchsfälschung vgl. Dysosmie.
subjektive Geschmacksfälschung vgl. Dysgeusie.
Sublatio retinae vgl. Netzhautablösung.
Subluxation vgl. Verletzung.
subperiostales Hämatom vgl. Hämorrhagie.
Substantia adamantina [dentis] vgl. Enamelum.
Substantia corticalis cerebelli vgl. Cortex cerebri.
Substantia corticalis cerebri vgl. Cortex cerebri.
Substantia eburnea vgl. Dentin.
Substitutionstransfusion vgl. Bluttransfusion.
SUBSULTUS TENDINUM, Tremor tendinum, Sehnenhüpfen, Sehnenspringen.
Sucht, Abhängigkeit, Gewöhnung.
Sudamina vgl. Miliaria.
SUDARIUM, Sudatorium, Schwitzbad, Heißluftbad.
Sudation vgl. Transpiration.
Sudatorium vgl. Sudarium.
Sudor vgl. Exkret.
Sudoration vgl. Transpiration.
Sudoriferum vgl. Diaphoretikum.
Suffocatio vgl. Asphyxie.
Suffokation vgl. Asphyxie.
Suffusio vgl. Hämorrhagie.
Suffusion vgl. Hämorrhagie.
Sugillatio vgl. Hämorrhagie.
Sugillation vgl. Hämorrhagie.
Suicidium vgl. Suizid.
SUIZID, Suicidium*, Autophonie *(ungew.)*, Autoktonie *(ungew.)*, Selbstmord, Selbsttötung. – Vgl. auch: *Conamen.*
Sukkuba vgl. Oneirodynie.
Sukkubus vgl. Oneirodynie.
Sulcus vgl. Foramen.
Sulfonamid vgl. Chemotherapeutikum.
Sumpffieber vgl. Malaria.
Supercilia vgl. Pili.
Superfecundatio vgl. Befruchtung.
Superfekundation vgl. Befruchtung.
Superfetatio, Superfetation vgl. Befruchtung.
Superimprägnation vgl. Befruchtung.
Superinfektion vgl. Morbus.
Superreaktivität vgl. Idiosynkrasie.
Supersensibilität vgl. Idiosynkrasie.
Supersensitivität vgl. Idiosynkrasie.
Supersuszeptibilität vgl. Idiosynkrasie.
Superzilien vgl. Pili.
Supinator vgl. Muskel.
Suppositorium vgl. Medikament.
Suppurans vgl. Epispastikum.
Suppurativum vgl. Epispastikum.
Sura vgl. Membra corporis.
Surditas vgl. Dysakusis.
Surditas mentalis vgl. Agnosia acustica.
Surditas psychica vgl. Agnosia acustica.
Surditas verbalis vgl. Agnosia acustica.
Surdomutitas vgl. Dysakusis.
Susurrus aurium vgl. Ohrgeräusche.
Sutur vgl. Junktur.
Sutura vgl. Junktur.
Swift-Feer-Krankheit vgl. Feer-Krankheit.
Swift-Krankheit vgl. Feer-Krankheit.
Sycosis vgl. Follikulitis.
Sycosis barbae vgl. Follikulitis.
Sycosis coccogenes vgl. Follikulitis.
Sycosis coccogenica vgl. Follikulitis.
Sycosis simplex vgl. Follikulitis.
Sycosis vulgaris vgl. Follikulitis.
Sykose vgl. Follikulitis.
Sympathikus vgl. Nervensystem.
symphatisches Nervensystem vgl. Nervensystem.
symphatisches System vgl. Nervensystem.
Symphyse vgl. Junktur.
Symphysenscheibe vgl. Discus articularis.
SYMPHYSEOTOMIE, Synchondrotomie, Sigault-Operation, Schambeinfugenschnitt, Schamfugenschnitt • *in der Form einer Durchtrennung der Schambeinknochen neben der Symphyse:* **Pubeotomie,** Pubiotomie, Pu-

botomie, Hebetomie, Hebotomie, Hebosteotomie, Pelviotomie, Gigli-Operation, Schambeinschnitt.
Symphysis vgl. Junktur.
Symphysodaktylie vgl. Syndaktylie.
Symphysopie vgl. Aprosopie.
SYMPTOM, Signum *(selten)*, Krankheitszeichen, Zeichen; *frühes:* Prodrom, Prodromalsymptom, Prodromalerscheinung, Frühsymptom • *mehrere zusammen:* **Syndrom,** Symptomenkomplex, Komplex.
SYMPTOMATOLOGIE, Semiologie, Semiotik, Phänomenologie, Krankheitszeichenlehre.
Symptomenkomplex vgl. Symptom.
Sympus vgl. Monstrosität.
Synarthrose vgl. Junktur.
Synarthrosis vgl. Junktur.
Synchondrose vgl. Junktur.
Synchondrosis vgl. Junktur.
Synchondrotomie vgl. Symphyseotomie.
Syndactylia vgl. Syndaktylie.
SYNDAKTYLIE, Syndactylia*, Syndaktylismus *(ungew.)*, Daktylosymphysis, Symphysodaktylie, Fingerverwachsung (Zehenverwachsung), Fingerverschmelzung, Löffelhand.
Syndaktylismus vgl. Syndaktylie.
Syndesmose vgl. Junktur.
Syndesmosis vgl. Junktur.
Syndrom vgl. Symptom.
Synechia vulvae vgl. Gynatresie.
Synocha vgl. Ephemera.
Synophthalmie vgl. Aprosopie.
Synophthalmus vgl. Aprosopie.
Synostose vgl. Junktur.
Synostosis vgl. Junktur.
SYNOVIA, Synovialflüssigkeit, Gelenkschmiere.
Synovialflüssigkeit vgl. Synovia.
Synovialgelenk vgl. Junktur.
Synovitis tendinosa vgl. Tendinitis.
Synovitis vaginalis vgl. Tendinitis.
Synzephalie vgl. Monstrosität.
Synzephalus vgl. Monstrosität.
Syph vgl. Geschlechtskrankheiten.
Syphilidomanie vgl. Hypochondrie.
Syphilidophobie vgl. Hypochondrie.
Syphilimanie vgl. Hypochondrie.
Syphilis vgl. Geschlechtskrankheiten.
Syphilisbehandlungsmittel vgl. Antiluikum.
Syphilom vgl. Gumma.
Syphiloma vgl. Gumma.
Syphilomanie vgl. Hypochondrie.
Syphilophobie vgl. Hypochondrie.
Systema nervorum periphericum, Systema nervorum sympathicum vgl. Nervensystem.
Systema nervosum vgl. Nervensystem.
Systema nervosum autonomicum, Systema nervosum centrale, Systema nervosum periphericum vgl. Nervensystem.
Systema respiratorium vgl. Apparatus respiratorius.

T

Tabacosis pulmonum vgl. Pneumokoniose.
Tabakismus vgl. Nikotinismus.
Tabaklunge vgl. Pneumokoniose.
Tabakose: 1) vgl. Pneumokoniose. **2)** vgl. Nikotinismus.
Tabakosis vgl. Nikotinismus.
Tabakstaublunge vgl. Pneumokoniose.
Tabakvergiftung vgl. Nikotinismus.
Tabes vgl. Metasyphilis.
Tabes cerebralis vgl. Metasyphilis.
Tabes dorsalis vgl. Metasyphilis.
Tablette vgl. Medikament.
Tachyarrhythmie vgl. Arrhythmie.
Tachykardie vgl. Puls.
Tachylalie vgl. Battarismus.
Tachyphasie vgl. Battarismus.
Tachyphemie vgl. Battarismus.
Tachyphrasie vgl. Battarismus.
Tachypnoe vgl. Dyspnoe.
Taeniasis vgl. Helminthiasis.
Tagblindheit vgl. Sehstörung.
Tage vgl. Menstruation.
Tagesfieber vgl. Ephemera.

taktile Agnosie vgl. Astereognosie.
Talgfluß vgl. Seborrhö.
Talggeschwulst vgl. Atherom.
Talgretentionszyste vgl. Atherom.
Talipes vgl. Fußdeformität.
Talipes calcaneus vgl. Fußdeformität.
Talipes equinus vgl. Fußdeformität.
Talipes valgus vgl. Fußdeformität.
Talipes varus vgl. Fußdeformität.
Talus vgl. Ossa tarsi.
Täniase vgl. Helminthiasis.
Tänifugum, Tänizid[um] vgl. Anthelminthikum.
Tapotement vgl. Kinesiotheraphie.
Tarsalknochen vgl. Ossa tarsi.
Tasikinesie vgl. Akathisie.
Tastblindheit vgl. Astereognosie.
Tastkörperchen vgl. Organa sensuum.
Tastlähmung vgl. Astereognosie.
Tastscheiben vgl. Organa sensuum.
Taubheit vgl. Dysakusis.
Taubstummheit vgl. Dysakusis.
Taucherkrankheit vgl. Caissonkrankheit.
Tb, Tbc, Tbk vgl. Lungentuberkulose.
Teerstuhl vgl. Hämorrhagie.
Teilverrenkung vgl. Verletzung.
Teinismus vgl. Koffeinismus.
Teinvergiftung vgl. Koffeinismus.
Tela vgl. Gewebe.
Telangiectasia vgl. Ektasie.
Telangiektasie vgl. Ektasie.
Telangiektasis vgl. Ektasie.
Teleangiectasia vgl. Ektasie.
Teleangiektasie vgl. Ektasie.
Teleangiektasis vgl. Ektasie.
Telencephalon vgl. Cerebrum.
Temperans vgl. Psychopharmakon.
Temperantium vgl. Psychopharmakon.
Temperatur vgl. Fieber.
Ten- vgl. Tendo.
TENDINITIS, Tenonitis, Tenontitis, Tenositis *(ungew.)*, Desmitis *(ungew.)*, Sehnenentzündung • *bes. der Sehnenscheide:* **Tendovaginitis**, Tenovaginitis, Tenosynovitis, Tendosynovitis, Synovitis tendinosa, Synovitis vaginalis, Tenontolemnitis *(selten)*, Sehnenscheidenentzündung.
TENDO, Ten[o]- *(nur in Zus.)*, Tenont[o]- *(nur in Zus.)*, Sehne.
Tendo Achillis vgl. Tendo calcaneus.
TENDO CALCANEUS*, Tendo musculi tricipitis surae *(veraltet)*, Tendo Achillis *(älter)*, Achillessehne.
Tendo musculi tricipitis surae vgl. Tendo calcaneus.
Tendosynovitis vgl. Tendinitis.
Tendovaginitis vgl. Tendinitis.
Tenesmus rectalis vgl. Enteralgie.
Teno- vgl. Tendo.
Tenonitis vgl. Tendinitis.
Tenontitis vgl. Tendinitis.
Tenont[o]- vgl. Tendo.
Tenontolemnitis vgl. Tendinitis.
Tenositis vgl. Tendinitis.
Tenosynovitis vgl. Tendinitis.
Tenovaginitis vgl. Tendinitis.
Tensor vgl. Muskel.
Tentamen [suicidii] vgl. Conamen.
Teras vgl. Monstrosität.
Teratismus vgl. Monstrosität.
Teratose vgl. Monstrosität.
Terramyzin vgl. Chemotherapeutikum.
Tertiana vgl. Malaria.
Testectomia vgl. Sterilisation.
Testektomie vgl. Sterilisation.
Testiculus vgl. Genitalien.
Testiculus abdominalis vgl. Anorchie.
Testiculus inguinalis vgl. Anorchie.
Testikel vgl. Genitalien.
Testis vgl. Genitalien.
Testitis vgl. Orchitis.
TETANUS, Wundstarrkrampf, Starrkrampf *(volkst.)*, Kieferstarre.
Tetraparese vgl. Paralyse.
Tetraplegia, Tetraplegie vgl. Paralyse.
Tetrazyklin vgl. Chemotherapeutikum.
Teufelsfuß vgl. Fußdeformität.
Textur vgl. Gewebe.
Thalamencephalon vgl. Cerebrum.
Thalamushirn vgl. Cerebrum.
Thanatophobie vgl. Phobie.
Theinismus vgl. Koffeinismus.
Theinvergiftung vgl. Koffeinismus.
Thelitis vgl. Mastitis.
Thel[o]- vgl. Mamille.
Therapeut vgl. Arzt.
Therapeutikum vgl. Medikament.
-therapie vgl. Medizin.
Thermiatrie vgl. Thermotherapie.
Thermokaustik vgl. Kauterisation.
Thermokauterisation, Thermokoagulation vgl. Kauterisation.

Thermoplegie vgl. Hyperthermie.

THERMOTHERAPIE, Thermiatrie, Wärmebehandlung • *mittels künstlich erzeugten Fiebers:* **Fiebertherapie,** Heilfieber, Hyperthermiebehandlung, Überwärmungsbehandlung. – Vgl. auch: *Physiotherapie.*

Thiamin vgl. Vitamin B_1.

Thorako- vgl. Thorax.

Thorakoskopie vgl. Endoskopie.

THORAX, Thorako- *(nur in Zus.),* Pectus, Brust, Brustkorb, Brustkasten *(ugs.).*

Thrombembolie vgl. Embolie.

Thrombembolismus vgl. Embolie.

Thromboembolia vgl. Embolie.

Thromboembolie vgl. Embolie.

Thrombophlebitis vgl. Phlebitis.

Thrombozyten vgl. Blutkörperchen.

Thymoleptikum vgl. Psychopharmakon.

THYMUS, Thymusdrüse, innere Brustdrüse, Bries *(bei Tieren),* Halsbries. – Vgl. auch: *Eingeweide.*

Thymusdrüse vgl. Thymus.

Thyreoidea vgl. Glandula thyreoidea.

Thyreoidismus vgl. Hyperthyreoidie.

Thyreotoxikose vgl. Hyperthyreoidie.

Thyroidea vgl. Glandula thyreoidea.

Thyroidismus vgl. Hyperthyreoidie.

Thyrotoxikose vgl. Hyperthyreoidie.

TIBIA, Canna major *(veraltet),* Schienbein. – Vgl. auch: *Fibula.*

tiefe Bewußtlosigkeit vgl. Bewußtseinsstörung.

Tiefschlaf vgl. Bewußtseinsstörung.

Tierarzt vgl. Arzt.

Tierheilkunde vgl. Medizin.

tierisches Gift vgl. Gift.

Tinea vgl. Dermatomykose.

Tinea capitis vgl. Mikrosporie.

Tinea favosa vgl. Favus.

Tinea tonsurans vgl. Mikrosporie.

Tinea unguium vgl. Onychomykose.

Tinnitus vgl. Ohrgeräusche.

Tinnitus aurium vgl. Ohrgeräusche.

Tocopherol vgl. Vitamin E.

Tokologie vgl. Geburtshilfe.

Tokopherol vgl. Vitamin E.

TOLLWUT, Lyssa, Rabies, Hydrophobie *(selten),* Hundswut *(selten),* Rage *(selten).*

-tomia vgl. Operation.

-tomie vgl. Operation.

Tomogramm vgl. Röntgenogramm.

Tomographie vgl. Röntgenographie.

Tonga vgl. Frambösie.

Tonikum vgl. Stimulans.

Tonsilla palatina vgl. Tonsille.

TONSILLE *(Kurzbez.),* Tonsilla palatina*, Amygdala palatina *(ungew.),* Gaumenmandel, Mandel *(volkst.).*

Tonsillitis vgl. Angina.

Tonsur vgl. Atrichie.

TOPOPHOBIE, Ortsangst • *Sonderformen:* **a)** *vor freien Plätzen:* **Agoraphobie,** Platzangst. **b)** *vor geschlossenen Räumen:* **Klaustrophobie,** Domatophobie *(selten),* Klithrophobie *(ungew.).* **c)** *vor großen Höhen oder Tiefen:* **Hypsiphobie,** Hypsophobie, Akrophobie, Höhenangst, Höhenschwindel; Bathophobie; Gephyrophobie, Brückenangst.

Tormina vgl. Dolor.

Torticollis vgl. Tortikollis.

TORTIKOLLIS, Torticollis*, Caput obstipum, Caput distortum, Collum distortum, Collum obstipum, Cervix obstipa *(ungew.),* Schiefhals.

totaler Herzblock vgl. Arrhythmie.

Totaloperation vgl. Operation.

Totenflecke vgl. Livores.

Totenschau vgl. Obduktion.

Tox- vgl. Gift.

Toxämie vgl. Sepsis.

Toxhämie vgl. Sepsis.

Toxi- vgl. Gift.

Toxicosis vgl. Intoxikation.

Toxikämie vgl. Sepsis.

Toxikation vgl. Intoxikation.

Toxikhämie vgl. Sepsis.

Toxikologe vgl. Arzt.

Toxikologie vgl. Medizin.

Toxikonose vgl. Intoxikation.

Toxikophobie vgl. Hypochondrie.

Toxikose vgl. Intoxikation.

Toxikum vgl. Gift.

Toxin vgl. Gift.

Toxinämie vgl. Sepsis.

Toxipathie vgl. Intoxikation.

Toxiphobie vgl. Hypochondrie.

Toxis vgl. Intoxikation.

Toxo- vgl. Gift.

Toxonose vgl. Intoxikation.
Toxophobie vgl. Hypochondrie.
Toxoprotein vgl. Gift.
Toxurie vgl. Urämie.
TRACHEA, Luftröhre • *Hauptzweige:* **Bronchus,** Bronchus principalis*, Luftröhrenast, Hauptast der Luftröhre • *Verästelungen:* **Bronchie,** Bronchium* *(veraltet)*; Bronchi lobares*, Lappenbronchen; Bronchi segmentales*, Segmentbronchen • *kleinste Verzweigungen:* **Bronchiole,** Bronchiolus, Bronchulus *(älter)*.
Tracheoskopie vgl. Endoskopie.
TRACHOM, Trachoma*, Ophthalmia aegyptica, Ophthalmia catarrhalis epidemica *(selten)*, Ophthalmia pustulosa *(selten)*, Conjunctivitis granulosa, Conjunctivitis trachomatosa, Körnerkrankheit, Granulose *(selten)*, ägyptische Augenkrankheit, ägyptische Körnerkrankheit.
Trachoma vgl. Trachom.
Trachyphonie vgl. Raucedo.
TRACTUS SPINOCEREBELLARIS ANTERIOR, Tractus spinocerebellaris ventralis, Fasciculus anterolateralis superficialis, Gowers-Bahn, Gowers-Bündel, vordere Kleinhirn-Seitenstrang-Bahn • **Tractus spinocerebellaris posterior,** Tractus spinocerebellaris dorsalis, Fasciculus cerebellospinalis, Flechsig-Bahn, Flechsig-Bündel, hintere Kleinhirn-Seitenstrang-Bahn.
Tractus spinocerebellaris dorsalis, Tractus spinocerebellaris posterior, Tractus spinocerebellaris ventralis vgl. Tractus spinocerebellaris anterior.
Tragi vgl. Pili.
Trance vgl. Bewußtseinsstörung.
Träne vgl. Lacrima.
Tränenfluß vgl. Epiphora.
Tränenkanal vgl. Ductus nasolacrimalis.
Tränen-Nasen-Gang vgl. Ductus nasolacrimalis.
Tränensack vgl. Ductus nasolacrimalis.
Tränenträufeln vgl. Epiphora.
Tranquilizer vgl. Psychopharmakon.
Tranquillans vgl. Psychopharmakon.
Transfusion vgl. Bluttransfusion.
transitorische Albuminurie vgl. funktionelle Albuminurie.
TRANSPIRATION, Perspiration, Perspiratio sensibilis*, Diaphorese, Hidrose, Sudation, Sudoration, Schweißabsonderung, Schweißsekretion, Schwitzen *(volkst.)*, Ausdünstung, Hautausdünstung • *Störungen:* **a)** *vermehrt:* **Hyperhidrose,** Hyperidrose, Hyper[h]idrosis, Hidrose*, Ephidrose, Ephidrosis; *halbseitig vermehrt:* Hemihyper[h]idrose, Hemihyper[h]idrosis. **b)** *vermindert:* **Hyphidrose,** Hyphidrosis, Hypohidrose, Oligohidrie *(selten)*, Oligidrie *(selten)*; *bis zum völligen Fehlen:* Anhidrose, Anidrose, An[h]idrosis. **c)** *farbiger Schweiß:* **Chromhidrose,** Chromidrose, Chrom[h]idrosis • *rötlich:* **Hämhidrose,** Hämidrose, Häm[h]idrosis, Hämathidrose, Hämatidrose, Hämat[h]idrosis, Erythrohidrose *(selten)*, Erythridrose *(selten)*, Blutschwitzen • *bläulich:* **Zyanhidrose,** Zyanidrose, Cyan[h]idrosis • *dunkelfarbig:* **Melanidrose,** Melanidrosis.
TRANSPLANTATION, Anaplastik, Verpflanzung, Gewebsverpflanzung, Organverpflanzung; *am gleichen Organismus:* Autotransplantation, Autoplastik; *zwischen artgleichen Individuen:* Homotransplantation, Homoplastik, Homöotransplantation, Homöoplastik, Homoiotransplantation, Homoioplastik, Isotransplantation, Isoplastik; *zwischen artverschiedenen Individuen:* Heterotransplantation, Heteroplastik; *als Umkehrvorgang:* Retransplantation, Rückverpflanzung, Gewebsrückverpflanzung, Organrückverpflanzung • *Teilaspekte:* **a)** *Entnahme:* **Explantation,** Auspflanzung, Gewebsauspflanzung, Organauspflanzung. **b)** *Einbringung:* **Implantation,** Einpflanzung, Gewebseinpflanzung, Organeinpflanzung; *eines vorher ausgepflanzten Teils in den gleichen Organismus:* Reimplantation, Replantation, Wiedereinpflanzung, Gewebs-

wiedereinpflanzung, Organwiedereinpflanzung.
Transsexismus vgl. Perversität.
Transsexualismus vgl. Perversität.
Transvestismus vgl. Perversität.
Transvestitismus vgl. Perversität.
Trauma vgl. Verletzung.
traumatischer Blutgelenkerguß vgl. Hämorrhagie.
Treitz-Hernie vgl. Hernia retroperitonaealis.
Tremor artuum vgl. Paralysis agitans.
Tremor tendinum vgl. Subsultus tendinum.
Tribadie vgl. Homosexualität.
Tribadismus vgl. Homosexualität.
Trich- vgl. Pili.
Trichauxis vgl. Hypertrichose.
Trichinelliasis vgl. Helminthiasis.
Trichinellose vgl. Helminthiasis.
Trichiniase vgl. Helminthiasis.
Trichiniasis vgl. Helminthiasis.
Trichinose vgl. Helminthiasis.
Tricho- vgl. Pili.
Trichoklasie vgl. Trichoptilose.
Trichoklasis vgl. Trichoptilose.
Trichomycosis favosa vgl. Favus.
TRICHOPTILOSE, Trichoptilosis, Fragilitas crinium, Scissura pilorum *(ungew.)*, Scissura crinium *(ungew.)*, Trichoxerose *(ungew.)*, Trichoxerosis *(ungew.)*, Trichoschisis, Trichorrhexie *(selten)*, Trichorrhexis, Haarbrüchigkeit; *mit Knötchen am Haarschaft:* Trichorrhexis nodosa, Nodositas crinium, Clastothrix, Trichoklasie, Trichoklasis *(selten)*.
Trichoptilosis vgl. Trichoptilose.
Trichorrhexie vgl. Trichoptilose.
Trichorrhexis [nodosa] vgl. Trichoptilose.
Trichoschisis vgl. Trichoptilose.
Trichose vgl. Hypertrichose.
Trichosis vgl. Hypertrichose.
Trichoxerose vgl. Trichoptilose.
Trichoxerosis vgl. Trichoptilose.
Trigonozephalie vgl. Dyszephalie.
Trigonozephalus vgl. Dyszephalie.
Trikuspidalinsuffizienz, Trikuspidalklappenfehler vgl. Vitium cordis.
Trikuspidalstenose vgl. Vitium cordis.
Trikuspidalvitium vgl. Vitium cordis.
Triolismus vgl. Perversität.
Tripper vgl. Geschlechtskrankheiten.
Tritanopie vgl. Farbenblindkeit.
trockener Brand vgl. Nekrose.
Trombiculosis vgl. Akariase.
Trombidiose vgl. Akariase.
Trombidiosis vgl. Akariase.
Trombikuliasis vgl. Akariase.
Trombikulose vgl. Akariase.
Trommelfell vgl. Membrana tympani.
Trommelfellentzündung vgl. Otitis.
Trompete vgl. Ductus.
Tropenfieber vgl. Malaria.
Tropfen vgl. Medikament.
Tropfenherz vgl. Kardioptose.
Trophoblast vgl. Plazenta.
Trophodermatoneurose vgl. Feer-Krankheit.
Tropika vgl. Malaria.
tropische Aphthen vgl. Sprue.
Trübsinn vgl. Melancholie.
[1]Truncus vgl. Blutgefäß.
[2]TRUNCUS, Rumpf, Stamm. – Über die Namen der einzelnen Abschnitte vgl. *Thorax, Dorsum* und *Abdomen.*
Truncus sympathicus vgl. Nervensystem.
Trunksucht vgl. Dipsomanie.
Trypanosomiasis [Africana] vgl. Schlafkrankheit.
Tsetsekrankheit vgl. Schlafkrankheit.
Tuba: 1) vgl. Ductus. **2)** vgl. Genitalien.
Tubargravidität vgl. Extrauteringravidität.
Tuba uterina vgl. Genitalien.
Tube: 1) vgl. Ductus. **2)** vgl. Genitalien.
Tubenschwangerschaft vgl. Extrauteringravidität.
Tubensterilisation vgl. Sterilisation.
Tuber vgl. Effloreszenz.
Tuberculosis pulmonaris, Tuberculosis pulmonum vgl. Lungentuberkulose.
Tuberculum vgl. Effloreszenz.
Tuberkulose vgl. Lungentuberkulose.
Tubulus vgl. Ductus.
Tularaemia vgl. Tularämie.
TULARÄMIE, Tularaemia*, Hasenpest, Kaninchenfieber, Francis-Krankheit *(ungew.)*.
Tumor vgl. Effloreszenz.

Tumor cutaneus vgl. Effloreszenz.
Tumor malignus vgl. Krebs.
Tumultus sermonis vgl. Battarismus.
Tunnelanämie vgl. Ankylostomiase.
Tunnelkrankheit vgl. Ankylostomiase.
Turmschädel vgl. Dyszephalie.
Turrizephalie vgl. Dyszephalie.
Turrizephalus vgl. Dyszephalie.
Tussis convulsiva vgl. Pertussis.
Tussis suffocativa vgl. Pertussis.
Tylom vgl. Hyperkeratose.
Tyloma vgl. Hyperkeratose.
Tylose vgl. Hyperkeratose.
Tylosis vgl. Hyperkeratose.
Tylositas vgl. Hyperkeratose.
Tympania vgl. Meteorismus.
Tympanie vgl. Meteorismus.
Tympanismus vgl. Meteorismus.
Tympanites vgl. Meteorismus.
Tympanitis vgl. Otitis.
Tympanum vgl. Organa sensuum.
Typhlenteritis vgl. Enteritis.
Typhlitis vgl. Enteritis.
Typhloenteritis vgl. Enteritis.
Typhlon vgl. Eingeweide.
Typhus vgl. Typhus abdominalis.
TYPHUS ABDOMINALIS, Typhus *(übliche Kurzbez.)*, Enterotyphus, Ileotyphus, Abdominaltyphus, Bauchtyphus, Unterleibstyphus, Febris typhoides *(ungew.)*, Febris nervosa *(veraltet)*, Nervenfieber *(veraltet)*, Febris enterica *(ungew.)*, Febris typhoidea *(ungew.)*, Dothienenteritis *(veraltet)*, Dothienenterie *(veraltet)*.
Typhus carcerorum vgl. Fleckfieber.
Typhus classicus vgl. Fleckfieber.
Typhus epidemicus vgl. Fleckfieber.
Typhus exanthematicus vgl. Fleckfieber.
Typhus icteroides vgl. Gelbfieber.
Typhus petechialis vgl. Fleckfieber.
Tyrothrizin vgl. Chemotherapeutikum.

U

Übelkeit vgl. Nausea.
Überbehaarung vgl. Hypertrichose.
Überdehnung vgl. Verletzung.
Überempfindlichkeit[sreaktion] vgl. Idiosynkrasie.
Überfruchtung vgl. Befruchtung.
Überfunktion vgl. Dysfunktion.
Überhitzung vgl. Hyperthermie.
übermäßige Hautverhornung vgl. Hyperkeratose.
übermäßige Nagelbildung vgl. Onychauxis.
übermäßiger Haarwuchs vgl. Hypertrichose.
Übersäuerung des Blutes vgl. Acidose.
Überschwängerung vgl. Befruchtung.
übertragbare Genickstarre vgl. Meningitis cerebrospinalis epidemica.
übertragbare Krankheit vgl. Morbus.
Überwärmungsbehandlung vgl. Thermotherapie.
überzählige Brustdrüsen vgl. Polymastie.
überzählige Finger vgl. Polymelie.
überzählige Gliedmaßen vgl. Polymelie.
überzählige Zehen vgl. Polymelie.
Überzieher vgl. Präservativ.
übler Mundgeruch vgl. Foetor ex ore.
Übungstherapie vgl. Kinesiotherapie.
Ul- vgl. Gingiva.
Ulceratio vgl. Ulzeration.
Ulcus vgl. Abszeß.
Ulcus durum, Ulcus molle [venereum] vgl. Geschlechtskrankheiten.
Ulcus phagedaenicum vgl. Abszeß.
Ulcus simplex, Ulcus syphiliticum vgl. Geschlechtskrankheiten.
Ule vgl. Effloreszenz.
Ulitis vgl. Stomatitis.
Ulkus vgl. Abszeß.
Ulo- vgl. Gingiva.
Ulorrhagia vgl. Hämorrhagie.
Ulorrhagie vgl. Hämorrhagie.
ULZERATION, Ulceratio*, Exulzeration, Exulceratio*, Geschwürbildung, Verschwärung, geschwüriger Zerfall.
ulzerierende Impetigo vgl. Impetigo.

UMBILICUS, Omphalos, Nabel.
Umlauf vgl. Onychopathie.
Umnebelung vgl. Bewußtseinsstörung.
UMSCHLAG, Wickel, Einpackung, Packung, Epithema *(ungew.); kleiner, feucht:* Kompresse • *warm oder heiß:* **Fomentation,** Fomentum *(selten),* warmer Wickel, warmer Umschlag; heiße Kompresse; *mittels eines breiförmigen Wärmeträgers:* Kataplasma, Breiumschlag.
Umschneidung vgl. Operation.
umschriebene Sklerodermie vgl. Sklerodermie.
umstimmende Therapie vgl. Umstimmungstherapie.
Umstimmungsmittel vgl. Alterans.
UMSTIMMUNGSTHERAPIE, umstimmende Therapie, unspezifische Reiztherapie, Reizkörpertherapie • *mit körpereigenem Blut:* **Eigenbluttherapie,** Eigenblutbehandlung, Autohämotherapie, Hämotherapie.
unbegründete Krankheitsbefürchtung vgl. Hypochondrie.
Uncinariasis vgl. Ankylostomiase.
Uncinatusanfälle vgl. Dysgeusie.
UNGUIS, Onych[o]- *(nur in Zus.),* Nagel, Fingernagel; Zehennagel.
Unmäßigkeit vgl. Abusus.
unechte Cholera vgl. Cholera.
unechte Pocken vgl. Variola.
unechtes Gelenk vgl. Junktur.
Unfruchtbarmachung vgl. Sterilisation.
ungarische Krankheit vgl. Fleckfieber.
ungenügende Organleistung vgl. Dysfunktion.
Unguentum vgl. Medikament.
Ungius incarnatus vgl. Onychokryptose.
univalenter Antikörper vgl. Antikörper.
Unktion vgl. Applikation.
unregelmäßige Atmung vgl. Dyspnoe.
unregelmäßige Herzschlagfolge vgl. Arrhythmie.
unregelmäßige Herztätigkeit vgl. Arrhythmie.
unregelmäßiger Puls vgl. Puls.
unspezifische Reiztherapie vgl. Umstimmungstherapie.
unstillbares Erbrechen vgl. Vomitus.
Unterarm vgl. Membra corporis.
Unterbauch vgl. Abdomen.
untere Extremität vgl. Membra corporis.
untere Harnröhrenspalte vgl. Fissura urethrae.
unterer Hirnanhang vgl. Hypophyse.
Unterernährung vgl. Dystrophie.
Unterkiefer vgl. Kiefer.
Unterfunktion vgl. Dysfunktion.
Unterfunktion der Schilddrüse vgl. Hypothyreose.
Unterleib vgl. Abdomen.
Unterleibstyphus vgl. Typhus abdominalis.
Unterlid vgl. Palpebra.
Unterschenkel vgl. Membra corporis.
Untertemperatur vgl. Fieber.
unwillkürliches Nervensystem vgl. Nervensystem.
Unwohlsein vgl. Menstruation.
Unzinariase vgl. Ankylostomiase.
Unzinariose vgl. Ankylostomiase.
Unzucht mit Kindern vgl. Perversität.
Unzucht mit Tieren vgl. Perversität.
Ur- vgl. Exkret.
Uraemia vgl. Urämie.
URÄMIE, Uraemia*, Urinämie *(ungew.),* Uroämie *(ungew.),* Toxurie *(selten),* Harnvergiftung. – Vgl. aber die Artikel *Urikämie* und *Hämaturie.*
Uranismus vgl. Homosexualität.
Uranokolobom vgl. Prosoposchisis.
Uranoschisis vgl. Prosoposchisis.
uratische Diathese vgl. Arthritis urica.
Urei vgl. Gamet.
Ureizelle vgl. Gamet.
Urese vgl. Exkretion.
Ureter vgl. Harnorgane.
Ureterolith vgl. Urolith.
Ureterstein vgl. Urolith.
Urethra vgl. Harnorgane.
Urethra feminina vgl. Harnorgane.
URETHRALGIE, Urethrodynie, Harnröhrenschmerz, Harnröhrenneuralgie • *krampfartig:* **Urethrospasmus,** Urethrismus, Harnröhrenkrampf.
Urethralstein vgl. Urolith.
Urethra masculina vgl. Harnorgane.
Urethra muliebris vgl. Harnorgane.
Urethra virilis vgl. Harnorgane.
Urethrismus vgl. Urethralgie.
Urethrodynie vgl. Urethralgie.
Urethrolith vgl. Urolith.

URETHRORRHÖ, Urethrorrhoea, Harnröhrenfluß, Harnröhrenausfluß.
Urethroskopie vgl. Endoskopie.
Urethrospasmus vgl. Urethralgie.
Urethrorrhoea vgl. Urethrorrhö.
Uricaemia vgl. Urikämie.
-urie vgl. Exkretion.
Urikacidämie vgl. Urikämie.
URIKÄMIE, Uricaemia*, Hyperurikämie, Urikacidämie, Lithämie *(ungew.)*, krankhafte Vermehrung der Harnsäure im Blut. – Vgl. aber: *Urämie.*
Urin vgl. Exkret.
Urina vgl. Exkret.
URINAL, Urodochium, Harnflasche, Urinflasche, Flasche *(volkst. Kurzbez.)*, Ente *(Fachjargon)*.
Urinämie vgl. Urämie.
Urinatio vgl. Exkretion.
Urinflasche vgl. Urinal.
Urinieren vgl. Exkretion.
Uro- vgl. Exkret.
Uroämie vgl. Urämie.
Urodochium vgl. Urinal.
Urolagnie vgl. Perversität.
UROLITH, Calculus urinarius, Harnstein • *in den Nieren:* **Nephrolith,** Calculus renalis, Nierenstein • *im Nierenbecken:* **Pyelolith,** Nierenbeckenstein • *in der Harnblase:* **Calculus vesicae,** Calculus vesicalis, Zystolith *(selten)*, Blasenstein • *im Harnleiter:* **Ureterolith,** Harnleiterstein, Ureterstein • *in der Harnröhre:* **Urethrolith,** Harnröhrenstein, Urethralstein.
Urologe vgl. Arzt.
Urologie vgl. Medizin.
Urophilie vgl. Perversität.
Uroschese vgl. Ischurie.
Uroschesis vgl. Ischurie.
Ursamenzelle vgl. Gamet.
Urtica vgl. Effloreszenz.
Urticaria vgl. Urtikaria.
Urticaria chronica infantum vgl. Strophulus.
Urticaria factitia vgl. Dermographismus.
Urticaria gigantea, Urticaria oedematosa vgl. Quincke-Ödem.
Urticaria papularis [infantum], Urticaria papulosa [infantum] vgl. Strophulus.
Urtika vgl. Effloreszenz.
URTIKARIA, Urticaria*, Knidose *(seltener)*, Cnidosis* *(seltener)*, Stigmasie *(ungew.)*, Stigmatodermie *(ungew.)*, Febris urticata *(ungew.)*, Nesselsucht, Nesselfieber, Nesselausschlag. – Vgl. auch: *Dermatose.*
Uteroskopie vgl. Endoskopie.
Uterus vgl. Genitalien.
Uteruskarzinom vgl. Gebärmutterkrebs.
Uterusvaporisation vgl. Atmokausis.
UVULA *(übliche Kurzbez.)*, Uvula palatina, Staphyle, Gaumenzäpfchen, Zäpfchen.
Uvula palatina vgl. Uvula.

V

Vagabondage vgl. Dromomanie.
Vagina vgl. Genitalien.
Vaginalwind vgl. Flatus vaginalis.
VAGINISMUS, Vulvismus, Kolpismus, Kolpospasmus, Scheidenkrampf, Scheidenmuskelkrampf.
Vaginitis vgl. Kolpitis.
Vaginoptose vgl. Prolapsus vaginae.
Vaginoskopie vgl. Endoskopie.
Vaginozele vgl. Prolapsus vaginae.
Vakzination vgl. Impfung.
Vampirismus vgl. Perversität.
Vaporisation vgl. Atmokausis.
Vapotherapie vgl. Hydrotherapie.
Vaquez-Krankheit vgl. Polyzythämie.
Vaquez-Osler-Krankheit vgl. Polyzythämie.
Varicellae vgl. Varizellen.
Varicositas vgl. Ektasie.
Varikole vgl. Varikozele.
VARIKOZELE, Zirsozele, Kirsozele *(Nf.)*, Varikole *(ungew.)*, Krampfaderbruch.
VARIOLA *(Mehrz.:* Variolae*)*, Variola major, Variola vera, Pocken, echte Pocken, Smallpox *(ungew.)*, Blattern; *schwere Form mit Haut- und Schleimhautblutungen:* Variola

haemorrhagica, Variola nigra, Variola maligna, Variola confluens *(selten)*, Purpura variolosa *(selten)*, schwarze Pocken, schwarze Blattern; *milde Verlaufsform:* Varioloid, Variolois, Variola minor *(selten)* • *uneigentliche, milde Form:* **Alastrim,** Paravariola, Variola minor, Variola mitigata *(selten)*, Variola blanca *(ungew.)*, Amaas *(ungew.)*, weiße Pokken, unechte Pocken, Milchpocken, Kaffernpocken, Negerpocken, Sanagapocken *(ungew.)*, Samoapocken *(ungew.)*, Pseudovariola, kubanische Krätze *(ungew.)*.

Variola blanca vgl. Variola.
Variola confluens vgl. Variola.
Variolae vgl. Variola.
Variola haemorrhagica vgl. Variola.
Variola major vgl. Variola.
Variola maligna vgl. Variola.
Variola minor vgl. Variola.
Variola mitigata vgl. Variola.
Variola nigra vgl. Variola.
Variola vera vgl. Variola.
Varioloid vgl. Variola.
Variolois vgl. Variola.
Varix vgl. Ektasie.
Varize vgl. Ektasie.
VARIZELLEN *(Mehrz.)*, Varicellae*, Windpocken, Spitzpocken, Schafpokken, Schafblattern, Spitzblattern.
Vas vgl. Blutgefäß.
Vas capillare vgl. Blutgefäß.
Vas deferens vgl. Genitalien.
Vasectomia vgl. Sterilisation.
Vasektomie vgl. Sterilisation.
Vaselingeschwulst vgl. Oleom.
Vaselinom vgl. Oleom.
Vaselinoma vgl. Oleom.
Vaselintumor vgl. Oleom.
Vasodilatation vgl. Ektasie.
Vasogramm vgl. Röntgenogramm.
Vasographie vgl. Röntgenographie.
vasomotorisches Nachröten vgl. Dermographismus.
Vasoresektion vgl. Sterilisation.
Vasotomie vgl. Sterilisation.
vegetative Neuropathie des Kleinkindes, vegetative Neurose des Kleinkindes vgl. Feer-Krankheit.
vegetatives Nervensystem, Vegetativum vgl. Nervensystem.
Velum palatinum vgl. Palatum.
Vena vgl. Blutgefäß.
VENAE SECTIO, Venaesectio *(Nf.)*, Phlebotomie, Venenschnitt.
Vene vgl. Blutgefäß.
Venectasia vgl. Ektasie.
Venektasie vgl. Ektasie.
Venektasis vgl. Ektasie.
Venenation vgl. Intoxikation.
Venenblutung vgl. Hämorrhagie.
Venenentzündung vgl. Phlebitis.
Venenerweiterung vgl. Ektasie.
Venenknoten vgl. Ektasie.
Venenschnitt vgl. Venae sectio.
Venenum vgl. Gift.
venerische Krankheiten, venerisches Geschwür vgl. Geschlechtskrankheiten.
venerische Warze vgl. Verruca.
Venerologe vgl. Arzt.
Venerologie vgl. Medizin.
Venerophobie vgl. Hypochondrie.
Venitis vgl. Phlebitis.
Venogramm vgl. Röntgenogramm.
Venographie vgl. Röntgenographie.
Venter vgl. Abdomen.
Ventri- vgl. Abdomen.
Ventriculus: 1) vgl. Eingeweide. **2)** vgl. Cor.
Ventriculus cordis vgl. Cor.
Ventriculus dexter [cordis] vgl. Cor.
Ventriculus sinister [cordis] vgl. Cor.
Ventrikel vgl. Cor.
Ventrikulogramm vgl. Röntgenogramm.
Ventrikulographie vgl. Röntgenographie.
Ventro- vgl. Abdomen.
Venula vgl. Blutgefäß.
Venusberg vgl. Mons pubis.
Verabreichung vgl. Applikation.
Verätzung vgl. Kauterisation.
Verbindungsgang vgl. Ductus.
Verblödung vgl. Oligophrenie.
Verbrennung vgl. Verletzung.
Verbrühung vgl. Verletzung.
verdauungsförderndes Mittel vgl. Stimulans.
Verdauungsinsuffizienz vgl. Zöliakie.
Verdauungsmittel vgl. Stimulans.
Verdauungsstörung vgl. Dyspepsie.
Verdrehung vgl. Verletzung.

Vergiftung[skrankheit] vgl. Intoxikation.
Vergreisung vgl. Senilität.
Verhütungsmittel vgl. Präservativ.
Verkalkung vgl. Kalzifikation.
Verkehr vgl. Koitus.
Verklebung vgl. Agglutination.
Verklumpung vgl. Agglutination.
Verkochung vgl. Kauterisation.
Verkohlung vgl. Verletzung.
verkrampftes Lachen vgl. Gelasma.
Verlagerung vgl. Dystopie.
Verlangen vgl. Libido.
verlängertes Mark, verlängertes Rükkenmark vgl. Cerebrum.
Verlegung vgl. Obstruktion.
VERLETZUNG, Trauma; Läsion, Laesio*; *von Weichteilen:* Vulnus, Wunde • **1)** *durch stumpfe Gewalteinwirkung:* **Kontusion,** Contusio*, Kompression, Compressio, Konquassation, Conquassatio*, Quetschung • **Impression,** Impressio*, Eindellung • **Prellung** • *mit vorübergehenden Funktionsstörungen, ohne Gewebsschädigung:* **Konkussion,** Concussio*, Konquassation, Conquassatio*, Kommotio, Kommotion *(selten)*, Commotio*, Erschütterung. **2)** *durch Überbeanspruchung, bes. Dehnung:* **a)** *gelenkbezogen:* **Kontorsion,** Contorsio*, Verdrehung; Distorsion, Distorsio*, Verstauchung; Luxation, Luxatio*, Verrenkung, Ausrenkung, *unvollständig:* Subluxation, Teilverrenkung. **b)** *bes. auf Bänder, Sehnen und Muskelfasern bezogen:* **Zerrung,** Verzerrung *(volkst.)*, Überdehnung. **c)** *allg., mit Gewebsschädigung:* **Ruptur,** Ruptura*, Rhexis, Lazeration, Laceratio*, Zerreißung, Riß; Avulsion, Abriß, Abreißung. **d)** *auf Knochen bezogen:* **Fraktur,** Fractura*, Knochenbruch; *ohne Dislokation:* Infraktion, Knochenriß. **3)** *mit meist oberflächlichen Hautdefekten:* **Exkoriation,** Exkoriatio*, Hautabschürfung, Abschürfung, Schürfwunde; *bes. bei Quetschverletzungen:* Décollement, Abscherung, Ablederung. **4)** *thermisch, durch Hitzeeinwirkung:* **Kombustion,** Combustio*, Ambustion *(ungew.)*, Ambustio* *(selten)*, Verbrennung; *extrem:* Verkohlung; *durch heiße Flüssigkeit:* Verbrühung.
Verlust der Geschmacksempfindung vgl. Dysgeusie.
Verlust des Geruchssinnes vgl. Dysosmie.
Vermännlichung vgl. Hermaphroditismus.
vermehrte Durchblutung vgl. Hyperämie.
Vermifugum vgl. Anthelminthikum.
verminderte Durchblutung vgl. Ischämie.
verminderter Blutsauerstoffgehalt vgl. Hypoxämie.
verminderte Speichelsekretion vgl. Oligosialie.
vermindertes Riechvermögen vgl. Dysosmie.
Vermizid vgl. Anthelminthikum.
Vermizidum vgl. Anthelminthikum.
Vernähung vgl. Operation.
VERNIX *(Kurzbez.)*, Vernix caseosa*, Käseschmiere, Fruchtschmiere.
Vernix caseosa vgl. Vernix.
Verpflanzung vgl. Transplantation.
Verrenkung vgl. Verletzung.
Verruca communis vgl. Verruca.
VERRUCA, Verruca vulgaris, Verruca communis, Warze, gewöhnliche Warze, Stachelwarze; *bes. im Anogenitalbereich:* Kondylom, Condyloma*, Condyloma acuminatum, Feigwarze, spitze Feigwarze, Feuchtwarze, venerische Warze. – Vgl. auch die Artikel *Papillom* und *Dermatose.*
Verruca vulgaris vgl. Verruca.
Verschlechterung vgl. Exazerbation.
Verschlimmerung vgl. Exazerbation.
Verschluß vgl. Obstruktion.
Verschneidung vgl. Sterilisation.
Verschorfung vgl. Kauterisation.
Verschwärung vgl. Ulzeration.
verstärktes Nagelwachstum vgl. Onychauxis.
Verstauchung vgl. Verletzung.
Versteifung vgl. Erektion.
Verstopfung: 1) vgl. Obstipation. **2)** vgl. Obstruktion.
VERTEBRA, Spondylus, Wirbel, Wir-

belkörper.
Vertiefung vgl. Foramen.
VERTIGO, Skotodinie, Schwindel, Gleichgewichtsstörung.
Vertigophobie vgl. Phobie.
Vertigraphie vgl. Röntgenographie.
Verumontanum vgl. Colliculus seminalis.
Verweiblichung vgl. Hermaphroditismus.
Verwesung vgl. Putreszenz.
Verzerrung vgl. Verletzung.
Vesica fellea vgl. Eingeweide.
Vesica urinalis vgl. Harnorgane.
Vesica urinaria vgl. Harnorgane.
Vesicula vgl. Effloreszenz.
Vesikans vgl. Epispastikum.
Vesikatorium vgl. Epispastikum.
Vestibulum vgl. Genitalien.
Vestibulum vaginae vgl. Genitalien.
Veterinär vgl. Arzt.
Veterinärarzt vgl. Arzt.
Veterinärmedizin vgl. Medizin.
Veterinärmediziner vgl. Arzt.
Vibration vgl. Kinesiotherapie.
Vibrissae vgl. Pili.
Vielgebärende vgl. Gravida.
Viertagefieber vgl. Malaria.
vierte Geschlechtskrankheit vgl. Geschlechtskrankheiten.
vierte Krankheit vgl. Rubeola scarlatinosa.
Violettblindheit vgl. Farbenblindheit.
Viraginität vgl. Hermaphroditismus.
Virilisation vgl. Hermaphroditismus.
Virilisierung vgl. Hermaphroditismus.
Virilismus vgl. Hermaphroditismus.
Visio chromatica vgl. Chromatopsie.
visuelle Agnosie vgl. Agnosia optica.
Viszera vgl. Eingeweide.
viszeraler Thoraxschmerz vgl. Angina pectoris.
viszerales Bauchfellblatt, viszerales Blatt vgl. Peritonäum.
Viszeroptose vgl. Enteroptose.
VITAMIN A, Axeropthol, Retinol *(älter)*, Epithelschutzvitamin, antixerophthalmisches Vitamin *(älter)*, antiinfektiöses Vitamin *(älter)*, Wachstumsvitamin.
Vitamin-A-Avitaminose, Vitamin-A-Mangel-Krankheitvgl.Xerophthalmie.
VITAMIN B_1, Thiamin, Aneurin *(älter)*, Anti-Beriberi-Vitamin, antineuritisches Vitamin *(älter)*, antineuritischer Faktor *(älter)*.
Vitamin-B_1-Avitaminose vgl. Beriberi.
VITAMIN B_2, Laktoflavin, Riboflavin.
Vitamin-B_2-Avitaminose: 1) vgl. Pellagra. **2)** vgl. Ariboflavinose.
VITAMINB$_6$, Adermin, Pyridoxin, Anti-Dermatitis-Vitamin, Eluatfaktor.
VITAMIN B_{12}, Cyanocobalamin, Cobalamin, Antiperniziosaprinzip, Antiperniziosafaktor, Extrinsic factor.
Vitamin-B_{12}-Avitaminose vgl. perniziöse Anämie.
Vitamin-B_1-Mangel-Krankheit vgl. Beriberi.
Vitamin-B_2-Mangel-Krankheit: 1) vgl. Pellagra. **2)** vgl. Ariboflavinose.
Vitamin-B_{12}-Mangel-Krankheit vgl. perniziöse Anämie.
VITAMIN C, Ascorbinsäure, Askorbinsäure *(Nf.)*, Acidum ascorbicum*, Acidum ascorbinicum, Anti-Skorbut-Faktor, Anti-Skorbut-Vitamin, antiskorbutisches Vitamin *(älter)*, Hexuronsäure *(veraltet)*.
Vitamin-C-Avitaminose, Vitamin-C-Mangel-Krankheit vgl. Skorbut.
VITAMIN D, Anti-Rachitis-Vitamin, antirachitisches Vitamin, antirachitischer Faktor; Vitamin D_2, Calciferol.
Vitamin D_2 vgl. Vitamin D.
Vitamin-D-Mangel-Krankheit vgl. Rachitis.
VITAMIN E, Tocopherol, Tokopherol *(Nf.)*, Antisterilitätsvitamin *(älter)*, Fertilitätsvitamin *(älter)*.
Vitaminmangelkrankheit vgl. Avitaminose.
Vitiligo vgl. Achromie.
Vitium vgl. Vitium cordis.
VITIUM CORDIS, Vitium *(Kurzbez.)*, Insufficientia valvularis, Stenosis valvularis cardiaca, Herzfehler, Herzklappenfehler, Herzklappeninsuffizienz • **a)** *im Bereich der Aortenklappe:* **Aortenvitium,** Aortenklappenfehler, Aortenstenose; Insufficientia aortica, Aorteninsuffizienz.

b) *am Klappenapparat zwischen linkem Vorhof und linker Kammer:* **Mitralvitium,** Mitralklappenfehler, Mitralstenose; Insufficientia mitralica, Mitralinsuffizienz. **c)** *am Klappenapparat zwischen rechtem Vorhof und rechter Kammer:* **Trikuspidalvitium,** Trikuspidalklappenfehler, Trikuspidalstenose; Insufficientia tricuspidalica, Trikuspidalinsuffizienz. **d)** *am Klappenapparat der Austrittsstelle des Truncus pulmonalis:* **Pulmonalvitium,** Pulmonalklappenfehler, Pulmonalstenose; Pulmonalinsuffizienz.

Vogelgesicht vgl. Hyposomie.

Vogelmilbenkrätze vgl. Akariase.

Vola vgl. Palma manus.

Vola manus vgl. Palma manus.

Vola pedis vgl. Planta pedis.

Volvulus vgl. Obstipation.

Vomitio vgl. Vomitus.

Vomitiv[um], Vomitorium vgl. Emetikum.

Vomituritio vgl. Vomitus.

VOMITUS, Vomitio *(selten)*, Emesis, Erbrechen, Brechen *(ugs.)* • *uneigtl., ohne Brechreiz, ohne Umkehrung der Peristaltik:* **Regurgitation,** Vomituritio *(ungew.)*, Reflux; *mit erneutem Verschlucken der Speisen:* Rumination, Meryzismus, Wiederkäuen • *Sonderformen:* **a)** *übermäßig:* **Hyperemesis,** unstillbares Erbrechen. **b)** *mit Blutbeimengungen:* **Hämatemesis,** Vomitus cruentus, Bluterbrechen. **c)** *mit Gallebeimengungen:* **Vomitus biliosus,** Cholemesis, Galleerbrechen. **d)** *mit Stuhlbeimengungen:* **Kopremesis,** Vomitus faeculentus, Koterbrechen, Miserere. – Vgl. *auch: Exkretion.*

Vomitus biliosus vgl. Vomitus.

Vomitus cruentus vgl. Vomitus.

Vomitus faeculentus vgl. Vomitus.

Von-Baerensprung-Krankheit vgl. Erythrasma.

Voracitas vgl. Akorie.

Vorazität vgl. Akorie.

Vorderarm vgl. Membra corporis.

vordere Kleinhirn-Seitenstrang-Bahn vgl. Tractus spinocerebellaris anterior.

vorderer Backenzahn vgl. Dens.

Vorderhauptslage vgl. Kindslage.

Vorderhirn vgl. Cerebrum.

Vorgeschichte vgl. Anamnese.

Vorhaut vgl. Präputium.

Vorhauteinklemmung vgl. Phimose.

Vorhauteinschnürung vgl. Phimose.

Vorhautentzündung vgl. Balanitis.

Vorhautschmiere vgl. Smegma.

Vorhautstein vgl. Postholith.

Vorhautverengerung vgl. Phimose.

Vorhof: 1) vgl. Genitalien. **2)** vgl. Cor.

Vorhofflattern vgl. Arrhythmie.

Vorhofflimmern vgl. Arrhythmie.

Vormilch vgl. Kolostrum.

Vorspiel vgl. Liebesspiel.

Vorsteherdrüse vgl. Genitalien.

vorzeitige Vergreisung vgl. Senilität.

Voyeurismus vgl. Perversität.

Vulnus vgl. Verletzung.

Vulva vgl. Genitalien.

Vulva clausa vgl. Gynatresie.

Vulva connivens vgl. Gynatresie.

Vulvismus vgl. Vaginismus.

Vulvitis leucoplacica vgl. Craurosis vulvae.

W

Wackelgelenk vgl. Junktur.

Wachstumsvitamin vgl. Vitamin A.

Wade vgl. Membra corporis.

Wadenbein vgl. Fibula.

Walkung vgl. Kinesiotherapie.

Wanderherz vgl. Kardioptose.

Wanderleber vgl. Enteroptose.

Wandermilz vgl. Enteroptose.

Wanderniere vgl. Enteroptose.

Wanderödem vgl. Quincke-Ödem.

Wandertrieb vgl. Dromomanie.

Wange vgl. Bucca.

Wangenbrand vgl. Noma.

Wangenspalte vgl. Prosoposchisis.

War-fever vgl. Fleckfieber.

Wärmebehandlung vgl. Thermotherapie.

Wärmebett vgl. Inkubator.

warmer Umschlag vgl. Umschlag.

warmer Wickel vgl. Umschlag.

Wärmestauung vgl. Hyperthermie.

Warmluftbehandlung vgl. Aerotherapie.

Warmwasserbehandlung vgl. Hydrotherapie.
Warze vgl. Verruca.
Warzengeschwulst vgl. Papillom.
Waschzwang vgl. Anankasmus.
Wasser vgl. Exkret.
Wasserangst vgl. Hydrophobie.
Wasserheilkunde Wasserheilverfahren vgl. Hydrotherapie.
Wasserkopf vgl. Dyszephalie.
Wasserkrebs vgl. Noma.
Wasserkur vgl. Hydrotherapie.
Wasserlassen vgl. Exkretion.
Wasserscheu vgl. [1]Hydrophobie.
Wassersucht vgl. Ödem.
wassersüchtige Schwellung vgl. Ödem.
Wechselfieber vgl. Malaria.
Wechseljahre vgl. Klimakterium.
Weckmittel vgl. Stimulans.
Wehen vgl. Dolor.
Weiberhaß vgl. Misanthropie.
Weiberscheu vgl. Misanthropie.
weibliche Brust vgl. Mamma.
weibliche Homosexualität vgl. Homosexualität.
weibliche Kastration vgl. Sterilisation.
weibliche Keimzelle vgl. Gamet.
weiblicher Pseudohermaphrodi[ti]smus vgl. Hermaphroditismus.
weibliche Scham vgl. Genitalien.
Weibstollheit vgl. Erotomanie.
weiche Hirnhaut vgl. Meninx.
weicher Gaumen vgl. Palatum.
weicher Puls vgl. Puls.
weiche Rückenmarkshaut vgl. Meninx.
weicher Schanker vgl. Geschlechtskrankheiten.
Weisheitszahn vgl. Dens.
Weißblütigkeit vgl. Leukämie.
weiße Blutkörperchen vgl. Blutkörperchen.
weiße Pocken vgl. Variola.
weißer Durchfall vgl. Sprue.
weißer Hornhautfleck vgl. Nubekula.
Weißfleckenkrankheit vgl. Sklerodermie.
weißfleckige Lilakrankheit vgl. Dermatomyositis.
Weißfleckigkeit vgl. Achromie.
Weißfleckigkeit der Nägel vgl. Leukonychie.
Weißfluß vgl. Fluor.
Weißhäutigkeit vgl. Achromie.
Weißscheckung vgl. Achromie.
Weißsucht vgl. Achromie.
Weitsichtigkeit vgl. Ametropie.
Wetterempfindlichkeit vgl. Zyklonose.
Wetterfühligkeit vgl. Zyklonose.
White-spot-disease vgl. Sklerodermie.
Wickel vgl. Umschlag.
widernatürliche Unzucht vgl. Homosexualität.
Wiederaufflackern vgl. Exazerbation.
Wiedereinpflanzung vgl. Transplantation.
Wiederkäuen vgl. Vomitus.
Willenlosigkeit vgl. Dysbulie.
Willensschwäche vgl. Dysbulie.
Wimpern vgl. Pili.
Windpocken vgl. Varizellen.
Winkelgelenk vgl. Junktur.
Winterschlaf vgl. Hibernation.
Wirbel vgl. Vertebra.
Wirbelkörper vgl. Vertebra.
Wirbelsäule vgl. Columna vertebralis.
WIRBELSÄULENVERKRÜMMUNG, Deviatio columnae vertebralis, Curvatura spinalis: **1)** *krankhaft nach vorn:* **Lordose**, Lordosis*. **2)** *seitlich:* **Skoliose**, Scoliosis*, Schiefwuchs. **3)** *nach vorn und seitlich:* **Lordoskoliose**, Lordoscoliosis*, Skoliolordose *(ungew.)*, Scoliolordosis* *(ungew.)*. **4)** *krankhaft nach hinten:* **Kyphose**, Kyphosis*, Buckel; *stark ausgeprägt, spitzwinklig:* Gibbus, Gibbosität *(ungew.)*, Gibbositas* *(ungew.)*, anguläre Kyphose, Spitzbuckel. **5)** *nach hinten und seitlich:* **Kyphoskoliose**, Skoliokyphose, Kyphoscoliosis*, Scoliokyphosis*.
Wismutvergiftung vgl. Bismutismus.
Witterungsneurose vgl. Zyklonose.
Wochen vgl. Puerperium.
Wochenbett vgl. Puerperium.
Wochenfluß vgl. Lochien.
Wochentölpel vgl. Parotitis.
Wöchnerin vgl. Gravida.
Wolf vgl. Intertrigo.
Wolfsrachen vgl. Prosoposchisis.
Wollhaar vgl. Pili.
Wollsortiererkrankheit vgl. Milzbrand.
Wortblindheit vgl. Aphasie.
Wunde vgl. Verletzung.

Wundliegen vgl. Dekubitus.
Wundnarbe vgl. Effloreszenz.
Wundrose vgl. Erysipel.
Wundsein vgl. Intertrigo.
Wundstarrkrampf vgl. Tetanus.
Würfelbein vgl. Ossa tarsi.
wurmabtötendes Mittel, wurmabtreibendes Mittel vgl. Anthelminthikum.
Würmer vgl. Helminthiasis.
Wurmerkrankung vgl. Helminthiasis.
Wurmfortsatz vgl. Eingeweide.
Wurmfortsatzentzündung vgl. Enteritis.
Wurmfortsatzgekröse vgl. Peritonäum.
Wurmkrankheit vgl. Helminthiasis.
Wurmkrankheit der Bergleute vgl. Ankylostomiase.
Wurmmittel vgl. Anthelminthikum.
Wurstvergiftung vgl. Lebensmittelvergiftung.
Wurzel vgl. Dens.
Wurzelhaut vgl. Periost.
Wurzelhautentzündung vgl. Ostitis.
Wurzelkompressionssyndrom vgl. Nucleus-pulposus-Hernie.

X/Y

Xanthopie vgl. Chromatopsie.
Xanthopsie vgl. Chromatopsie.
Xanthozyanopie vgl. Farbenblindheit.
X-Bein vgl. Genu valgum.
Xeroderma vgl. Ichthyose.
Xerodermie vgl. Ichthyose.
Xerom vgl. Xerophthalmie.
Xeroma vgl. Xerophthalmie.
Xerophthalmia vgl. Xerophthalmie.
XEROPHTHALMIE, Xerophthalmia*, Vitamin-A-Avitaminose, Avitaminose A *(Fachjargon)*, Vitamin-A-Mangel-Krankheit, Xerophthalmus *(selten)*, Xerosis conjunctivalis *(selten)*, Augenbindehautxerose *(selten)*, Augendarre, Xerosis conjunctivae *(selten)*, Xerom *(ungew.)*, Xeroma* *(ungew.)*. – Vgl. *Avitaminose.*
Xerophthalmus vgl. Xerophthalmie.
Xerosis conjunctivae, Xerosis conjunctivalis vgl. Xerophthalmie.
Xerosis cutis vgl. Ichthyose.
Xyrospasmus vgl. Cheirospasmus.
Yaws vgl. Frambösie.
Yellow fever vgl. Gelbfieber.

Z

Zählzwang vgl. Anankasmus.
Zahn vgl. Dens.
Zahnalveolen vgl. Alveole.
Zahnarzt vgl. Arzt.
Zahnbein vgl. Dentin.
Zahnbetterkrankung vgl. Parodontopathie.
Zahnblutung vgl. Hämorrhagie.
Zahnchirurg vgl. Arzt.
Zahnchirurgie vgl. Medizin.
Zahndurchbruch vgl. Dentition.
Zahnen vgl. Dentition.
Zahnentzündung vgl. Odontopathie.
Zahnerkrankung vgl. Odontopathie.
Zahnersatz vgl. Prothese.
Zahnfächer vgl. Alveole.
Zahnfäule vgl. Karies.
Zahnfleisch vgl. Gingiva.
Zahnfleischbluten vgl. Hämorrhagie.
Zahnfleischentzündung vgl. Stomatitis.
Zahnfleischschwund vgl. Parodontopathie.
Zahnhals vgl. Dens.
Zahnkaries vgl. Karies.
Zahnkrankheit vgl. Odontopathie.
Zahnkrone vgl. Dens.
Zahnmark vgl. Dens.
Zahnmarkentzündung vgl. Odontopathie.
Zahnmedizin vgl. Medizin.
Zahnmulden vgl. Alveole.
Zahnpocken vgl. Strophulus.
Zahnprothese vgl. Prothese.
Zahnschmelz vgl. Enamelum.
Zahnschmerz vgl. Odontalgie.
Zahnschmerzen vgl. Odontalgie.
Zahnung vgl. Dentition.
Zahnweh vgl. Odontalgie.

Zahnwurzel vgl. Dens.
Zahnwurzelhaut vgl. Periost.
Zahnwurzelhautentzündung vgl. Ostitis.
Zäkitis vgl. Enteritis.
Zäkum vgl. Eingeweide.
Zäpfchen: 1) vgl. Medikament. **2)** vgl. Uvula.
Zapfenblindheit vgl. Farbenblindheit.
Zapfengelenk vgl. Junktur.
zarte Hirnhaut vgl. Meninx.
zarte Rückenmarkshaut vgl. Meninx.
Zärulopie vgl. Chromatopsie.
Zärulopsie vgl. Chromatopsie.
Zeckenfieber vgl. Rückfallfieber.
Zehe vgl. Digitus.
Zehenablösung vgl. Daktylolyse.
Zehenabschnürung vgl. Daktylolyse.
Zehennagel vgl. Unguis.
Zehenverwachsung vgl. Syndaktylie.
Zeichen vgl. Symptom.
Zeigefinger vgl. Digitus.
-zele vgl. Hernie.
Zelleib vgl. Protoplasma.
Zellplasma vgl. Protoplasma.
zellständiger Antikörper, zellulärer Antikörper vgl. Antikörper.
zentrale Sprachstörung vgl. Aphasie.
Zentralnervensystem vgl. Nervensystem.
ZEPHALALGIE, Cephalalgia*, Zephalodynie *(selten)*, Zephalgie *(ungew.)*, Cephalaea, Kopfschmerz[en]; *beidseitig:* Amphikranie; *anfallartig, meist halbseitig:* Migräne, Hemikranie.
Zephalgie vgl. Zephalalgie.
Zephalhämatom vgl. Hämorrhagie.
Zephalodynie vgl. Zephalalgie.
Zephaloklasie vgl. Embryotomie.
Zephalon vgl. Dyszephalie.
Zephalothlasie vgl. Embryotomie.
Zephalothrypsie vgl. Embryotomie.
Zephalotomie vgl. Embryotomie.
Zephalotripsie vgl. Embryotomie.
ZEPHALOZELE, Kephalozele, Kopfbruch • *mit Ausstülpung der Hirnhäute:* **Meningozele,** Hydromeningozele, Hirnhautbruch • *mit Heraustreten von Hirnmasse:* **Enzephalozele,** Hernia cerebri, Hirnbruch • *kombinierte Form:* **Enzephalomeningozele,** Meningoenzephalozele.
Zerebrum vgl. Cerebrum.
Zerreißung vgl. Verletzung.
Zerrung vgl. Verletzung.
ZERUMEN, Cerumen*, Sordes aurium, Ohrenschmalz.
Zervix vgl. Collum.
Zervixkappe vgl. Präservativ.
Zervixkarzinom vgl. Gebärmutterkrebs.
Zestodiase vgl. Helminthiasis.
Zeugungsorgane vgl. Genitalien.
Ziegelbrennerkrankheit vgl. Ankylostomiase.
Ziegenbrucellose vgl. Brucellose.
Ziegenmeckern vgl. Bronchophonie.
Ziegenpeter vgl. Parotitis.
Zikatrix vgl. Effloreszenz.
Zilien vgl. Pili.
Zirbeldrüse vgl. Corpus pineale.
Zirbelkörper vgl. Corpus pineale.
Zirkumzision vgl. Peritomie.
Zirkumzision vgl. Operation.
Zirsozele vgl. Varikozele.
ZNS vgl. Nervensystem.
Zökum vgl. Eingeweide.
ZÖLIAKIE, Coeliacia, Infantilismus intestinalis, Infantilismus coeliacus *(ungew.)*, Steatorrhoea essentialis *(ungew.)*, Steatorrhoea idiopathica *(ungew.)*, idiopathische Steatorrhö *(ungew.)*, Herter-Infantilismus, Herter-Krankheit, Heubner-Herter-Krankheit, Gee-Krankheit, Gee-Herter-Krankheit, Gee-Herter-Heubner-Krankheit, Morbus coeliacus *(ungew.)*, Verdauungsinsuffizienz.
Zölioskopie vgl. Endoskopie.
Zölosit vgl. Parasit.
Zona vgl. Herpes zoster.
Zona ignea vgl. Herpes zoster.
Zooerastie vgl. Perversität.
Zoonose vgl. Morbus.
Zoophilie vgl. Perversität.
Zoosperm vgl. Gamet.
Zootoxin vgl. Gift.
Zörulopie vgl. Chromatopsie.
Zörulopsie Chromatopsie.
Zoster vgl. Herpes zoster.
Zottengeschwulst vgl. Papillom.
Zottenhaut vgl. Plazenta.
Zottenherz vgl. Cor hirsutum.
Zucker vgl. Diabetes.

Zuckerharnruhr vgl. Diabetes.
Zuckerkrankheit vgl. Diabetes.
Zuckerrohrstaublunge vgl. Pneumokoniose.
Zuckerstich vgl. Bernard-Zuckerstich.
Zügellosigkeit vgl. Abusus.
Zugmittel vgl. Epispastikum.
Zunge vgl. Organa sensuum.
Zungennerv vgl. Organa sensuum.
Zungenpapillen vgl. Organa sensuum.
Zungenvergrößerung vgl. Makroglossie.
Zusammenballung vgl. Agglutination.
zusammenziehender Muskel vgl. Muskel.
Zwangsbefürchtung vgl. Phobie.
Zwangshandlung vgl. Anankasmus.
Zwangsneurose vgl. Anankasmus.
Zwangsschlaf vgl. Bewußtseinsstörung.
Zwangsvorstellung vgl. Anankasmus.
zweieiige Zwillinge vgl. Zwillinge.
zweiter Hirnnerv vgl. Organa sensuum.
Zweitgebärende vgl. Gravida.
Zweitimpfung vgl. Impfung.
Zweitinfektion vgl. Morbus.
Zwerchfell vgl. ²Diaphragma.
Zwerchfellatmung vgl. Abdominalatmung.
Zwerchfellbruch vgl. Diaphragmatozele.
Zwergflechte vgl. Erythrasma.
Zwergkopf vgl. Dyszephalie.
Zwergköpfigkeit vgl. Dyszephalie.
Zwergpilzflechte vgl. Erythrasma.
Zwergschädel vgl. Dyszephalie.
Zwergwuchs vgl. Hyposomie.
ZWILLINGE, Gemini *(Mehrz.)*, Gemelli *(Mehrz.)* • *aus einer einzigen Eizelle:* **eineiige Zwillinge**, Gemini aequales, Gemini uniovulares, Gemini monovulares *(ungew.)*, Gemini encygotici *(ungew.)* • *aus verschiedenen Eizellen:* **zweieiige Zwillinge**, Gemini inaequales, Gemini biovulares, Gemini dicygotici *(ungew.)* • *miteinander verwachsen:* **siamesische Zwillinge**, Gemini conjuncti, Duplicitas completa, Duplicitas symmetros, Diplopagus, Dipagus, Diplosomie, Disomie.
Zwillingsmißgeburt vgl. Monstrosität.
Zwischenenzym vgl. Enzym.
Zwischenferment vgl. Enzym.
Zwischenhirn vgl. Cerebrum.
Zwischenknorpelscheibe vgl. Discus articularis.
Zwischenwand vgl. ¹Diaphragma.
Zwischenwirbelscheibe vgl. Discus articularis.
Zwischenwirbelscheibenbruch, Zwischenwirbelscheibenvorfall vgl. Nucleus-pulposus-Hernie.
Zwitterbildung, Zwittertum, Zwittrigkeit vgl. Hermaphroditismus.
Zwölffingerdarm vgl. Eingeweide.
Zwölffingerdarmentzündung vgl. Enteritis.
Zyanhidrose vgl. Transpiration.
Zyanidrose vgl. Transpiration.
Zyanopie vgl. Chromatopsie.
Zyanopsie vgl. Chromatopsie.
Zygoma vgl. Os zygomaticum.
Zygomatikum vgl. Os zygomaticum.
Zygote vgl. Leibesfrucht.
zyklische Albuminurie vgl. funktionelle Albuminurie.
ZYKLONOSE, Cyclonosis*, Meteoropathie, Witterungsneurose, Wetterfühligkeit, Wetterempfindlichkeit; Meteorotropismus, meteorotrope Krankheit; Föhnkrankheit, Föhnempfindlichkeit.
Zyklophorie vgl. Strabismus.
Zyklopie vgl. Aprosopie.
Zyklops vgl. Aprosopie.
Zyklozephalie vgl. Aprosopie.
Zyklozephalus vgl. Aprosopie.
Zypernfieber vgl. Brucellose.
ZYSTADENOM, Cystadenoma*, Adenozystom, Adenocystoma*, Zystom, Cystoma*, Kystom, blasige Drüsengeschwulst.
ZYSTITIS, Cystitis, Harnblasenentzündung, Blasenkatarrh.
Zystolith vgl. Urolith.
Zystom vgl. Zystadenom.
Zystorrhagie vgl. Hämorrhagie.
Zystoskopie vgl. Endoskopie.
Zytase vgl. Antikörper.
Zytolysin vgl. Antikörper.
Zytoplasma vgl. Protoplasma.
Zytomykose vgl. Histoplasmose.
Zytostatikum vgl. Chemotherapeutikum.